中国建筑研究室

口述史 [1953—1965]

东南大学建筑历史与理论研究所 编

东南大学出版社·南京
SOUTHEAST UNIVERSITY PRESS · NANJING

序：纪念中国建筑研究室成立60周年

潘谷西

1950 年代初，我国社会主义建设刚开始不久，建筑业也蓄势待发。1953 年国家建工部部长刘秀峰提出一个口号，"民族形式，社会主义内容"。一时间，建筑界对民族形式的热情高涨起来。就在此时，上海的华东建筑设计公司要求和南京工学院合办中国建筑研究室以解决设计工作中中国传统建筑知识缺乏的困难。于是，在刘敦桢先生主持下的新中国第一个研究中国建筑的学术机构产生了。

研究室的成员都是由华东建筑设计公司派来的一般设计人员和绘图员，没有中国古代建筑的学识基础，所以刘先生首先是花了大量精力来培养他们，为他们讲课，亲自带他们去曲阜、北京、承德、大同、太原、应县、五台山等处实地讲解古建筑，使他们能够逐步进入研究工作中去，并终于形成了一支总数近二十人的研究队伍，开展收集资料、调查研究、撰写论文和著作的工作。

刘先生的首选研究项目是民居和园林，这是过去中国建筑史研究中的弱项。所以中国建筑研究室首先出版的著作是刘先生的《中国住宅概说》[1] 和张仲一等人的《徽州明代住宅》[2]。

1　刘敦桢：《中国住宅概说》，建筑工程出版社，1957 年。

2　张仲一、曹见宾、傅高杰、杜修均合著：《徽州明代住宅》，建筑工程出版社，1957 年。

苏州园林的研究也在 1953 年开始，但进展比较慢。文字写作由刘先生亲率几位青年教师参加，分别拟写初稿；收集史料则派专人常驻苏州，绘图也安排了几位专人进行训练。刘先生对苏州园林的研究投入了巨大的精力，要求也很高，例如园林的测绘图，不但平面图要按比例精确绘制，立面、侧面上的树高也要用经纬仪测出，树木则按冬景分别表示出常绿树和落叶树以及哪个树种。文字稿也修订了几次，一直到 1964 年研究室撤销前才打印出全稿文本，但照片和图纸并未完成编辑和整理工作。之前刘先生虽然也在学术报告会上作过"苏州的园林"的专题报告，但专著《苏州古典园林》[3] 的完稿与出版则到"文化大革命"后的 1979 年，并于 1981 年荣获国家科技进步一等奖。

对于江南古建筑的调查则是研究室的另一项重要工作，除了徽州明代住宅之外，还发现了宋初的宁波保国寺、福建泰宁的南宋佛殿、福州的华林寺等，开辟了江南古代建筑研究的新阶段。其中保国寺建于《营造法式》成书之前数十年，对该书的研究有重要参考价值，可说是中国营造学社之后的又一个重大发现，并由此推动了以后一个时期对江南建筑的研究。

对于《中国古代建筑史》[4] 一书的撰写，实际上是一项政治性的指派任务。中国建筑研究室创立后不久，大概不到两年吧，就成为建筑工程部和南京工学院合办，再后来被转为建筑工程部建筑科学研究院属下的建筑历史与理论研究室，原来的成了该室的南京分室，刘先生以建筑工程部的建筑历史研究室的副主任身份主持分室工作。当时是中苏友好时期，苏联科学院因编辑大百科全书要求中国提供一部十万字的中国古代建筑史稿，放进他们的大百科全书中。由于室主任梁思成先生忙于北京市的建设任务，无法抽身承担此项工作，所以担子落到了刘敦桢先生的肩上，北京总室则派了几位研究人员来南京分室参加这项编写任务。但 1958 年至 1960 年中苏关系逐步破裂，这个书稿也就被搁置下来，直到"文化大革命"之后，才以"刘敦桢主编·中国古代建筑史"为名，由中国建筑工业出版社出版。

刘先生原来打算开辟印度建筑的研究，并指派一名建筑系毕业生去南京大学进修两年英语，作好去印度的准备，并为研究室的人员开讲印度建筑的课，可惜由于 1962 年中印关系破裂，此项研究也被迫停止。

3　刘敦桢：《苏州古典园林》，中国建筑工业出版社，1979 年 10 月。

4　刘敦桢：《中国古代建筑史》，中国建筑工业出版社，1980 年 10 月。

1964 年，作为"文化大革命"前奏的极左之"风"也刮到了建筑界，那就是"下楼出院"之风，建筑科学研究院的建筑历史研究就此在这阵狂风中被解散，南京分室的成员被分别安排到南京、苏州两地。

中国建筑研究室（后来改为建筑工程部建筑科学研究院建筑理论及历史研究室南京分室）虽然前后只存在了 12 年，但对发展中国建筑史的研究起了重大作用，作出了重要贡献：

首先，推动了对中国古代民居和园林的研究。过去，对古代建筑的研究侧重在宫殿庙宇等官式建筑，而刘敦桢先生另辟研究方向，在这两个方面取得了突破性的成果。

其次，开辟了江南古代建筑研究的新篇章。新发现的宋、明重要建筑遗构，不仅充实了我国建筑史的内容，而且启发和引导了后继研究工作者的兴趣和道路。

其三，本来为苏联编写的《中国古代建筑史》在国内出版后，为我国广大读者提供了一部简明扼要、图文并茂的高质量基础性读物。

其四，培养了一批古代建筑研究人员，在研究室被撤销后，继续在文物界、园林界、学术界发挥重要作用。

由于对研究室的了解不够全面，手头又无相关资料可查阅，因此以上所述难免会有错误和片面之处。希望得到各位的指正。

2013 年 8 月 28 日 于悉尼

8 月 30 日修正

目录

中篇　原中国建筑研究室部分成员口述史访谈录

下篇　中国建筑研究室相关档案资料 233

后记 335

上篇 岁月留痕——研究室风雨十二载

上篇 岁月留痕——研究室风雨十二载

概况

中国建筑研究室建制一览表

时间	中国建筑研究室建制情况
1953 年 4 月	"中国建筑研究室"成立
1953 年 4 月—1954 年 12 月	华东建筑设计公司与南京工学院合办时期
1955 年年初—1956 年 5 月	建筑工程部建筑技术研究所、南京工学院合办"中国建筑研究室"
1956 年 5 月—1958 年 6 月	建筑工程部建筑科学研究院、南京工学院合办"中国建筑研究室"
1958 年 6 月—1964 年 12 月	建筑工程部建筑科学研究院建筑理论及历史研究室南京分室
1965 年 1 月	"建筑工程部建筑科学研究院建筑理论及历史研究室南京分室"结束工作

（一） 华东建筑设计公司与南京工学院合办时期（1953年4月—1954年12月）

1953年4月，在南京工学院（今东南大学）正式成立"华东建筑设计公司、南京工学院合办中国建筑研究室"，简称"中国建筑研究室"（注：下文中简称为研究室）。南京工学院刘敦桢教授任主任。继1953年4月调派首批工作人员来南京参加"中国建筑研究室"后，华东建筑设计公司曾于1953年6月、1954年春节后不久等数次派员来研究室参加工作。截至1954年年底，华东建筑设计公司共计派出：张步骞、张仲一、方长源、窦学智、曹见宾、胡占烈、朱鸣泉、傅高杰、戚德耀、杜修均十人（其中张仲一、曹见宾二人为工程师，其余均为技术员）进入"中国建筑研究室"进行中国建筑的学习与研究工作，另派出车秀兰、陈根绥担任研究室事务员。1958年夏振宏由机械厂调至研究室，职务是行政秘书，负责图书资料管理、财务报销等一系列工作室的管理工作。

1954年12月，南京工学院奉命结束与华东建筑设计公司的合作关系，转与北京的"建筑工程部建筑技术研究所"继续合办"中国建筑研究室"。

（二） 建筑工程部建筑技术研究所、南京工学院合办"中国建筑研究室"（1955年年初—1956年5月）

1954年年底—1955年年初，南京工学院奉命结束与华东建筑设计公司的合作关系，转与在北京正式成立不久的"建筑工程部建筑技术研究所"合作，继续合办"中国建筑研究室"，研究室全称更名为"建筑工程部建筑技术研究所、南京工学院合办中国建筑研究室"，刘敦桢教授任室主任。这是中国建筑研究室成立以来的首次机构隶属关系调整。

机构隶属关系的调整，带来了科研经费支持机构的变更。在中国建筑研究室1953年4月成立至1955年年初，科研经费由其合作单位华东建筑设计公司支出，经此次机构隶属关系的调整，经费的支出改由建筑工程部建筑技术研究所支出。据夏振宏先生回忆："具体经费的多少由于年代久远，已经记不太清楚了。但这些科研经费的支出是很少的。仅有工作人员工资、出差费、印刷费等等。"[1]

（三） 建筑工程部建筑科学研究院、南京工学院合办"中国建筑研究室"（1956 年 5 月—1958 年 6 月）

1956 年 5 月，北京的"建筑工程部建筑技术研究所"更名为"建筑工程部建筑科学研究院"，所以，研究室更名为"建筑工程部建筑科学研究院、南京工学院合办中国建筑研究室"，刘敦桢教授仍任室主任。

1952 年 8 月 7 日，中央人民政府委员会举行第十七次会议决定成立中央人民政府建筑工程部。1956 年，其下属"建筑技术研究所"扩大成为"建筑工程部建筑科学研究院"。在隶属建筑技术研究所期间，中国建筑研究室的名称没有改，工作没有变。但多了一样工作就是接待外宾，筹备展览。"我们曾受命制作中国建筑图片展览，先在南京工学院建筑系内预展，展后由我送往北京汇报，然后由中国建筑代表团带往当时的东欧各国展出。此外，期间还常有东欧等建筑代表团来系访问，关于中国建筑部分除刘教授外，一般由张步骞接待介绍，中国建筑研究室是在建工部建筑科学研究院成立、体制改革以后，内部成立了'建筑理论及历史研究室'，南京工学院的研究室才改名为'建筑理论及历史研究室南京分室'。"[2]

（四） "建筑工程部建筑科学研究院建筑理论及历史研究室南京分室"（1958 年 6 月—1964 年 12 月）

1958 年 6 月，建筑科学研究院、南京工学院经协商同意后签订合同，双方继续合办研究机构，研究室（包括工作人员及机构的隶属关系等）遂并入新组建的"建筑工程部建筑科学研究院建筑理论及历史研究室"，成为该研究室的"南京分室"；原中国科学院土木建筑研究所与清华大学建筑系合办"建筑历史与理论研究室"的工作人员亦并入"建筑理论与历史研究室"。新组建的"建筑工程部建筑科学研究院建筑理论

1 引自夏振宏先生访谈录音整理，访谈时间2013 年 4 月 12 日，访谈人：王荷池、左静楠。
2 引自夏振宏先生访谈录音整理，访谈时间2013 年 4 月 12 日，访谈人：王荷池、左静楠。

及历史研究室"由梁思成教授任主任，刘敦桢教授任副主任兼"南京分室"主任。

由梁思成教授任主任、刘敦桢教授任副主任，这样就形成了营造学社之后的两位学科奠基人再度共同主持全国性研究建筑历史的专门机构的局面，也是由住房和城乡建设部（当时称"建筑工程部"）设立研究建筑历史的专门机构之始。

由此，机构名称与隶属关系屡经变更的"中国建筑研究室"在经历第三次、也是最后一次变迁之后，在南京成立"建筑工程部建筑科学研究院建筑理论及历史研究室南京分室"，此室名一直沿用至 1964 年 12 月研究室停止合办并撤销时。此外，在 1958 年中很短一段时间内，"建筑理论及历史研究室"曾一度改称"建筑理论及历史研究所"，"建筑理论及历史研究室南京分室"曾一度改称"建筑理论及历史研究所南京分所"；"所"名称不久又改为"室"名。

1964 年 12 月，"中国建筑研究室"（当时称"建筑工程部建筑科学研究院建筑理论及历史研究室南京分室"）停止合办并撤销时，共有工作人员 17 人，其中从事研究工作者 14 人。除室主任刘敦桢教授及成员叶菊华外，研究室的大多数工作人员在 1964 年 12 月前后即陆续离开研究室，各奔前程。叶菊华因为协助刘敦桢教授完成《苏州古典园林》插图及排版工作，晚至 1965 年 1 月最后一个离开工作室。从 1953 年 4 月正式成立"中国建筑研究室"至 1965 年 1 月最终结束研究工作，"中国建筑研究室"前后持续了 12 年时间。

中国建筑研究室隶属关系的调整，带来了科研经费支出机构的变更。在中国建筑研究室 1953 年 4 月成立至 1955 年年初这段时间，科研经费由其合作单位华东建筑设计公司提供；1955—1956 年 5 月经费则由北京的建筑工程部建筑技术研究所提供。自 1956 年隶属关系调整后，经费改由北京的建筑工程部建筑科学研究院提供。

第一阶段　1953—1958

一、中国建筑研究室成立缘起

　　新中国成立后,经过三年国民经济恢复期,1953年开始的第一个"五年计划"标志着中国开始了学习苏联时期,建筑界也不例外。在提倡"社会主义的创作方法"的1950年代,中国建筑设计行业中数"民族形式"的设计风格为流行风尚。当时中国的最大的设计机构之一,上海华东建筑设计公司的大部分的技术人员却是在西方建筑教育背景下培养出来的,对民族传统建筑知道的很少。据华东建筑设计公司派往中国建筑研究室的研究人员戚德耀先生回忆:"工作中可供参考的'民族形式'这方面资料图集也很少,当时的建筑设计行业,不做民族形式就是违背了社会潮流,不能完成民族形式的设计,就会被淘汰。"[3]

　　为了解决当时面临的困难,华东建筑设计公司首先组织人员搜集古建筑方面的素材供设计"民族形式"建筑时参考;再就是,安排资料室工作人员收集一些1949年前已建成的"中西结合式"建筑案例资料。从搜集到的资料档案中选用大样图,作为仿古建筑设计的辅助参考资料,绘制编辑成了一部参考资料,分发给每个技术人员。

3　引自戚德耀先生访谈录音整理,访谈时间2013年3月29日,访谈人:胡占芳、高钢。

除此之外，出于对未来发展的考虑，华东建筑设计公司的金瓯卜、赵深、陈植等著名建筑师提出了要发展民族形式就要懂得民族建筑的观点，他们认为与深谙民族建筑的学者合作并成立一个专门收集和整合民族形式资料的研究机构将是当务之急。恰好，南京工学院（今东南大学）的刘敦桢教授是研究古建筑方面的权威，曾任营造学社的文献部主任，刘教授在教育和学术方面也成就卓著，另外，南京工学院还有杨廷宝教授和童寯教授两位建筑设计大师正在执教。深思熟虑后，华东建筑设计公司初步确定了与南京工学院的合作意向。

1953 年年初，金瓯卜、赵深两人乘坐火车前往北京，中途路过南京时特意去了一趟南京工学院。他俩和刘敦桢教授商量，希望能够成立研究中国建筑的机构，恰好刘教授也有这方面的意向，他们特别提出了研究民居的设想，因为之前营造学社搜集的多是宫殿寺庙方面的资料。

当天，金瓯卜、赵深、刘敦桢以及南京工学院的杨廷宝教授四人共同决定成立"中国建筑研究室"，他们草拟了一份原始协议，由华东建筑设计公司提供专业人员、器物、财政方面的支持，刘敦桢教授负责人员培养和开展工作。就这样，中国建筑研究室在南京形成了雏形。

1958 年 10 月，刘敦桢教授曾经谈及中国建筑研究室之创办经过及其研究情况：

1952 年下半年起，由于民族形式的需要渐多，在前华东建筑设计公司的要求下，于 1953 年春季，在南京工学院内成立了中国建筑研究室，由我负责主持。最初的目的是为当时创造民族形式提供参考资料，而在建筑方面，营造学社已做了不少工作，民居园林却是空白点，于是决定以调查民居为工作的重点。[4]

而据时任华东建筑设计公司总经理的金瓯卜回忆：

中国建筑研究室，则是由（华东建筑设计）公司与南京工学院合作在 1953 年 2 月 5 日成立的，设在南工校内。

对于有着悠久历史的中国传统建筑，新中国成立前由中国营造学社梁思成、刘敦桢为主做了大量考察研究，发表了很多著述。但限于人力物力，调查研究的对象有限，主要是宫殿庙宇等，未能涉及民居。新中国成立后在建筑设计上要弘扬我国古典建筑的优秀传统，并且要加以创新，体现民族和地区的不同风格，这就需要有一个专门机构来从事研究。

4 参见《中国建筑研究室 1953—1957 年工作总结》（手稿），中国建筑设计研究院建筑历史研究所藏，档案编号153 号。

5 金瓯卜：《全国第一家国营建筑设计院成立情况》，载于杨永生编《建筑百家回忆录续编》，北京：中国建筑工业出版社，2003 年，第 107–110 页。

我和刘敦桢教授商量，决定由公司调张步骞等 8 人去研究室，并在上海书市收集购买了诸如宋《营造法式》等有关书籍和资料，还买了一位工程师从美国带回的一架昂贵照相机，一并给了研究室，以便尽快开展工作。刘敦桢后来出版了《中国住宅概说》一书，引起了对民居研究的广泛兴趣和重视。或许可以说，处在十里洋场上海的华东建筑设计公司，在开始时也注意"土洋结合"了。1954 年底，该室并入建工部建筑科学研究院。[5]

上篇 岁月留痕——研究室风雨十二载

二、中国建筑研究室的组织架构和人员构成

1953 年成立的中国建筑研究室，由华东建筑设计公司委托，南京工学院刘敦桢教授负责领导。华东建筑设计公司隶属建工部，当时中国建筑研究室的工作人员部分属于南京工学院编制，部分属于华东建筑设计公司编制。

研究室成立初期，华东建筑设计公司派往研究室的成员无论薪水、图书资料费用，还是考察费用和日常费用都是由华东建筑设计公司负责。当时研究室收集的许多好书，如《营造法式》、《中国营造学社汇刊》等资料甚至为孤本，也均为华东建筑设计公司资助。此外，调查用的德国蔡司牌进口相机、美国产的胶卷等等也一应由华东建筑设计公司直接从上海运至南京工学院。中国建筑研究室的初期运转，有华东建筑设计公司相当部分的功劳。

1956 年，在北京成立了中国建筑历史理论研究室，由中国科学院委托，清华大学的梁思成教授负责领导，这一机构开始叫建筑历史理论研究室，后来又改成建筑理论与历史研究室。

中国建筑历史理论研究室成立后主要由梁思成教授任主任，另外有刘致平先生、莫宗江先生、赵正之先生等几人参与研究，梁思成教授还从清华大学之外邀请了陈明达、罗哲文等人。后又陆续调来了王世仁、杨鸿勋、张驭寰以及梁思成教授的研究生王其明。

在 1958 年之前，中国建筑研究室和中国建筑历史理论研究室分属两个不同的机构，分别有各自的研究领域，双方保持了良好的合作关系。1958 年 6 月，中国建筑历史理论研究室由于政治运动被迫解散。梁思成教授无奈的同时仍未放弃研究，他与建筑科学研究院商量，整合了建筑科学研究院里研究古建筑和建筑历史的工作人员以及傅熹年、刘致平、王世仁、杨鸿勋、张驭寰等人，重新成立了中国建筑历史理论研究室。这之后，南京的中国建筑研究室也并入了建筑科学研究院，称作南京分室，所有工作人员的组织关系、人事关系还是留在建筑科学研究院。

据原中国建筑历史理论研究室工作人员王世仁先生的回忆："我在1951 年进入清华大学建筑系，按四年学制应该在 1955 年毕业，因为

1952 年的院系调整，清华大学合并了好多学校，增加了石油、地质等专业，造成了教室资源的紧张，于是建筑系的师生们开始了基建工作，包括当时一年级的学生都参加了房屋建设，所以我们那一级拖了半年，直到 1956 年春天才毕业。我毕业当时正逢中国召开第一次科学大会，梁思成先生那时候提出要成立'中国建筑历史理论研究室'，学习的是苏联建筑科学院的建筑理论历史研究室。"[6]

　　在 1956 年 4 月，中国建筑历史理论研究室成立，却没有合适的人才引进。毕业后的王世仁和他的同学傅熹年本来要去中国科学院在哈尔滨的土木建筑研究所参加工作，在报到前受梁思成教授邀请，加入了中国建筑历史理论研究室，成为了研究室的第一批工作人员。中国建筑历史理论研究室是中国科学院土木建筑研究所与清华大学建筑系合办，他们二人的编制在中国科学院，但是上班工作就在清华大学。

　　同年，重庆成立了中国建筑历史理论研究室重庆分室，由重庆建筑工程学院（2000 年并入现重庆大学）的辜其一和叶启燊两位先生负责，他们主要研究四川的民居。重庆分室跟北京总室没有直接隶属关系，工作内容也可自主决定，享受北京总室的拨款。

6　引自王世仁先生访谈录音整理，访谈时间 2013 年 4 月 1 日，访谈人：赵越、周觅。

三、中国建筑研究室的初期目标

中国建筑研究室最初的研究工作主要是根据华东建筑设计公司方面提出的要求，在全国范围内进行古建筑、传统民居、古典园林方面的调查测绘，并编辑中国古代建筑图集以供给设计和教学方面参考之用，并为当时在新建筑设计中运用和创造民族形式提供参考资料。自1953年起，刘敦桢教授主持的中国建筑研究室决定以调查传统民居为研究工作的重点，对南京、苏州一带的传统民居住宅和古典园林进行实习性的测绘；1954年起对安徽、浙江、福建、河南、陕西、山东、山西、河北、广东、辽宁等地的传统民居、古典园林和重要古建筑结合参观实习并进行了测绘调查或专题研究；自1956年开始，中国建筑研究室即开始着手编写多种调查报告并编辑中国建筑图集。1958年，中国建筑研究室并入了建筑理论及历史研究室，称南京分室。若将研究室1958年之前的工作内容定义为初期工作，从1953年到1958年，虽短短5年，但是研究室在这一初期阶段完成的工作很有影响力和深度。

刘敦桢教授在研究民居的时候加上外援，包括各地的毕业同学，加起来也不过20人左右，不过其中一部分人并不是专职，而是属于抽空协助参加研究。到后来研究室开始进行苏州园林研究的时候，除了研究室的十几人，还有系里面很多老师参加，学生帮助调查。到了编写中国古代建筑史的时候情形就更不错了，动用几乎全国的力量，所有高校还有做建筑史研究的机构都派一些精英参加。一些考古学界的学者也大力支持，参加人士很多。

1953—1958年间，刘敦桢教授主持中国建筑研究室的研究选题计有《福建永定客家住宅》《河南窑洞村镇住宅》《浙东村镇住宅》《中国住宅概说》《苏州古典园林》《浙江余姚保国寺大殿》《福州华林寺大殿》《苏州虎丘塔》《经幢研究》《徽州明代住宅》《徽州祠堂》《古建筑彩画（北方、南方）》《亭子图集》《佛寺和佛像等》等专题研究十余项。

1957年末，中国建筑研究室已经完成的研究项目计有：建筑工程出版社出版的《中国住宅概说》《徽州明代住宅》及《浙江余姚保国寺大雄宝殿调查报告》三项。

对于中国建筑研究室的情况，刘敦桢教授之哲嗣刘叙杰回忆道："（研究室）当时主要的研究对象是民居，因其量大面广，在结构上和造型上变化很多，又是我国古代官殿、官署、寺庙等大型官式建筑的渊源，所以对它的研究意义重大。研究室人员分赴全国各地进行调查，系统收集了许多不同类型的实例，资料分别来自辽宁、河北、河南、山东、山西、陕西、江苏、安徽、浙江、福建、广东和北京、上海等省市，大大丰富了人们对民居这一传统建筑艺术的认识，其中的北方黄土地带的窑洞穴居、福建的客家土楼、北京的四合院以及江浙的庭园住宅等，都是极有代表性的，其平面、外观和局部处理、建筑装饰都很富于变化和具有浓厚的地方色彩。值得注意的是在皖南与苏南一带，还发现了一批数量不小的明代住宅，它们尚保留了许多当时的建筑手法和地区特点，无论就其建筑意义与历史价值方面，都是极可宝贵的文化遗产。"[7]

北京的中国建筑研究室一开始做了以下几个方面的工作，刘致平做的是内蒙古、山西、陕西民居调查，其助手是王世仁；莫宗江做的是江南园林，杨鸿勋是他的助手，去苏州调查园林；赵正之先生仍然是做北京元大都的研究，从外面找了助手；梁思成教授做的是中国近百年建筑史，从 1840 年鸦片战争以后开始，先从北京做起，他的主要助手是王其明、傅熹年和另一位清华的学生。

在中国建筑研究室与中国建筑历史理论研究室合并的当年，也就是 1958 年的 11 月，在北京由建筑科学研究院发起召开了一次建筑历史学术讨论会，当时正在学习苏联时期，为了配合苏联编写历史学大百科全书，会议的结论就是我国也要编写人民的建筑史。其实早在 1958 年之前，清华大学和南京工学院已经编有建筑史的讲义，这次会议上各院校也分别提交了研究成果，其中成果最多的就是位于南京工学院的南京分室。会议之中成立了建筑三史编撰委员会，主任是建筑历史研究院的院长梁思成教授，其中中国古代建筑史的编写则由南京分室的主任刘敦桢教授负责。

由此开始，刘敦桢教授领导的中国建筑研究室开始了重点工作之一《中国古代建筑史》的编写工作，1961 年南京分室的古代建筑史的编撰已颇有进展，到 1963 年，中国建筑历史理论研究室派出了傅熹年、王世仁、杨乃济三个人前往南京分室协助刘敦桢教授为古代建筑史画配图。

7　刘叙杰：《创业者的足迹——记建筑学家刘敦桢的一生》，载于杨永生等编《建筑四杰》，北京：中国建筑工业出版社，1998 年，第 18 页。

1965 年，《中国古代建筑史》最终成稿。

《中国古代建筑史》的最终完成虽属于研究室后期工作，但其获得的成功与研究室初期的工作是分不开的。

四、人员的培训

中国建筑研究室在 1953 年曾有一份工作计划，其中第一条就是培养师资，而非其他工作，因为当时极缺建筑史专业人才。计划中记载了需在南京工学院 1953 级毕业生内挑选 2 人培养，课程也列出了，但不知为何没有实施。1954 年，刘敦桢教授招收了 4 名同济大学毕业生作为研究生，分别是章明、胡思永、邵俊仪和乐卫忠。

这 4 名研究生原被派往哈尔滨学习俄语，准备派出国参加苏联专家的工作。学了一年以后因故中止，就转到南京工学院刘敦桢教授门下读研。1954 年，他们入学不久，刘敦桢教授安排这 4 名研究生和研究室成员到山东、北京、承德、山西考察古建筑，这对于几名研究生和研究室的人员都是很重要的，因为古代建筑的知识要通过身体力行考察实物来认知，而且刘敦桢教授会亲自带队讲解，等于把学生和研究室成员们直接带入了古代建筑研究的领域。考察持续了一个多月，据参与者东南大学教授潘谷西先生回忆："这次考察比任何讲座都重要，因为他（刘敦桢教授）亲自讲，（我们）亲自看到实物。"[8]

据潘谷西先生回忆："刘先生每到了一个地方以后，先讲建筑的特点，宋代的唐代的元代的，它的特点是什么，再讲细部，主要是讲木结构方面的，讲解之后我们就自己看，自己画，拍照，停留一段时间体会这些东西。像到五台山，从太原出发坐火车到了一个小村庄——蒋村，下来以后雇了牛车走了一天，基本上两天才到了佛光寺，已经下午三四点了，刘先生就带我们看看，讲讲，然后我们自己看看，晚上就住在庙里，第二天天不亮就走，当时是夏天。所以我们在那儿看的时间也就两三个小时，但是进去出来要走三四天。然后就去应县什么的。那时候因为刘先生名气也大了，到了山西，文化局会派车，一般人还没有这个条件，我记得到应县去他们派了一辆卡车，把我们都装了过去。"[9]

刘敦桢教授在编写《苏州古典园林》一书时，也对参与的研究人员和测绘人员做了细致的培训。在研究开始的时期，刘教授通过三四天的时间，带领着研究室成员和研究团队主要在拙政园、留园、网师园三个园林里调研。他一面走一面仔细地讲解园林的布局方法以及布置特点。

8 引自潘谷西先生访谈录音整理，访谈时间 2013 年 5 月 20 日，访谈人：赵越、周觅。

9 引自潘谷西先生访谈录音整理，访谈时间 2013 年 5 月 20 日，访谈人：赵越、周觅。

他先带成员们熟悉整个环境，了解布局的总体特征，边走边具体讲一路的建筑、植物、假山。这是研究的第一步，刘教授通过实例的讲解让成员先入门，之后才开始各自的工作。

据刘先觉先生回忆："园林布局方面原则上还是按照《园冶》的套路来写的。我研究西方园林，特别是意大利的园林，他们的布局原则和中国是正相反的，但各有千秋。所以，有的时候也不能说中国的造园放之世界都是好的。中西方的园林，大家看起来都觉得很好。西方为什么不像中国？中国为什么不像西方？因为它们各有特色。"

"譬如说中国的园林，很讲究一点，就是基本上要比较封闭，要层层展开，就像一幅画卷似的，不要一览无余。这是中国人的特点：切忌一览无余。西方正好相反，首先要来个鸟瞰，然后再仔仔细细地去看，和中国正相反。中国园林要先从下往上慢慢走，比如去看雪香云蔚亭，是不走平路的，要慢慢爬到山上去看。我们都是由下往上去看，他们都是由上往下去看。他们是规则式的，我们是自然式的。但是跟英国的自然式又不一样，英国的自然式是大山大水，我们是咫尺山林，把那些东西做得像个盆景似的。所以，各个国家的文化不同，做出来的效果也不一样。"

"还有，中国的植物配置很讲究象征性。外国不讲究，外国的植物就是看形象，植物是什么形状的，配在这里是什么效果。中国强调植物的象征意义，譬如说，厅堂前面的院子一定要种玉兰和牡丹。牡丹代表富贵，玉兰象征玉堂，叫玉堂富贵。所以，大多数庭院里种的都是这些，都是有象征性的，不种这个就不行。有的会种点桂花，象征着富贵，但更多时候种牡丹，因为在中国历史上牡丹是"花王"，芍药是"花相"。芍药、牡丹很相像，不容易分清楚。但如果学过它们的英文名字的话，就根本不会忘记了。牡丹的英文名字叫 peony，芍药是 herbaceous peony。什么意思呢，因为我过去带过很多留学生，带他们到苏州园林去，跟他们讲布局，跟他们讲植物，用英文讲这些植物的名字。herbaceous peony 是植物形的牡丹，牡丹是木本，wooden peony。"[10]

除了对自己的研究生和研究室人员进行亲自带队考察培养，这次考察同行的还有同济大学的陈从周和另一位同济大学的毕业生许以诚。同时看出，刘敦桢教授对人才的培养并不限于南京工学院，还面向建筑领

10 引自刘先觉先生访谈录音整理，访谈时间2013年5月6日，访谈人：高钢、胡占芳、邱田。

域内的其余学者。

到了苏州园林的研究阶段，刘敦桢教授也是亲力亲为，细致地给学生和研究室成员讲解苏州园林的构成和特点，对亭、台、楼、榭、廊、假山、植物、水面等等无微不至地做示范绘图。这种以身作则、亲力亲为的人才培养方式是《苏州古典园林》一书成功的基础，也为中国的建筑领域培养了大批的优秀人才。

另外，中国建筑研究室成立之初接收了华东建筑设计公司派来合作的技术人员，他们也同时接受了研究室的培训。据当时派来研究室工作的戚德耀先生回忆："我们来这边的时候正好是假期。刘先生让前一批来的人——窦学智、张步骞、张仲一，还有潘谷西出去考察了，去北京、西安等。我们刚来的时候还碰到刘先生，刘先生还没出去，那么我们三个人，就委托跟杨先生了，杨廷宝，杨老。几天后，杨老通知我们，随他到白下路清真寺（净觉寺）参观实习。学习古建筑的第一课，是杨先生给我上的。杨先生告诉我们，古建筑怎样测绘；我们测绘的时候，杨先生在一边画钢笔画。杨先生用钢笔画的'邦克楼'，效果比实物更显神采，我们非常地佩服，杨先生素描的根底那真是好。"[11]

11 引自戚德耀先生访谈录音整理，访谈时间2013 年 3 月 29 日，访谈人：胡占芳、高钢。

五、经费和管理制度

设立在南京工学院的中国建筑研究室和中国建筑历史理论研究室南京分室虽都由刘敦桢教授领导，但不同时期的经费来源是有差别的。1953—1955 年中国建筑研究室时期是由上海的华东建筑设计公司提供经费，1955—1956 年 5 月则是由北京的建筑工程部建筑技术研究所提供经费，1956 年开始，中国建筑研究室的经费由北京的建筑工程部建筑科学研究院提供，1958 年并入中国建筑历史理论研究室后经费仍由该机构提供。

据研究室负责行政的夏振宏先生回忆："具体的经费总数没有统计过。我们很节省的，我记得研究室没有买过一包烟，没买过一袋茶叶。当时有个事务员陈根绥负责图书的管理、财务的报销，我这里是负责审批报销的条子，我签字同意后，拿到财务去领钱。具体一年多少钱不知道，但应该超过一万元。为什么呢？因为要支付我们十几个人的工资，一些经验丰富的老工程师薪资比较高，后来的人比较少，有两个工资高的老工程师后来调走了，一个调到华东建筑设计公司去了。像郭湖生当时（1959 年）的工资是一个月 83 块钱，戚德耀、张步骞、朱鸣泉、傅高杰等当时都只有七八十块钱一个月或六七十块钱一个月，虽然工资都不怎么高，但总数加起来也要有一万元以上。

另外，当时工资是根据每人的级别评的。叶菊华 1959 年进入研究室时每个月是 59 元的工资，一直到 1964 年研究室解散，还是这个工资标准。1963 年调整过一次工资，40% 的人可以升工资级别，但最多是月工资标准升涨了 10 元。工资的级别制定是有历史原因的，即进入研究室之前在原单位的工资级别是怎么样的，到研究室后的级别仍然还是原来的级别。

调研经费则是每年根据实际情况预支，年初开会确定好各人的调研地点后，大家就分头行动了。我负责给他们开介绍信，介绍当地城建部门接洽。他们出去所花的费用也不多。那时候条件很艰苦，工作人员的经费来源只有工资＋车费＋住宿费＋伙食补贴。具体伙食补贴多少，我记不清了。再就是有时相机的胶卷不够了，需要买一点，大家留好发票，回来找我批条子签字，到财务处报销。住宿费和伙食补贴，都按国家规定的标准。大家很辛苦，也没有额外的补贴。但是当时相机倒是挺好的，是从德国进口的，那时大家现场测绘时，都掌握了一些基本的建筑和景物拍摄技术。"[12]

除了经费和部分行政工作交由专人管理，研究室的日常运作和工作运转大多是由刘敦桢教授直接负责，根据叶菊华的回忆："刘先生除非出差，不然每天早上9点半必定就会到研究室，他的办公室在最里头，要经过外面我们工作的大房间。一般刘先生到了以后会在自己的房间抽一袋烟，歇一歇后开始给每个人讨论工作，因此大家的出勤状况他是了然于胸的。当然，当时大家都很勤奋，基本没有迟到现象，9点左右就会准时到研究室开始工作。"[13]也正是刘敦桢教授这种以身作则的榜样作用激发了研究室各工作人员的积极性，保证了研究室各项成果的顺利完成。

12 引自夏振宏先生访谈录音整理，访谈时间2013年4月12日，访谈人：王荷池、左静楠。
13 引自叶菊华先生访谈录音整理，访谈时间2013年1月16日，访谈人：王建国教授、周琦教授、陈薇教授等。

上篇 岁月留痕——研究室风雨十二载

六、刘敦桢教授的工作重点

中国建筑研究室成立之初的目的是与华东建筑设计公司合作研究民族形式的设计，但研究室领导者刘敦桢教授的理想远不止于此。在1953年研究室成立之始，工作非常琐碎，政治性活动又颇具压力，但是这些都没有阻挡刘敦桢教授用战略眼光审视中国建筑研究，这反映在他对民居和园林的关注上，而且透过民居关注的是整个的传统村镇形态。这重点反映在刘敦桢教授对于民居和苏州园林的研究上，当时他委派研究室成员张步骞研究泰宁的甘露庵，叶菊华研究浙江的民居，另外还对全国各地的好几处民居进行了研究。更细一些的研究包括了彩画等等，比如有张仲一研究的明代皖南的彩画。基于以上的基础，刘敦桢教授主编了《中国住宅概说》一书。另外，1958年后《中国古代建筑史》的编写也是他的工作重点。

1954年暑假，刘敦桢教授安排研究室全室人员分成三个组去外地做实习性调查，分别是浙江东部、福建和安徽南部的民居，调查过程中，顺带发现一些年代久远、保存良好的古建筑，研究室成员们搜集这些调查对象的资料，包括了测绘图的绘制和照片的拍摄。1956年，刘敦桢教授开始了苏州古典园林的研究工作。1958年，中国建筑研究室与中国建筑历史理论研究室合并以后，刘敦桢教授的工作内容增加了编写《中国古代建筑史》一项，这几项工作对他来说同样重要，也被平均分配给研究室的各位成员。像叶菊华等主要协助刘敦桢教授研究苏州古典园林，剩下的成员被分配到全国各地调研建筑，主要是为了配合建筑历史做些调查，补充材料来编写《中国古代建筑史》。

据戚德耀先生回忆，他在进入研究室以后，刘敦桢教授分配给他的工作是整理一大批没有名称的古建筑老照片，分析查阅每一张照片是哪里的，然后确定照片上建筑的具体名称。这批照片是营造学社留下来，刘敦桢教授从北京翻拍来的，但是都没有名称。

刘敦桢教授要求戚先生首先根据老照片的建筑风貌、基本特点判断建筑所在地区；然后查阅有关书刊及中国建筑研究室收藏的照片资料，特别是在营造学社出版的刊物中找出接近老照片风貌的图片仔细核对。

能找到名称的尽量找到名称，没找得到名称的，进行分类。

整个工作做下来，确定照片名称的占到 40% 左右，能确定所在地而不能定名称者占了 40%，无法确定者约占照片总量的 20%。查明名称的照片，经刘敦桢教授审定后就编号归入中国建筑研究室资料室，一部分照片被 1953 年内部刊行的《中国建筑史参考图》录用了。

这项核查老照片的工作，看起来简单，但对于刚入古建筑行业的戚先生来讲，困难确实很大。戚先生感叹在完成这项工作后深刻地感受到视野开阔了，对古建筑的分类有了更深的认识。

这一则回忆一方面重现了当时的工作内容，也从侧面体现了刘敦桢教授分配工作时的细致考虑和对研究室工作人员能力的培养方式。

在对浙江的民居进行调研间隙，戚德耀先生也对浙江的桥梁和码头进行了研究，据他回忆："之所以还调查测绘了桥梁和码头，同样也是刘敦桢教授的重要的学术思考，即对浙江民居的研究必须扩大到对浙江古村落的研究上，必须对建筑形成的地理历史环境开展研究而不能局限于单体或院落的建筑本身，因为只是关心村落环境，尚未专题调研桥梁和码头，因而，挂一漏万在所难免，但毕竟许多桥梁码头早已不存，因而这些记录了浙江某些桥梁和码头的资料成了一份宝贵的史料，或可为后人了解五六十年代的浙江水乡风貌提供若干信息。"[14] 在那个充满了政治变数的时代，刘敦桢教授的学术关注未及展开，阶级斗争的暴风骤雨就已经降临，连同中国建筑研究室本身都成了扫荡的对象，研究室解散后，戚德耀先生离开学校，后来又外放苏州，只留有照片和蓝图等保存的史料，成为刘敦桢教授的昔日愿景和戚先生这些学术前辈奋斗的见证。

14 引自戚德耀先生访谈录音整理，访谈时间 2013 年 3 月 29 日，访谈人：胡占芳、高钢。

七、皖南民居调研

中国建筑研究室曾在 1954 年前往安徽歙县、绩溪、休宁和屯溪等地，对所发现建于明代的 20 余处住宅进行了测绘并撰写调查报告，最终完成了《徽州明代住宅》一书。书内对建筑物的总体布局、平面、外观、结构和装饰部分均有详细的记载，并对有关的自然条件和社会条件作了叙述及分析，为研究我国古代民间建筑提供了有价值的原始资料。

早在 1952 年，歙县的西溪南乡就发现了年代较早的民居 3 处，1952 年冬南京工学院的刘敦桢教授受前华东文化部的委托前往调查，最终判定了均为明代中叶的遗构，同时还在附近乡村发现了明代住宅和祠堂 20 余处，"皖南歙县发现古建筑三处——绿绕亭、老屋祠、老屋角（即吴息之宅），除绿绕亭可以断定为明代建筑外，其余两处，有的说是唐末遗物，有的说是建于宋代，传说纷纭，年代不明。1952 年 12 月 18 日，著者（刘敦桢）经华东文化部派往调查，并会同该部张先生、南京博物院黎先生、南京文整会李先生等前往，于次日抵歙县西南三十里之西溪南村，经查看认明以上三处建筑就是明代所建。不过当地式样与北方略有出入，究竟建于明代何时，当时也还无法断定。又用了几天时间，调查了村内其他房屋及附近潜口、坤沙、郑村、西溪村四个村落的建筑以资参证。结果，除了证明老屋祠、老屋角都是明中叶所建外，并调查得明代牌坊十余座，及明代木建筑二十二处。"[15]

有了这一调研基础，1954 年夏季，刘敦桢教授委派张仲一、曹见宾、傅高杰、杜修均等人前往歙县县城以西的平原地带，以南的新安江两岸以及绩溪、休宁和屯溪三个县市进行了 40 余天的调查。总共在歙县完成方晴初宅、柯锦文宅等 12 处民居的调研，另在屯溪、休宁和绩溪三县调研了民居 4 处，在这一系列调查的基础之上中国建筑研究室完成了"徽州明代住宅"专题研究调查报告，后出版《徽州明代住宅》一书。

15 刘敦桢，"皖南歙县发现的古建筑初步调查"，《文物参考资料》，1953 年第三期。

八、保国寺的发现

保国寺是宁波郊区灵山之麓的一座寺院，是中国现存最古老的木结构建筑之一，也是中国江南幸存的最古老最完整的木结构建筑，为全国重点文物保护单位。它由山门、天王殿、大殿等建筑组成，占地面积1.3万余平方米，建筑面积0.6万余平方米。它的发现和保护与中国建筑研究室有着密切的关系。

1954年，刘敦桢教授安排研究室成员戚德耀、窦学智、方长源三人前往浙东一带进行民居及古建筑调查。当时慈溪县的县城是慈城，在那里，他们偶然听人说起洪塘北面有座规模甚大的"无梁殿"，为唐时所建，于是便心生疑惑，因为据他们所知，无梁殿的形制多为明清时采用，尚未听说过唐代就有这种建筑。三人决定前往看个究竟。

据戚德耀先生回忆，他们乘坐汽车到达洪塘，沿着当地群众所指的石板小路上山，大概行进了半个小时后，才找到一户人家探问，确定寺庙就在不远的前方山坳。

到达保国寺后，首先映入眼帘的是登山的石道，隐约看到了马头山墙，旋即又发现了一些残垣断壁以及后期所建的僧人墓。然后是天王殿，迎面有石砌的高台，东面墙上嵌有几块碑刻。北面一座面阔三间周绕回廊、重檐歇山顶的大雄宝殿耸然而立。

然而，三人环寺仔仔细细地转了一圈之后，村民所说的无梁殿却并没有找到。最后，在后厢房见到了一个50多岁的和尚。询问后方知，无梁殿其实是个误会，因为大殿的顶梁部分被天花板所遮挡，群众误认为是"无梁殿"。而且，殿内原本供奉有"无量寿佛"，故有"无量殿"的称呼。

三人稍作休整后就开始了测绘工作。当时认为大殿结构是对称一样的，所以搭了半堂脚手架。现在看来这种观念是不对的，两边并不是完全对称的。从考古的角度来讲，这样认为也是不对的。还有一些装饰细节比方各种刻线等，两边不会完全一样。当时三人就觉得差不多就行了，戚德耀先生后来说到这是不太正确的一种认识。

当时搭脚手架的架子木是雇人从山上一根根扛上来的，只花了200

多块钱，戚德耀先生笑称现在搭这样一座架子，恐怕要上万了。他们白天在架子上进行测绘，晚上绘图。梁架的照片也是在架子上拍的。

当时三人有明确的分工，窦学智负责查文献、测绘；方长源测绘细部，并负责后勤工作；戚德耀负责摄影、测绘以及外界的联络工作。一共用了大概两个月，完成的成果包括了保国寺的总平面图，大殿的平、立、纵横剖面图，还有一些局部构件的详图。对有关的碑刻，进行了文字记录和拓片记录。

戚先生回忆道："到了保国寺，看到大殿后，很兴奋，觉得收获很大。当时在现场，除了观看大殿外，还发现了须弥座式佛台的背面有'崇宁元年'的字样。不过，我们几个人，刚进研究室才学了半年左右，不敢断定大殿具体是什么时候的，也不敢说就是北宋留下来的；有一点，我们敢肯定这大殿不是明清之作，感觉可能是元代的吧。也考虑到，宁波靠着上海近，开发程度高，商埠云集，有那么早的建筑是不是不太可能。"[16]

回到南京以后，他们向刘敦桢教授汇报了保国寺调研的情况，还请了研究室专门负责摄影的朱家宝先生印照片。刘敦桢教授看了照片并详细询问后，非常感兴趣，也非常重视，召集研究室所有成员，要求每一个人在听取对保国寺大殿的情况介绍后发表自己的看法。最后，他要求戚德耀、窦学智、方长源三人赶快重返保国寺，详细测绘全寺，并搭架测绘大殿；特别对具有古制做法的构件应绘制出大样图；收集有关寺与大殿沿革方面的碑铭、文献；要了解清楚寺、殿的方位及周边环境以及气候、水文、地质、地貌等资料。刘敦桢教授同时在《文物参考资料》上刊登发现保国寺的消息，并向当时的党委报告了这个情况。

这件事还有一个插曲。刘敦桢教授是一位非常谨慎的学者，他当时只是判断，保国寺大殿是江浙一带珍贵的古建筑，该建筑的年代至迟应在元代。以后通过测绘调研，根据大殿的特征、构件式样、须弥座式样、佛台背面的文字、保国寺志、碑文等，确定大殿是宋代的。当时断定，檐口不是宋代的。戚先生因为这次测绘非常佩服刘敦桢教授："他做事情很严谨，当时反复地看照片，从照片上断定檐口是后来的。事实确实如此。"[17]

1957年，国家文物局征集第一批全国重点文物保护单位名单，邀请

16 引自戚德耀先生访谈录音整理，访谈时间2013年3月29日，访谈人胡占芳、高钢。
17 引自戚德耀先生访谈录音整理，访谈时间2013年3月29日，访谈人胡占芳、高钢。

刘敦桢教授对江浙皖三省的古建筑进行推荐，当时刘敦桢教授就把保国寺列入了推荐名单。1961年的时候，第一批全国重点文物保护单位被公布。公布后，国家拨了5000块钱给保国寺。当时国家财政十分困难，这5000块钱，只是根据当时的文物政策要求保证保国寺的不坍不漏，保持现状。而后，随着社会的发展，保国寺得到了持续的保护，如今已是宁波市重要的文物旅游景点。

九、园林研究

园林研究是中国建筑研究室的重点工作之一，从 1953 年开始到 1979 年 10 月成书，经历了研究室解散和刘敦桢教授过世，但是这项研究工作一直由参与者们接力下来并最终完成了高质量的成果。

1953 年，中国建筑研究室开始了园林研究，这一工作是在南京工学院的童寯教授的研究基础之上进行的深化，早在 1937 年，童寯教授已经完成了《江南园林志》一书的内容，却因为历史原因直到 1963 年才正式出版，刘敦桢教授在 1962 年曾为此书作序："对日抗战前，童寯先生以工作余暇，遍访江南园林，目睹旧迹凋零，与乎富商巨贾恣意兴作，虑传统艺术行有澌灭之虞，发愤而为此书。……1953 年中国建筑研究室成立，苦文献匮佚，各地修整旧园，亦感战事摧残，缺乏证物。因促著者于水渍虫蚀之余，重新迻录付印。其经过可谓历尽波澜曲折；而余身予其事，前后二十余载，自有不能已于言者。余唯我国园林，大都出乎文人、画家与匠工之合作，其布局以不对称为根本原则，故厅堂、亭榭能与山池、树石融为一体，成为世界上自然风景式园林之巨擘。…… 著者以建筑师而娴六法，好吟咏，游展所至，游览名园旧迹。自造园境界进而推论诗文、书画与当时园林之关系，而以自然雅洁为极致；其于品评优劣，亦以此为归依。又以园林设计，因地因时，贵无拘泥，一落筌蹄，便难自拔。故于书中图相，往往不予剖析，俾读者会心于牝牡骊黄以外。于以见所入深而所取约，复乎自成一家之言，而又然慽惟恐有损自然研讨，此正有裨于今日学术上求同存异之争鸣。……"[18]

刘敦桢教授对苏州园林工作的最初成果，应该是当时在南京工学院所做的"苏州的园林"的学术报告，后来根据报告内容由刘敦桢教授亲自写就一个单行本。这一白封皮的小书曰《苏州的园林》，不是《苏州古典园林》，总共也不过两三万字，很薄。但是这一本书里面关于以后要研究内容的提纲基本上全都有了，基本反映了刘敦桢教授对以后研究历程的思考。这次报告给予对园林兴趣极浓的学者陈从周先生很多启发，在听完报告回到上海后，陈先生迅速在同济大学开展了他的带有文学性的园林研究并出版了相关苏州园林的研究专著。

18 刘敦桢著：《刘敦桢全集：第五卷》，北京：中国建筑工业出版社，2007 年，第 12 页。

《苏州的园林》一书基本上是现在《苏州古典园林》的一个详细提纲。所以，当时刊出以后，刘敦桢教授认为这样研究下去可以更深入，各方面可以做得很细。特别是打破了过去一般建筑学者研究园林的局限：不研究植物。当时学建筑的人是不会研究植物的，因为不懂，所以也就不去关注。另外，建筑学者对假山、水池也不研究。实际上，过去建筑界或者研究园林的人，主要是第一研究园林史，第二研究园林的布局以及园林里面建筑的分布，还有就是空间的组合。而植物、假山、水池等都是缺门，所以刘敦桢教授在提纲里面就把这几部分加了进去，比较全面。这是刘敦桢教授在 1953 年学术报告会上提出来的，他当时已经是这方面的权威。过去大家对园林中间的假山不大懂，水池也不大懂，特别是对植物更不懂。而这以后，刘敦桢教授就拓宽了很大的领域。

据东南大学教授刘先觉先生回忆："我是 1953 年暑假毕业后去清华的，之后一段时间不在南工，那时中国建筑研究室刚成立没多久。1956 年，我离开南工三年后又回来了。回来后，刘先生就对我讲，让我一方面把教学任务完成，他过去既教中建史又教外建史，后来潘谷西先生接了他的中建史，他说我在清华也辅导过学生学习外建史，就把外建史交给我了。另一方面是科研，让我跟着他搞苏州古典园林。这就是他当时分配给我的任务。他分配的任务很具体，苏州古典园林很大，那么多项目，一个人研究不了，他让我研究苏州古典园林中的建筑。《苏州古典园林》书中的建筑一章，主要是我做的调研和研究。所以，当时分工就是这样定下来的。"

"另外，其他人的工作，比如说布局是主要交给潘谷西先生研究的。山石这方面，刘先生亲力亲为，自己写，自己研究。《苏州古典园林》一书的山石这部分是他自己亲笔动手写的。过去中国有很多造园的大家都是以假山闻名，像张南垣、石涛等。叠石有很多花样，刘先生考虑到助手们功力尚浅，因此这部分完全由他自己动手写的。水池的研究交叶菊华先生负责，她除了研究水池外，还要画图。另外，植物方面主要是由沈国尧先生研究，沈先生那时起了个头，花很多时间去研究苏州园林的植物。但是，因为当时他在设计院工作，不能把全部时间花在上面，所以有的时候我也协助做一些植物的研究。"[19]

《苏州古典园林》里有很多实例，从拙政园、留园，再到其他小园子，

19 引自刘先觉先生访谈录音整理，访谈时间2013 年 5 月 6 日，访谈人：高钢、胡占芳、邱田。

共有十几个实例，这部分主要是乐卫忠先生做的。乐卫忠在退休前是上海园林设计院的院长，他和章明先生是同班同学，都在上海。为了编写《苏州古典园林》一书，乐先生在南京工学院待了相当长的时间，他主管实例部分。

除了上面提到的研究内容，研究还包括了大量的测绘工作，当时的测绘仪器虽不如现在先进，但测绘的成果经刘敦桢教授把关达到了相当的深度。

据刘先觉先生回忆，研究室在苏州园林的测绘中用到了经纬仪，经纬仪可以测平面，又可以测高度，是要求最严格的仪器，非常准确。测量单栋建筑的时候再用卷尺，测假山水池不能拿皮尺测，都要用经纬仪来测。当时刘敦桢教授要求很高，一般的建筑测绘图中，树都是作为配景随便画一画的，但他要求苏州园林的测绘图里所有树木都要测准确高度。树形必须如实画出，树冠的高度要拿经纬仪测，要求十分精确。而且图必须画冬景，不许画夏景。夏天树的叶子可高可低，冬天落叶后就可区分出常绿树还是落叶树。所以，《苏州古典园林》里面的图，有叶子的就是常绿树，没叶子的就是落叶树，分得很清楚。树是会长高的，但没问题，至少测的时候，它的树干直径都是要准确的。譬如说，当时画树干，不是随便画的，树的位置必须准确，树的直径必须准确，高度必须准确，形状必须准确，刘敦桢教授的要求就是必须准确。

当时刘敦桢教授要求的制图标准参照了《弗莱彻建筑史》中的测绘图画法。在实际测绘时，画一栋房子容易，但画总图是非常困难的，尤其是大的苏州园林，像拙政园、留园等，总图摊开差不多有 3 米长，再小就画不起来了。这么大的硫酸纸图，画坏一点儿，就拿刀去刮、去修、去弄，这种严格的标准在当时是国际一流。

有一些平面有两三米长，立面也要有两三米长，有的时候一棵树画坏了，或者刀片刮的次数多了，刘敦桢教授说不行，就要重画一张。或者有的图是由三四张纸拼起来的，就把中间画坏那张拿下来重画，不像现在可以在电脑上重新打一张，那时候都要一点一点描起来，虽然很辛苦，但刘敦桢教授要求调研必须实事求是，不能有任何想象，是怎样就是怎样，不能夸大，也不能缩小。所以，当时苏州园林的调研测绘是按照科学成果来做的，不是当艺术品来做的。

据当时参与制图的戚德耀先生回忆："测绘一个罩子（指园林中用作室内空间分隔的雕花装饰，俗称花罩），它的现状是这样摆的，挂在那里。我怎么办呢？我要画。罩子分上下两部分。我在罩子上面部分，用粉笔画上方格子，按照比例画到方格草稿纸上；下面部分直接描到草图纸上，以后再按照比例画到硫酸纸上。罩子往往是透空的，罩子两面的雕刻不一样，两边都要用同样的方法去画。"

"草图定下来以后，根据测绘草图，绘制正式的测绘稿。绘制正规的测绘稿时，先画铅笔稿，铅笔稿无误了，各种关系都交代很好了，再上墨线，上了墨线以后作为正式图拿给刘先生看。刘先生不同意的话，就全部作废了，重新再画。所以花的时间挺多，画得挺辛苦。所以我们当时管这种工作叫'磨洋工'。我们已经司空见惯，没有稀奇了，一条线坏掉嘛就是重画。有些线不细，用刀片刮掉，一条线可以画得很细很细。研究室有一个女同志，刀工很好，刮得很细，非常流利，很难得，很难得。当时的工作是对我们性格上的一种锻炼了。"

"…… 刚才提到的正式测绘稿是回南京工学院完成的。在苏州那边，碰到下雨天了，我们就在房间里绘图，遗漏的东西等天好了去现场再补。所有的东西，在现场尽量测绘好，没问题了，再回来画正式图。我们那时每天还挺辛苦的。白天去园子测绘时，每个人都背个背包，里面放两个大饼，这就是我们的中午饭了，中午饭就不会单独回来吃了。主要是那会儿测绘时不时地要爬上爬下，如果爬上去了，爬到房子上面或者高的地方再爬下来多麻烦，多耽误时间。大家就是带个水壶，大饼咬一咬，一吃就行了。测绘一天下来，大家晚上吃得很好。当然，如果测绘不够，就从南京再回去苏州补测，刘敦桢教授在这方面很严谨。我去了苏州好多趟，现在已经记不清了，图一出现问题，立即就会去。"[20]

另外，充足时间也是完成研究的重要保障，当时研究成员几乎每一天都待在园林里，一待就是一个月、两个月，住在那儿。甚至有的时候下雪天也要去，因为刘敦桢教授要求苏州园林是四季有景。据刘先觉先生回忆："下雪天，刘敦桢教授打个电话来跟我说：'刘先觉，你明天有空到苏州去一趟，拍一点儿雪景。'那就得去，那时候不像现在，没什么讨价还价的。那时候就是'党指向哪里，我就打到哪里'，绝对服从，没什么话说。所以，那时候的事情也比较好做，对老师们也比较听从，

20 引自戚德耀先生访谈录音整理，访谈时间2013 年 3 月 29 日，访谈人胡占芳、高钢。

要怎么做我们就怎么做。而且觉得这样做自己也能长见识、长学问。"[21]

据朱家宝（南京工学院建筑系曾经的专业摄影师）先生描述："刘敦桢教授让我们拍摄苏州古典园林，会和我们一起住很长时间，拍摄时要等光线、看云彩，就请我们喝茶，园林里树木多，光线太强阴影多，下雨天光线暗又分不出层次，所以要等。他很讲究，这样才能拍出好片子。"[22]

除了研究和测绘之外，园林研究的每一个阶段都要有总结和讨论，每三到四个月，就会有一次小的总结会。每位参与者需要把写好的稿子给刘敦桢教授审阅，确定写作思路的准确性，由刘教授决定是继续再深入还是需做补充。

在严格的要求下，《苏州古典园林》经历了四稿才最终出版，其中第一稿《苏州的园林》在1957年初完成。当时用了油印本来征求各方面权威的意见。1960年完成第二稿之后，书名最终定为《苏州古典园林》。二稿是打印稿，各方面权威也提出了许多宝贵的意见，根据这些意见，研究室的成员们全数前往苏州，在那待了整整两个礼拜的时间来做补充研究和测绘。第三稿的完成时间在1966年左右。但是因为文化大革命的原因，最终版面世时已是1979年。

据刘先觉先生回忆："最后一稿改动还是很大的，刘敦桢教授已经不在了。大概1978年才完成的。那时还是费了很大劲的。各方面大大小小都有改动。分工大概就是这样分工的，最后稿子是三堂会审，他们有总编，有具体一个很严格的编辑，一个老编辑。我们具体写的人，比如说我们有两三个人，就是一句句读下来，他一句句抠，你这句话什么意思，为什么要这么写。这样子来定的，真是逐字逐句地来定论的，不是像现在往往随便写的。他们到南京来，面对面地审稿，很认真，很认真，就像抠字典一样。所以说，那真是一部经典。一字一句都不能随便动的，包括标点符号。大家提的意见当中，如果是具体的事实，具体的问题，遗漏或不完善，这个是需要补的。这个大家认为是需要的。至于阶级斗争这些观点的问题不太考虑。"[23]

21 引自刘先觉先生访谈录音整理，访谈时间2013年5月6日，访谈人：高钢、胡占芳、邱田。
22 陈薇先生1990年代主编《中国美术全集·私家园林卷》和朱家宝先生拍摄苏州园林时朱先生这样说道。
23 引自刘先觉先生访谈录音整理，访谈时间2013年5月6日，访谈人：高钢、胡占芳、邱田。

十、其他研究成果及活动

（一）巩县宋陵考察

1964年，刘敦桢教授为了丰富《中国古代建筑史》的素材，安排了郭湖生先生和研究室成员戚德耀先生前往巩县宋陵进行考察，郭先生负责文字部分，戚先生负责拍照测绘和拍照。完成了永安陵、永熙陵、永昭陵、永泰陵等共计八处宋陵的平面图和总体分布图。

据戚德耀先生回忆："这时候，我有一套自己的测绘方法。经过了那么多的测绘调研工作，我已形成了一套自己的测绘方法。我出去的时候，随身携带一个大铁钉，一个卷尺，一把钢尺，还有相机。先是拍照和绘制测绘草图，再就是量数据。在量一些大的尺寸时，我就把铁钉插到地上（在那边都是泥土地，铁钉比较容易插），把卷尺一端套在铁钉上，量出大的尺寸；再用钢尺量出较短的距离。我一个人拍照、测绘都可以，大铁钉很重要。"[24]

（二）印度建筑史的研究准备

1959年1月，刘敦桢教授率中国文化代表团一行三人访问印度，回国以后即于1959年秋开设"印度建筑史"讲座，招收印度建筑史研究生。遗憾的是刘敦桢教授当时东方建筑研究的学术思路因中印关系紧张而中断。

据叶菊华先生回忆："1959年8月底正式报到，没过几天，他们四人就被刘敦桢教授请去中大院105做工作动员谈话，刘教授给吕国刚的研究方向是印度建筑史，并安排吕去南京大学外语系跟班学习了两年半英语。吕国刚当时的确去了南京大学学习，整整两年多时间都非常刻苦，英语水平也得到了很大的提高，可惜的是刚准备出过国时恰遇中印关系紧张，只得作罢。也因此研究室关于印度建筑史的研究也只能告一段落。"[25]

24 引自戚德耀先生访谈录音整理，访谈时间2013年3月29日，访谈人：胡占芳、高钢。
25 引自叶菊华先生访谈录音整理，访谈时间2013年1月16日，访谈人：王建国教授、周琦教授、陈薇教授等。

（三）浙江桥梁、码头的研究

在刘敦桢教授的安排下，在1956—1961年期间曾派出中国研究室成员戚德耀前往浙江进行民居调研，戚先生在调查浙江古建筑之隙，对杭州、嘉兴、湖州、宁波、绍兴、金华、温州7个市和21个县的桥梁、码头进行了资料搜集，并按功能、外形上做出了分析与介绍。

十一、研究室在院系和在中国

中国建筑研究室在南京工学院（现东南大学）的成立，既是对刘敦桢教授及其研究团队科研能力的肯定，也是对研究室所依附的建筑系整体水平的肯定。在 1950 年代，研究室对于民居和园林的研究开创了国内同类研究的先河，因此在取得成果之后，研究室更受到学校领导重视，每每有外事活动，都是作为首要的参观对象。

另一方面，中国建筑研究室在中国 1950 年代特有的环境之下具有开风气之先的作用，在成立的短短 12 年内连续取得了出版《中国住宅概说》、《苏州古典园林》以及《中国古代建筑史》三份著作的成绩，加上同时完成的诸多具有开创性和创造性的中国建筑的调查和研究工作，使得研究室至今仍是中国建筑史领域进行教学和研究的重要范本。刘敦桢教授领导的中国建筑研究室以其重要的建筑史研究学术成就与贡献，奠定了其在中国建筑史学史上重要的学术地位，并产生了深远的学术影响。

研究室直接或间接培养的一批建筑史学人才，此后在历史建筑研究与保护（戚德耀、方长源等）、园林建筑设计与研究（叶菊华、詹永伟等）、建筑教学与研究（潘谷西、郭湖生、齐康、刘先觉、刘叙杰等）都取得了斐然的成绩并发挥着积极的作用。同时通过研究室的跨单位合作，也起到学术传播和交流的目的。以东南大学的刘先觉教授为例，他曾在 1953 年赴清华大学就读研究生，1956 年毕业后又回到南京工学院执教，与中国建筑研究室与中国建筑历史理论研究室两机构都颇有关联。

刘先觉先生在回到南京工学院后接替刘敦桢教授执教外国建筑史，并没有局限于过去的教材，而是传承了清华的方法。

在刘敦桢教授教学的时代，按照弗莱彻的建筑史 [26]，近代就只讲到四位大师，点到为止，并不深入。刘先觉先生回忆道："清华讲的要稍微多一点，因为梁思成先生后来又到美国去了嘛，他把一些最新的美国现代的图案、现代的建筑理论的要点带回来，比如说当时美国的现代艺术博物馆，他对现代艺术这个概念，都是一些抽象的概念，比如说对空间的概念、space 的概念、对思维的概念、thought 的概念、对质感的概念、texture 的概念，还有对色彩的概念、color 的概念，都有一些新的解释，

26 [英]克鲁克香克主编："Sir Banister Fletcher's A History of Architecture"，1896 年第一版。

对后来的影响很大的。这个当时南工是不讲的，而且他们讲了以后呢，不仅在历史里讲，还在设计里讲，因此学生可以向天、向地、向树等等要灵感。已经基本上和国外有一点同步了。比如说，给学生发一个题目时，他不是在绘图室里想方案，他不，他跟你跑到房子外头，看看天啊，看看云彩啊，看看树木啊，你问他：What are you looking for（找什么东西啊）？I'm looking for the thought（寻找灵感）。当时有很多画是梁思成带回来的，带回来的画大概有两个0号图纸的大小，他等于说是用画图解释的嘛，本来应该是12张的，我原来都应该拍过，后来找不到了，因为几次搬家，找不到了。现在记得几个东西，印象比较深刻，比如说，thought一个大字，下面有个解释 Thought is everywhere。中文怎么翻呢，梁思成先生说，灵感处处皆有，就看你怎么去寻找，你也可以上云彩里去找，不断变化，抽象的嘛。可以从树去找到一个什么灵感，地下图案又能找到一些灵感。还有比如说 space, Space is nothing，他中文解释就是空间就是虚无。就是说，你要找寻找空间呢，必须要有实体来配合，没有实体就没有空间，是这样一个概念。像这类东西就灌输到现代建筑的教育里头去，不像过去古典主义教育，就是一定要把图画得多细，讲到空间的教育、思维的教育，这就是把现代的东西加进来了。所以我来了以后，一方面基本素材还是用《弗莱彻建筑史》，但是古代的增加了。后来苏联出了两本古代的建筑史，这是很大的书。苏联的更大，蓝的是俄文的建筑通史，这边是城市建设史，他们在讲建筑的时候，加入了城市，加入了建筑群，加入了规划，加入了建筑跟周围环境的关系。这方面，过去欧美人是不讲的。苏联把这些东西加进去，我们也学了苏联这个，当时不是要学习苏联嘛。具体的东西我们还是用的，把苏联那一部分东西加进来，另外要加进来现在的部分。现代部分过去讲的要少，后来我们就找来这本，*Space, Time and Architecture*。白皮的，也很厚，七八百页的内容，里面现代建筑的内容都有了，这本书也是过去哈佛大学建筑系的教材。我们在国内用也是理所当然的，哈佛能作为教材，我们不能作为教材吗？当然我们不可能用那么多，选中间的一部分。所以，我来了以后没有把刘老先生的讲义拿来照搬，他也没有留给我，我只听过他的课，他并没有把他的手稿交给我，但是我知道他是怎么一个教法的，而且我们还加了一些新的东西。"[27]

27 引自刘先觉先生访谈录音整理，访谈时间2013年5月6日，访谈人：高钢、胡占芳、邱田。

第二阶段　1959—1965

一、新的机遇和任务

1958 年 10 月全国建筑理论及历史讨论会最后决议编写"建筑三史"，确定"建筑三史"编写的原则是集体编写，先广泛收集资料，再分析整理的方针，并起草通过了"建筑三史"的编写题目和大纲。此后，"建筑三史"的编撰作为一项全国性的政治任务直接下达至各级地方政府，并依靠专业研究机构和各高等院校的密切协作，开展了广泛的建筑调查和资料收集工作。此时刘敦桢教授领导的中国建筑研究室已经从属建筑工程科学研究院，所承担的任务由中央主管机构直接下达，经费也由对方安排，不变的是，南京的原班人马纳入了"建筑三史"的计划工作之中并承担起了核心编写任务。

当时决定"建筑三史"的编写分作三个部分：

（1）新中国成立后十年建筑，以选择优秀的建筑图片为主，附以必要的文字说明，编出一本图集。

（2）编写近百年的中国建筑史纲要。

（3）编写中国建筑通史纲要。

两部纲要要求先成初稿，然后在国内各方面进行讨论，征求意见，经过修改后再定稿。原计划的定稿时间是在 1960—1962 年。

至 1959 年的三四月间，全国各地所收集的"建筑三史"材料陆续汇总到建筑科学研究院。中国古代建筑史部分完成计有 10 个地方史稿和 26 个地方专题史料；近代建筑史部分则汇集有北京、黑龙江、内蒙古、河南、安徽、四川、山西、山东、福建、河北及长春、佳木斯、延安、开封、郑州、济南等 19 个地区的地方史稿和上海、河南、江苏、广西、广东、浙江、辽宁等省市编写的 27 个地方专题史料；除了西藏以外的全国各省、市、自治区都编辑了本地的"新中国建筑十年"的文稿或资料，并有少数几部编撰质量较高的地方建筑史稿相继出版，这些工作都为当时的建筑理论及历史的研究工作创造了极为有利的条件。

1959 年 4 月 20 日，在江苏南京召开"建筑三史"编写座谈会（第二次建筑历史学术讨论会），参加会议的有全国各省市"建筑三史"工作人员的代表以及有关高等学校建筑历史教研组教师约计 120 人，会议决定从中选择三四十人集中在北京于同年 5 至 6 月间，根据"建筑三史"的编撰大纲，利用各地业已收集到的材料，进行"建筑三史"的集体编写。

在上述全国范围内的调研与资料汇集的基础上，1959 年 5 月 14 日至 6 月 13 日，建筑科学研究院再次在北京主持召开了全国"建筑三史"编辑会议（第三次建筑历史学术讨论会），决定由刘敦桢教授全面主持"建筑三史"的编写工作，编写的主要力量除了中国建筑历史研究室的人员外，又增加了建筑科学研究院建筑理论与历史研究室和各高等学校的建筑历史教研组的一些教师。

与此同时，建筑科学研究院建筑理论及历史研究室还收到了苏联方面的邀请，参与编写苏联建筑科学院主编的多卷集《世界建筑通史》中相关"中国建筑艺术（资本主义社会之前）"的相关章节；由于当时不论在高等学校教学方面以及国内进行有关建筑历史的学习方面，都迫切要求能有一本比较完整的有关中国建筑历史书籍，而在 1956 年制订科学"十二年发展计划"也曾提出过编写中国建筑史的任务，因此在此次"建筑三史"的编辑会议上，决定成立专门的"中国古代建筑史编辑组"，计划于 1959 年 11 月以前完成苏联建筑科学院主编多卷集《世界建筑通史》中国古代建筑史部分的初稿，并拟定了相应的提纲、范围、字数及图片等。

总而言之，当时的编撰策略旨在"一稿两用"，即一方面为苏联方面主编的多卷集《世界建筑通史》提供的中国古代建筑史部分的初稿，另一方面以"中国建筑简史"的名义在国内正式出版。

在全国"建筑三史"编辑会议结束后，至1959年8月的近三个月内，《中国古代建筑史》（初稿）即告完成。该初稿全部内容计四十余万字，是由建筑科学研究院刘致平、孙宗文、张驭寰、胡东初，清华大学赵正之、莫宗江，故宫博物院单士元，同济大学陈从周，南京工学院潘谷西、郭湖生，重庆建筑工程学院辜其一、邵俊仪等参加编写完成的，此即"建筑三史"编撰正式开始之后的第一份成果。虽只是一部初稿，但也是1949年以后正式编写中国建筑史最早的稿本之一。

1959年11月，《中国近代建筑史》（初稿）也相继完成，其执笔人是湖南大学杨慎初、哈尔滨建筑工程学院侯幼彬、武汉城市建设学院黄树业、重庆建筑工程学院吕祖谦、建筑科学研究院建筑理论及历史研究室王绍周、王世仁等。在《中国近代建筑史》（初稿）编辑中还采用了南京工学院刘先觉的研究论文（该论文是刘先觉在清华大学做梁思成教授的研究生时写就）和建筑科学研究院历史室的有关近代建筑研究专题的一些资料。这部初稿在当时仅作为"建筑科学研究资料"，充作高等学校的参考教材，并未正式发行。另外，由于资料相对较为丰富，调研工作也比较顺利和充分，"建筑三史"编辑计划中的中国现代建筑史部分，即以《新中国建筑十年》大型建筑画册形式，于1959年内正式出版。

至此，在1958年全国建筑理论及历史讨论会决议编写"建筑三史"为"国庆十周年"献礼的既定目标业已初步完成。

二、新的骨干力量

1958 年 4 月,建筑工程部建筑科学研究院建筑理论与历史研究室(以下简称"建研院历史室")正式成立,刘敦桢教授领导的中国建筑研究室在与华东建筑设计公司合约到期后也加入到建筑科学研究院建筑理论与历史研究室,称为"南京分室"。这一机构的创建,宗旨是研究建筑和建筑学的发展过程及其演变规律,总结在工程科技和建筑艺术上的成就;为建设提供参考借鉴,也为当代中国建筑设计创作服务。工作内容主要包括系统研究中国古代建筑通史;开创中国近、现代建筑史研究新领域;展开中国传统民居、古典园林和传统建筑装饰的实例调查和研究,探讨其设计规律和传统手法;汇编中国建筑文献史料,与实物互证,以补实物遗存之不足。

虽然刘敦桢教授领导的研究室更改了名称,上级的领导机构也做了变动,研究的骨干人员却没有太大变动,一些由北京调来共同参与研究的人员更加强了研究室的团队实力,包括了傅熹年、王世仁、侯幼彬、陆元鼎和喻维国等人,当时都为刘敦桢教授直接领导。而 1958 年的国内建筑史学的研究氛围是十分融洽的,虽有"南刘北梁"之说,两位大师各自带领的团队却是保持密切合作。傅熹年、王世仁等人从北京调动到南京,工作岗位发生了变化,但工资却仍保持不变,也从另一方面反映了当时全国一盘棋的大环境。

在当时的建筑工程部部长刘秀峰、建筑科学研究院院长汪之力等的支持下,由梁思成教授、刘敦桢教授、汪季琦、刘祥祯等研究室领导具体主持,建筑理论与历史研究室(包括南京分室)基本形成了全国建筑史学研究的学科核心力量。研究室的学术研究力量不仅拥有梁思成、刘敦桢两位开拓中国建筑史学研究的一代宗师,还有他们的"老学生",即当年中国营造学社的部分成员如刘致平、单士元(兼)、邵力工、宋麟征等以及稍晚的孙增藩、贺业钜、张仲一、胡东初等研究专家近十人;同时还大量吸收了一批优秀的大学毕业生进入到中国建筑史学研究领域,形成很好的学术梯队。当时的建研院历史室得到来自国家在研究经费、研究项目上的大力支持,并受到当时崇尚学术研究的人生观激励,研究队伍迅速发展壮大。至 1963 年,研究室人员由初创时期 60 人(含南京分室 15 人）扩大到 133 人。在老一辈专家培养和指导下，经过严格要求和工作锻炼，青年人才得到了迅速成长。该时期的发展使研究室成为改革开放前中国建筑史学研究最富有成果的黄金时期。

此后，1958 年建研院历史室还在重庆建筑工程学院（今重庆大学建筑与城规学院）成立"建工部建筑科学研究院建筑理论与历史研究室重庆分室"，广泛开展中国建筑史学研究工作，建研院历史室成为推动当时中国建筑史学研究发展的核心学术机构。

论及建研院历史室的成立，还应特别关注时任建筑工程部部长刘秀峰的这项重要决策。甚至有学者认为："在 1950—1960 年代，假如没有刘秀峰大力抓建筑历史、建筑理论的研究工作，既不可能在几十年前编就一部《中国古代建筑史》，也不可能通过建筑理论与建筑历史的研究工作培养出一批专家。"[28]

28　参见杨永生：《刘秀峰与建筑史学界》，《中国建设报》，2005 年 6 月 21 日。

三、野外调查

中国建筑研究室创建之后，其工作主要按照历史阶段和建筑类型分组展开，内容包括：中国古代建筑、中国近代建筑、中国现代建筑、民族建筑、国外近现代建筑、中国传统民居、中国古典园林、中国传统建筑装饰以及建筑史料汇编诸方面；具体分组为历史组、民居组、园林组、装饰组和模型室等。其中历史组在1961年又分古代史组、近现代史组；1962年近现代史组又分为近代史组、现代史组。

建筑理论与历史研究室各组成员（含南京分室）在此期间在断代史、类型史方面进行了大量调查、研究工作，开展大小课题84项，内容涉及城市、村镇、民居、园林、装饰、宗教建筑、民族建筑等方面。不仅调查、收集了大量的实例资料，为建筑史研究提供了基础资料，并在此基础上开展了许多研究，取得了前所未有的丰富史料和相应的研究成果。如：在民族建筑方面有新疆维吾尔民族建筑、西藏建筑、内蒙古古建筑；在民居建筑方面有北京四合院、浙江民居、吉林民居、福建民居；在城市方面有南宋临安研究；在建筑装饰方面有江南建筑装饰、北京和徽州明代彩画临摹；在园林研究方面有桂林风景园林规划、苏州风景园林规划、北京北海测绘；在宗教建筑方面有中国伊斯兰教建筑、山西广胜寺测绘；近代建筑研究方面有青岛近百年建筑、天津租界住宅、上海里弄住宅、中国近百年建筑图录等。

对于中国建筑史学研究的这段"黄金时期"，陈明达先生晚年曾经有过如下评论：

在这个阶段中，对北京、安徽等地的民居建筑，对承德、苏州等地的园林，对应县木塔等木构建筑，都做了较深入的专题研究；对一些比较完整的古代建筑遗址，如殷代盘龙城、西周凤雏宫殿、汉代辟雍、唐代含元殿等，做了复原研究的初步尝试。这些工作，分别从不同角度就古代建筑艺术、设计、构图、结构形式、城市规划思想等重大课题作较深入的探讨，开始向建筑学理论的深层面发展。而同时期文献资料的整理汇编却几乎停顿，大量实物调查测绘资料尚未系统整理发表，则是美中不足。[29]

29 陈明达：《中国建筑史学史提纲（残稿）》，（未刊稿）。

在 1958—1964 的几年间，建研院历史室根据历年专题研究的需要，每年都要进行建筑实地调查考察。通过调查考察，掌握了大量的有关中国古代、近代和现代建筑历史的实物资料，这些资料既满足了研究专题工作的需要，也为今后中国建筑史学研究的进一步开展创造了条件。历年调查研究项目兹叙录如下：北京四合院调查研究（1958），新疆建筑历史资料的调查（1960），中国伊斯兰教建筑（1960），北京北海实测（1962），山西省古代建筑史料调查（1962），浙江民居调查研究（1960—1963），福建民居调查研究（1963—1964），文献中的建筑史料汇编（1958—1965），青岛近百年建筑调研（1958），北京近代建筑调查（1958），江南民居、园林建筑装饰调查（1962—1964），天津、上海里弄住宅调研（1962—1964）等。在此基础上，出版著作 7 部，发表论文 39 篇；撰写文稿、书稿若干篇。其中主要出版物有：《内蒙古古建筑》（1959），《北京古建筑》（1959），《西藏建筑》（1959），《建筑十年》（1959），《中国建筑简史（第一册）：中国古代建筑简史》（1962），《中国建筑简史（第二册）：中国近代建筑简史》（1962），《上党古建筑》（1963）等。

建研院建筑理论及历史研究室组织建筑调查及考察的情况，根据张驭寰先生的回忆："1962 年和 1963 年建研院安排我前往山西，进行古建筑考察，到今天算来已过去 40 年了。当时，本人才 30 多岁。在这两年之中，四次赴山西，有一次约半年之久。考察方式是首先抓住县城然后根据情况深入到县城之外，到各地乡村。因为古建筑多不在县城中，深山荒野也有遗迹与遗址。考察时，照例首先到县城向县领导汇报来意，县里及时安排一个会，本人在会上讲明来意及重点项目，然后请当地同志介绍县内古建筑分布情况。最后确定项目，安排路线，并派车前往。那两年间在山西考察的古建筑，从时代来看既有北魏、汉、唐、宋，还有金、元、明、清，特别是元明清实物较多。在考察时发现山西古代建筑按其类型分析有古塔、寺院、城池、庙宇、祠堂、会馆、长城、民居、村镇、楼阁、道教建筑、公署、经幢、园林，应有尽有。

我们赴山西考察的计划是 1962 年上半年考察晋中、晋南各地，1962 年下半年专门考察晋东南地区十数县。1963 年，重整队伍，又赴山西考察一年，重点为晋中为及晋北广大城乡。在考察中，收获最大的一次是 1962 年下半年，为时最长，晋东南的县城基本上都到达了，而且是考察收获最多的一次，那次考察也是最有意义的，帮助当地对古建筑的年代做了鉴定。对山西省唐代木构建筑都做了重点勘察，计有唐建中三年的南禅寺大殿，唐大中十一年的佛光寺东大殿，唐代太和五年的广仁王庙正殿，唐代的天台庵。当时在山西除对各县的古建筑考察之外，重点对山西晋东南地区各县的早期木结构的殿宇也进行详尽勘察。"[30]

又据戚德耀先生回忆："1955年暑假的时候，一起去山西考察古建筑，如去五台山、佛光寺、南禅寺等。那次古建筑考察陈从周先生也去了。当时包括章明在内，总共去了有四个研究生，一个是乐卫忠，一个是邵俊仪，还有一个是胡思永。"[31]

30　引自张驭寰先生访谈录音整理，访谈时间2013年4月1日，访谈人：赵越、周觅。
31　引自戚德耀先生访谈录音整理，访谈时间2013年3月29日，访谈人：胡占芳、高钢。

四、八稿古代史的撰写

《中国古代建筑史》是中国建筑研究室的一大工作重点，从 1958 年开始到 1965 年成稿，经历了八稿修改，却因历史原因直到 1980 年才出版。虽然学术研究有阶段性，但这本著作是继中国营造学社以来关于中国古代建筑史在新阶段的全面总结，集中了三代建筑史学家的辛勤工作，是中国建筑史学界的代表作，也是世界研究中国建筑史的权威著作。

傅熹年先生参与了《中国古代建筑史》五稿到八稿的编写，据他回忆："主要还是讲跟刘敦桢教授画图那几年吧，一个是对建筑史有了整个轮廓的概念，像我作注的话就是得大量翻文献，刘教授引的那些文献我都得看看，得找出来哪本书的第几页。我必须得看这些书，所以看文献的机会就增加了。另外整个刘教授那种工作态度，对建筑史的那种，坚定了我搞建筑史的信念，我这辈子就搞这个了，尽管当时搞这东西不时地会倒霉。……期间请了很多人来讨论稿子，包括考古界的宿白等人，刘敦桢教授工作非常认真，每次评审会他都会找学术界的泰斗来评审。"[32]

（一）《中国古代建筑史》之初稿

始自 1958 年 10 月编写"建筑三史"的既定目标初步完成之后，因当时还涉及参与苏联建筑科学院主编多卷集《世界建筑通史》的任务尚未交稿，所以之前确定的集体协作方式编撰中国建筑史的计划并未终止，而是继续有所进展。

1959 年 8 月至 1961 年 6 月期间，以"中国古代建筑史编辑组"的名义，先后编写了简略的《中国古代建筑史》第一、二、三稿，作为苏联建筑科学院主编的多卷集《世界建筑通史》中国古代建筑史部分的初稿，三稿的具体编写过程简述如下：

第一稿于 1959 年 8 月由刘敦桢、张驭寰、邵俊仪、潘谷西、郭湖生及建筑理论与历史研究室南京分室的部分人员在南京开始编写，到同

32 自傅熹年先生访谈录音整理，访谈时间 2013 年 4 月 2 日，访谈人：赵越、周觅。

年 11 月底完成初稿；1960 年 2 月至 7 月，由刘敦桢、张驭寰、潘谷西、郭湖生修订成为第二稿。1960 年 8 月 2 日至 10 日，刘敦桢将其带至在北京召开的建筑历史座谈会，对上述两种稿本进行审查讨论，广泛征集意见，根据此次座谈会的讨论意见，召集各高等院校从事建筑历史教学的部分教师，在 1960 年 9 月修订为第三稿，全书约 13 万字；鉴于当时全国尚未有正式的高等学校的中国建筑史教材出版，各个学校均在采用各自编写的中国建筑史教学讲义，在这次座谈会上，为配合高等学校建筑与城市规划专业的中国建筑史教学，并为学生提供相应的教学参考用书，决定将上述《中国古代建筑史》的第三稿进行修订，以适应作为高等学校中国古代建筑史教学用书的《中国古代建筑简史》的要求。而在1958—1959 年编撰"建筑三史"期间完成的《中国近代建筑史》（初稿）也经过审查讨论，被修订成为《中国近代建筑简史》。参加此次修订工作的有西安冶金建筑学院赵立瀛，重庆建筑工程学院辜其一，同济大学陈从周、喻维国，南京工学院的郭湖生，建筑科学研究院的刘致平、王世仁、张驭寰等。

关于此次《中国古代建筑史》的编写及修订过程，刘敦桢教授在 1961 年 12 月 16 日致建研院历史室刘祥祯书记的信函（即为《中国建筑简史》教科书出版之前所提修改意见）中曾经较为详细地提及相关情况：

叙述编史经过，将重点放在这次的中国建筑简史上是理应如此的，但对以前工作似乎有若干遗漏。就我知道的，十万字的《古代建筑简史》是在一稿两用，即一方面作为苏联多卷本《世界建筑通史》中国古代建筑史稿，另一方面以简史名义在国内出版的企图下展开工作的。1959 年 8 月下旬由张驭寰、邵俊仪、潘谷西、郭湖生及南京分室部分同志在南京编写，到同年 11 月底完成初稿。1960 年 4 月到 6 月，张、潘、郭三人又在南京编第二稿，7 月初我带到北京讨论修改。8 月至 9 月在北京编第三稿。这三稿不但具有明显的传承关系，甚至今年编的《中国建筑简史》有若干部分引用《古代建筑简史》第一、二稿的原文，或略加修改，不难一见立辨，可是序与编后记对第一稿只字未提，仅从第二稿说起。又《中国建筑简史》的图样相片约有百分之八十沿用《古代建筑简史》第一、二稿的原物。其中大部分是南京分室收集的资料，而南京分室是 1953 年春季华东建筑设计公司和南京工学院为了研究住宅园林而设立的。从1955年起转移到建工部建筑科学研究院，仍然合办。九年来南工教师一直参加工作，可是编后记谓"书中插图基本上由建工部建筑科学研究院"供给，并以詹永伟、叶菊华、傅熹年三人概括过去很多人从事的调查测绘和研究工作。又两年以来编史中的相片放大工作，包括《古代建筑简史》第一、二、三稿与今年的《中国建筑简史》，绝大部分是南工朱家宝同志的辛勤产物。这些遗漏事项可否酌量补加，请予考虑。至于编后记谓我也主持这次编辑会议，可是当时会议由汪院长与你及范书记等人所主持，我未参预，不应该列入，请删去为盼。

另外，刘敦桢教授为初稿作的前言中记载："1958年10月建筑科学研究院召开的建筑历史学术讨论会上，全国高等院校和建筑部门的代表，一致认为应当总结我国几千年来优秀的建筑传统，特别是新中国成立十年以来社会主义建设的伟大成就，对当前国内的建筑实践具有重要意义和普及教育的作用，并在国际上起重大的影响。因而决议在全国范围内广泛发动群众，编写《中国古代建筑史》《中国近代建筑史》和《中华人民共和国建筑十年》三部书，作为新中国成立十周年向党的献礼。

会后，在各省、区、市科委的大力支持下，组织了当地的建筑史编委会，由有关建筑、文化部门及高等院校等单位负责参加，其中有15个省、区，由建筑科学研究院建筑理论及历史研究室派人协助，从去冬起陆续展开调查工作，收集了很多宝贵资料，经过整理，若干省、区、市已编写了当地的建筑史初稿。本年5月中旬建筑科学研究院在北京召开全国建筑'三史'编辑会议，各地有35个单位、60多位代表参加，按照任务分为三组进行编写工作。这部初稿是《中国古代建筑史》编辑组从5月中旬拟订提纲起费了三个月时间写成的，也是全国'大跃进'中建筑历史研究工作在党的领导下走群众路线获得的胜利成果。尽管工作本身存在着很多缺点，但已为我国建筑史奠下了初步基础，它的意义是很重大的。

初稿约41万字，内容包括中国原始社会、奴隶社会至封建社会末期，历时约5000年的建筑发展和活动。在社会分期方面，我们依照首都革命历史博物馆的陈列原则，暂以春秋、战国之交为封建社会的开始，并以隋为转折点，将封建社会分为前、后二期，每期又分前、后二段。不过应当申明的，这个分期法只是一种假定，无论从中国封建社会本身或作为它的意识形态之一的建筑发展来说，非经过继续钻研和大量史实的证明，不能作最后的决定。在资料方面，由原始社会至封建社会前期建筑，还有许多问题尚未调查研究，或已经调查尚未发表。而封建社会后期建筑亦有不少空白点需待补充，因而目前对中国古代建筑史进行全面的分析和总结还存在很多困难。再加上我们的政治和业务水平不高，取材也可能有不妥处，各部分资料亦多寡不均，对问题的看法更难在短时间内获得一致。为了'百家争鸣'与文责自负，按原稿排印出来，作为内部资料，以征求全国有关部门的宝贵的意见和批评，并盼于 1960 年 1 月内赐寄北京阜成门外校场口 23 号建筑科学研究院建筑理论及历史研究室，以便集思广益，作进一步的研究与修改。"[33]

由此可见，上述三次稿本的编写，均是为参与苏联建筑科学院主编多卷集《世界建筑通史》中的中国古代建筑史部分而进行的。从初稿到第三稿之间有着明显的传承关系。

（二）《中国古代建筑史》之第五稿

如前文所述，以全国各高校青年教师为主在江苏南京集体协作编写《中国建筑简史》的同时，1961 年 2 月至 5 月，为苏联建筑科学院主编的多卷集《世界建筑通史》编写的中国古代建筑史稿也由刘敦桢、陈明达、郭湖生、王世仁等修改为第四稿。

1961 年 8 月至 10 月，由赵立瀛、王世仁完成第五稿，此间还绘制了两次图样。在此稿结论中提出关于中国古代建筑的主要成就和特点的概括：（1）完整的木结构系统及丰富的材料和方法；（2）独特的群体组合方式；（3）美丽动人的建筑形象和建筑装饰；（4）丰富多彩的民族风格与地方风格；（5）城市布局的严整性和灵活性；（6）园林的独特风格和高度的艺术水平；（7）古代先进的施工技术和设计方法。这可以看作是《中国古代建筑史》前五稿编写过程中对中国古代建筑宏观认识的总结。

为保证参与苏联建筑科学院主编多卷集《世界建筑通史》之中国古代建筑史稿部分的高水准和高质量，1962 年 10 月 18 日至 11 月 3 日，

33 刘敦桢著：《刘敦桢全集：第四卷》，北京：中国建筑工业出版社，2007 年，第 236 页。

建筑工程部由刘秀峰部长亲自主持召开《世界建筑通史》（多卷集）之《中国古代建筑史》第五稿的审查会议。此次审稿会期间共开座谈讨论会 16 次，分别进行讨论建筑史的编写题材、分期分段、稿本内容、文字图片等诸多问题，明确了中国古代建筑史的分期和若干重要史料的处理之后，组织成立了三十多人的"中国古代建筑史编辑委员会"。委员会由刘秀峰领导，梁思成、刘敦桢、汪之力具体负责。委员会下设编写、图片、翻译三个组。其成员有刘秀峰、梁思成、刘敦桢、汪之力、王文克、袁镜身、李正冠、汪季琦、单士元、杨耀、辜其一、戴念慈、陈从周、林宣、龙庆忠、卢绳、宿白、刘致平、陈明达、莫宗江、祁英涛、罗哲文、潘谷西、郭湖生、赵立瀛、王世仁、乔匀、胡东初、张驭寰等三十一人。

对于此次审稿会议，时任北京工业建筑设计院院长的袁镜身回忆道："第五稿写出以后，分送有关同志和刘秀峰部长审阅。阅后，都认为书稿内容，没有充分反映出中国古代建筑在漫长岁月中的发展和特色。为了集思广益，打开思路，把《中国古代建筑史》这本书编写得有比较高的水平，刘秀峰决定亲自参与领导，除专家参加外，同时吸收一些有关领导干部参加，其中有城建局副局长王文克、工业建筑设计院院长袁镜身、北京市建筑设计院党委书记李正冠、建筑学会秘书长汪季琦以及政策研究室乔匀等。这几位同志中，有的对中国历史比较了解，有的懂得建筑，有的文字水平比较好，刘秀峰都比较熟悉，也是他点的名。有这些同志参加对编写此书大有益处。那时我因设计任务太忙，不想参加此书的编写，刘秀峰批评了我，他说：'这本书比你一个大工程重要。'这样，我只好下决心参加编写了。……会上首先由赵立瀛、王世仁同志汇报了五次书稿编写的过程和书稿的内容。参加会议的同志对于研究中国古代建筑都很有兴趣。大家就书稿的内容、古代建筑的发展过程展开了热烈的讨论。座谈会开得生动活泼，畅所欲言，谈古论今，发表了许多好意见。很多问题讨论得比较深刻、明了。……在会议过程中，为了深入地研究一些问题，刘秀峰特意要我给他搜集了《史记》《资治通鉴》、《中国通史》等书籍参阅。最后，他综合大家的意见，作了系统的发言，共讲了六个问题。"[34]

《中国古代建筑史》（第五稿）审查会议所形成的最终意见，经刘秀峰亲笔审阅修改之后，抄录如下：

34　袁镜身：《〈中国古代建筑史〉编写始末》，参见杨永生编：《建筑百家回忆录》，北京：中国建筑工业出版社，2000年，第61-65页。

第一，建筑有社会性，它是社会生产和社会生活的一部分。所以建筑史中必须要讲生产工具，讲社会经济和生活面貌。特别是上古时期，讲建筑脱离了当时的物质文化，就不能说明问题。建筑虽然也有自己发展的特点，但不能脱离社会的发展。建筑不是纯技术的，而是社会文化的一个方面。因此，不能用建筑给社会历史划阶段，而要按照社会发展讲建筑。但是目前我国历史界对于社会分期和分段还有争论，我们写建筑史分期分段不要说得太死。大家提出用朝代标题，是比较好的办法。此外，建筑在阶级社会里一方面要反映劳动人民所创造的宫殿、庙宇、府第等大建筑，另外也要适当反映一些平民的建筑。

第二，书中的内容范围要广泛一些，但并不是每章都包括所有的东西，还是要有重点。总起来说，应当包括这些类型的建筑：城市、聚落、建筑群体、宫室、宫殿、坛庙、公共建筑（衙门、府第、会馆、剧场等）、手工业建筑、作坊、商业建筑、民间建筑（包括城市及农村的，富人及穷人的）、寺观、塔、阙、牌楼、苑囿和园林、陵墓、水利工程、桥梁、防御构造物和其他（风景点及农村建筑和牛房、马圈等），事实上在古代的建筑和土、木、水利工程，常常不是划分得那么严格，那么清楚。因此，古代的一些伟大工程，像长城、都江堰、灵渠、秦始皇陵、大运河，都应当反映进去。写建筑史要充分反映我国古代文化的伟大成就。

第三，建筑史中要充分说明中国的文化、中国建筑是中华民族自己创造的。因此，对于外来的影响要做实事求是的估计。比如佛教是由印度传入的，但佛教建筑是中国自己创造的，中国的佛教艺术和印度不同。应当讲中国建筑的特点，或者说构成中国建筑的主要因素。这里包括城市规划、建筑群体组合、建筑体型、建筑构造以及装修、装饰、色彩等方面。中国古代建筑是以木构架体系的结构为主体，重点是讲这个体系的特点。但中国砖石结构也有相当的发展，所以也要讲砖石结构的特点。

第四，建筑史中讲民族关系不要回避历史事实。古代民族间有友好的交流，但也有斗争，只讲友好就不是事实。中国的文化是各民族共同缔造的，但其中以汉族为主体，不要怕讲这一点。其实，汉族也是许多古代民族的融合体。汉族的文化程度高，必然要影响其他民族。由历史上看，文化程度低的民族总是要被融合到文化程度高的民族中来。我们写建筑史，仍是要以汉族为主，其他少数民族的建筑也有许多好的特色和创造，也不要忽视，要尽量反映进去。

第五，要注意利用文献和考古发掘的成果。古代文献有伪造的，还有一部分不完全真实，但有许多文献还是可靠的，能说明一定问题。像《考工记》，虽不一定完全是春秋战国时的作品，它的内容不一定全部都实现了，但应该说这部书是当时经验的总结。考古发掘不是证明古代文献完全不能用，反而说明了有许多是真实的。利用文献和考古材料，再作一定的推论，才能说明问题。只要有理由、有根据，作推论是可以的。完全没有推论，说明不了问题。我们写建筑史一方面要多利用我们新的资料、新的研究成果，同时，过去的研究成果也要用，甚至台湾发表的材料，外国人作的研究，只要是学术上的见解，都可以引为参考。

第六，全书的写法和内容。在序论中，每章论述建筑时，应当注意下面这样一些因素：（1）生产和生活等的实用要求（包括迷信、宗教的要求及实用的要求），才产生了各类型的建筑。（2）建筑材料。（3）建筑结构。（4）建筑平面布局、体型组合。（5）建筑艺术，包括雕刻、壁画、装修、装饰、彩画、色彩及对建筑构件的美化手法。（6）用于建筑中的实用美术品。（7）室内布置和家具。（8）采暖、通风、防火、防震、上下水等。（9）建筑工具。（10）建筑设计和施工方法、建筑组织、建筑方面的著名历史人物等。上面所说的建筑类型和建筑因素，不必每段都有，可以把某个问题在某段内特别着重提出论述。

关于全书的结论，可以写下面几方面的内容：（1）基本规律和若干特点。在这里面可以发挥一些建筑理论。（2）各地区和民族间发展的不平衡性以及历史发展的不平衡性在建筑上的反映。（3）中国建筑的世界地位及其影响。论述的方法，每段应当综合论述，把实例组织到内容中去。各段的衔接要能看出历史的发展。上面所提出的应当包括的一些内容和建筑的基本因素，要在全书中有全面的反映，但每段要突出重点，某些问题可以着重在某段中叙述，而追溯到以前和叙述到以后的发展。总之，既要全面反映，又要突出重点。理论问题可以结合具体问题阐述，在哪一段合适，就写到哪一段。图片应当采用组版的方法。这样既节省篇幅，又利于比较。字数不必限制得太死，实在太多了再压缩总比较容易些。不要因字数限制把好材料漏掉了。可以写到 10 万～12 万字。[35]

35　1962 年 10 月 18 日至 11 月 3 日 "《世界建筑通史》（多卷集）之《中国古代建筑史》第五稿审查会议" 会议记录。转引自温玉清："二十世纪中国建筑史学研究的历史观念与方法"，天津大学博士学位论文，2006 年 9 月，第 199-201 页。

（三）《中国古代建筑史》之第六稿

《中国古代建筑史》第五稿审查会议结束后的第二天，即 1962 年 11 月 4 日，"中国古代建筑史编辑委员会"举行了第一次会议。梁思成、刘敦桢、汪之力、汪季琦、袁镜身、单士元、夏行时、刘致平、杨耀、戴念慈、陈明达、莫宗江、徐苹芳、王世仁、乔匀等人参加，会议决定继续采取集中办公、集中编写的大协作编史模式，编写组负责人为刘敦桢和汪季琦，其具体分段执笔编写的分工为：绪论，梁思成、袁镜身；原始社会建筑，徐苹芳、郭湖生；夏、商、西周、春秋时期建筑，郭湖生、徐苹芳；战国至三国时期建筑，赵立瀛；两晋及南北朝建筑，陈明达；隋唐五代建筑，刘致平；宋辽金及西夏建筑，卢绳、罗哲文、乔匀；元明清建筑，单士元、陈从周、王世仁；结论，刘敦桢、潘谷西。上述具体编写工作，至同年 11 月 30 日完成，12 月 5 日至 25 日进行严格的集体讨论和修改，最后完成《世界建筑通史》（多卷集）之《中国古代建筑史》的第六稿（讨论稿）。

1962 年 12 月 8 日至 12 月 19 日，"中国古代建筑史编辑委员会"再次举行《世界建筑通史》（多卷集）之《中国古代建筑史》第六稿（讨论稿）的讨论会议，其间先后共开会 8 次，逐章讨论由各组执笔人完成的"第六稿"。此稿参加者有梁思成、刘敦桢、汪之力、汪季琦、乔匀、阎文儒、宿白、徐苹芳、龙庆忠、杜仙洲、赵立瀛、王世仁、陆元鼎、卢绳、潘谷西、罗哲文、刘致平、莫宗江、郭湖生、杨耀、陈从周、陈明达、王文克、夏行时、李正冠、杨慎初等。

会议决定统一写作体例，每章先有概说，简明扼要说明时代特点，主要归纳提出建筑特点、重点建筑成就及渊源流变等；然后进行专题编写；最后总结各时期的建筑材料、技术和艺术的总成就。"讨论稿"的执笔人分别为梁思成、莫宗江（绪论）；郭湖生（第一章原始社会建筑、第二章夏商西周春秋时期）；赵立瀛（第三章战国至三国时期的建筑）；陈明达（第四章两晋南北朝时期的建筑）；刘致平（隋唐及五代建筑）；卢绳、罗哲文、乔匀（第六章辽金建筑）；单士元、陈从周、王世仁（第七章元明清时期建筑）；刘敦桢、潘谷西（结语）。

《中国古代建筑史》第六稿（讨论稿），从绪论到各个章节的内容，都比以前几稿更丰富和充实，但由于分别执笔，体例、文字较不统一，有些具体内容仍需考证、修改。鉴于此，为了集中精力修改，由刘敦桢、梁思成、汪季琦、袁镜身、乔匀组成"五人小组"主持，编写人员暂时脱离原单位的工作，在建筑科学研究院主楼西配楼专辟办公场所，专心致志进行研究和修改。

1963 年 1 月，各组执笔人完成初编，经刘敦桢、梁思成、汪季琦、袁镜身、乔匀"五人小组"的整理与审定，1963 年 4 月第六次稿（编定稿）完成，约计 10 万字，此稿成为《中国古代建筑史》最后定稿的雏形。全书各章除原始社会和夏、商、西周因为材料较少外，体例统一为各时期建筑概况为篇首，续以分类专题，末以材料、技术和建筑艺术的总结。此稿分绪论与正文一至七章，并取消了结论，其内容并入绪论之中，最后附以《历代尺度简表》。

其后，自 1963 年 5 月起，《中国古代建筑史》的第六稿绘图工作也开始进行，由杨乃济、孙大章、吕增权、叶菊华、金启英、詹永伟、张步骞、傅高杰、戚德耀、吕国刚、杜修均、李容淦等绘制图样 180 余幅。同时广泛征求意见，并由王世仁、傅熹年、杨乃济赴南京与刘敦桢一起开始绘图和修订工作。

（四）《中国古代建筑史》之第七稿

《中国古代建筑史》第六稿（编定稿）杀青之后，各方面认为当时国内正需要如此篇幅的中国古代建筑史，希望以此稿为基础编写一本《中国古代建筑史纲要》出版。

此时适逢陆续收到"中国古代建筑史编委会"陈明达、戴念慈、杨耀、单士元、宿白、徐苹芳、辜其一、叶启燊、卢绳、陈从周、刘致平、张驭寰、叶定侯、潘谷西、郭湖生等委员对第六稿提供的修改意见，共计 300 余条；经"五人小组"（刘敦桢、梁思成、汪季琦、袁镜身、乔匀）在京、宁两地以通信方式汇集各方意见，拟定修订计划，并在此基础上由刘敦桢、王世仁、傅熹年、杨乃济、郭湖生等修改文稿，编写第七稿，除整理文字、调换一些实例外，对各时代建筑的特点做了若干分析和补充，文字增加到 11 万字左右。

1963 年 8 月完成第七稿，约 11 万字，同时也完成了图样绘制与照片制作。关于《中国古代建筑史》第七稿的编写，王世仁先生后来曾回忆道："从 1963 年开始编七稿，才算有了转机，关键因素是领导者的兴趣转到了民居调查，编辑交由刘敦桢、汪季琦二位负责，记得当时有三项重要决定：一是要集中人力突击调查一批新材料写入书中；二是要充实宋以前的内容；三是要绘制高质量的图版，特别要绘制一批综合性的分析图。为此，从北京、南京两个研究室集中了一批骨干突击这三项工作。其间，我除担任图片组长，组织绘图外，还突击外出调查，收集到一批重要资料。他们还指定傅熹年做唐长安麟德殿、玄武门、重玄门复原研究；指定我做汉长安明堂辟雍复原研究，并命我将我在山西发现的金刻汾阴后土祠图碑写成文章。"[36]

《中国古代建筑史》第七稿修订完成之后，刘敦桢教授认为中国古代的各种特征及其和中国社会的关系，主要反映于各时代的建筑遗迹和有关文物中，可是相关资料尚未充分利用，已经引用的分析研究不够细致深入，因此自 1963 年冬起，又重新拟定提纲，汇集资料，着手编写第八稿，即准备国内出版的《中国古代建筑史纲要》。其间 1964 年 3 月至 4 月，郭湖生、杨乃济、戚德耀、李容淦等到西安、巩县、杭州等地调查遗物，增补材料；同时刘敦桢、王世仁、傅熹年、杨乃济、郭湖生等修订增补内容和深入研究，改绘图样 50 余幅。在此期间刘致平、傅熹年《麟德殿复原的初步研究》在《考古》1963 年 7 月发表；王世仁《汉长安城南郊礼制建筑》在《考古》1963 年 9 月发表；郭湖生、戚德耀、李容淦《河南巩县宋陵调查》在《考古》1964 年 11 月发表。上述系列中国建筑史研究成果的发表虽是作为《中国古代建筑史》编写过程中专题研究的纵深拓展，但同时也标志着新一代的中国建筑史学研究的中坚力量已经逐步形成，并开始在学术研究领域崭露头角。

自此之后，中国古建筑复原研究，即深入地专题研究年代更早的已经不存在的中国古代建筑的具体形制、构造和外观，将中国传统建筑真实的历史面貌清晰地展示在世人面前，开始成为中国建筑史学研究的重要领域之一，对业已不存的古代建筑实例进行复原的研究方法，与重大

36　王世仁：《抹不去的记忆：与汪季琦交往的几件小事》，参见杨永生编：《建筑百家回忆录》，北京：中国建筑工业出版社，2000 年，第 166-168 页。

建筑遗址的考古发掘密切结合，在很大程度上不仅拓展了研究范围，而且充实和丰富了中国建筑史学研究的学术成果。

对此，傅熹年先生回忆道："1960 年代初，我有幸参加刘敦桢教授主持的《中国古代建筑史》的编撰工作，得以对建筑史研究有全面了解的机会。在讨论中刘敦桢教授、梁思成教授和编委会诸君都感到现存汉、唐建筑实例远不足以反映其全盛时的面貌和水平，主张对考古发掘出的重大建筑遗址进行复原研究，以填补空白，充实建筑史。刘敦桢教授遂命王世仁和我分别对几座汉、唐遗址进行复原。我第一次试做的唐大明宫麟德殿复原是在刘致平先生指导下进行的，遂以合作形式发表。稍后又做了唐大明宫玄武门、重玄门复原和含元殿外观复原，以后刘敦桢教授都收入他主编的《中国古代建筑史》中，给我很大的鼓励。开始做的这几项复原研究，主要是通过文献考证和在风格、形式、做法上与现存遗物类比进行的。在看了这几个方案后，梁思成教授和刘敦桢教授都指出，由于中国唐以前建筑基本没有保存下来，只能靠对遗址的复原来知其大略，所以复原研究很重要，要加强其科学研究的分量。应该通过对文献和遗址的细致研究，深入探讨各时代建筑的发展进程和其中体现出的建筑规制以及设计手法特点，而不是生搬硬套其形式结构；要用古代的风尚好恶而不是当下的风尚好恶去考虑风格问题，才能使复原研究更接近实际更有参考价值。梁教授并指出，从佛光寺东大殿看，《营造法式》中'以材为祖'的运用模数进行设计的方法至迟在中晚唐已出现，应结合《营造法式》对唐代建筑遗物进行探讨，研究在唐代是怎样进行设计的，并在复原唐代建筑时考虑这些因素。"[37]

1964 年 2 月，刘敦桢教授继续整理中国古代建筑史稿，并着手编订《中国古代建筑史参考书目》。1964 年 5 月，建工部决定将《中国古代建筑史》第六稿（编定稿）送交苏联建筑科学院，作为多卷集《世界建筑通史》中国古代建筑史部分的书稿，至 1964 年 6 月，《中国古代建筑史》第六稿经王世仁先生修订最终定稿。至此，始自 1958 年的苏联建筑科学研究院主编多卷集《世界建筑通史》中国古代建筑史部分的终稿得以最终完成。而刘敦桢教授紧接着主持《中国古代建筑史纲要》（即《中国古代建筑史》第八稿）的注释工作，此项工作由傅熹年、王世仁、王偕才先生等具体分工负责。

37　引自傅熹年先生访谈录音整理，访谈时间 2013 年 4 月 2 日，访谈人：赵越、周觅。

（五）《中国古代建筑建筑史》之第八稿

1964 年 8 月 1 日，《中国古代建筑史纲要》（即《中国古代建筑史》第八稿）的学术鉴定会在北京召开。刘敦桢教授对其主持的研究成果有过如下客观而谦逊的介绍与评价，兹摘录如下："这稿本（《中国古代建筑史纲要》），是在以往历次稿本的基础上写的，所以体裁基本上与以往相同。但内容有所不同。没有过去的工作，也不可能有这稿子。因此是一个大集体合作的。如《营造法式》一段，就是六稿的原文。我写了一个编辑经过，如果出版，应把编辑经过写进去。至于八稿的内容与以往的不同处：（1）新资料的补充。最近几年建筑历史工作发展很快，如文化部、科学院、建研院、高等学校、各地文管会都有许多新资料。各地都热情地供给，如：原始社会这一章请安志敏、徐苹芳等详细审查核定，陈公柔代选装饰花纹，因此在建筑演变中，连接不起的地方得到了一定的解决。（2）建筑的发展，虽然有新资料，但也有困难，如西周城区、南北朝佛寺等。就是在现有资料中也未很好分析，很好地研究，只是大致加以分析。如六稿中绪论建筑的特征只讲了明清，八稿则对特点的演变提出一些看法，也把建筑的发展作了总结。（3）虚实结合。过去写的，对于这一点感到困难。生产力、生产关系等等都与建筑发展联系不起来。六稿讨论中明确了社会因素影响有直接的，也有间接的，甚至于间接的多。因此补充了历代统治阶级在物质上、精神上的要求。同时我们认为把当时的生产力、生产关系、思想意识等讲清楚，也就把建筑的社会性、阶级性烘托出来，说明建筑的历史性，不是脱离阶级的，这可能有助于防止复古主义。（4）优、缺点问题。六个特点主要讲当时的成就，但不可否认建筑的各个方面都受当时社会的影响，因此又要介绍其历史局限性，这样才能有助于辨别精华与糟粕，这里提出一些初步看法，如绪论第四节。以下各章节也再谈一些，但不可能每个实例都谈，如唐长安有优点，但也有缺点。（5）材料的取舍问题。有些以新资料替换了旧资料。有些未收入，一方面是有些还在研究或争论未决这就未写。如战国高台建筑到汉末就逐渐减低，东汉就更少了，而木楼阁建筑增加了。这个现象的原因还在研究中，未得出结论，所以暂不谈。又如南北朝嵩岳寺塔式样的来源，也不谈。唐朝木构留下来有几座也不谈。建筑年代如拉萨大昭寺的年代由唐到明说法不一，所以大昭寺暂不收入。另一方面，过分详细的内容也未收入，如斗栱的演变，彩画的演变，其限于篇幅就没收入了。（6）图样（相片）。由1959年冬天开始，已画了四遍。参加的人多的至十四五个，时间三四个月不等。八稿中图中增加了：①建筑发展有关的。如单体、平面的变化，阙的演变等；②结构的发展（以唐、宋、元、清四个时期的典型建筑）；③各时代建筑详部的介绍；④装饰花纹；⑤家具；⑥复原图。画图中花了很多时间做核对工作，不过人力时间的关系，只能做一些比较重要的。同时也存在许多问题。如大小不匀，表现方法也有些值得考虑。至于相片，花了许多力量去找，但如一些翻版相片尚须考虑重翻。

这稿是在过去大家劳动成果的基础上，并得到各方面大力支持，领导上也给予有力支持。不过我们水平有限，工作努力不够，稿子未达到我们最初预期的成绩。"[38]

在此次《中国古代建筑史纲要》学术鉴定会上，以梁思成教授为主任委员，汪季琦、刘致平、陈明达、莫宗江、宿白、杜仙洲、单士元、徐苹芳、罗哲文为委员的学术委员会对于作为第八稿《中国古代建筑史》的《中国古代建筑史纲要》进行了热烈的讨论，并发表了各自的看法和意见。

就来自各方的讨论和意见，刘敦桢教授在会上也针对第八稿《中国古代建筑史》当时所面临的原则问题坦言："（1）民族问题，与政治上有关系，应谨慎处理，要修改字句，以不引起误会为原则。（2）批判继承的问题，看来批判不够，我们原来考虑不是逐个批判，在每一个出现的中重点批判，但事实也未做的彻底。原来比较注意发展，但批判继承不够，也是个缺陷。（3）阶级性问题，只在绪论第四节谈不够，以下各节还要继续补充。（4）农民起义的问题，我们也感到存在这个问题，尽量在各章中贯彻。（5）宗教、建筑问题，也在南北朝注意了这问题，但后面就再未提了。"[39]

经过《中国古代建筑史纲要》学术鉴定会议的讨论评议，最终评价此书稿："具有较好的质量，比当时已出版的《中国建筑简史》的学术水平高，除有些段落建议主要编辑同志进行补充修订外，即可付印出版。"[40]

38 "1964年8月15日《中国古代建筑史纲要》鉴定会议记录"手稿，中国建筑设计研究院档案室藏。转引自温玉清："二十世纪中国建筑史学研究的历史观念与方法"，天津大学博士学位论文，2006年9月，第208-210页。
39 同上。
40 同上。

梁思成教授在会议的总结性发言中也在充分肯定了刘敦桢教授严谨的治学态度与其主持编撰《中国古代建筑史纲要》的重要学术价值："首先祝贺刘敦桢同志经过多年的努力，取得这么大的成就。这部纲要比国内同类的公开和内部发行的水平都高得多。刘先生治学态度非常谨严，包括图的核对，新资料的取得。当然，可能还有不够的地方也是在所难免的。刘先生态度非常谦虚，像刘先生态度之谨严，态度之谦虚，很值得我们学习的。这部建筑史在我们研究建筑史上是个很大的提高，值得我们庆贺。有些一时不清楚的，不明白的，宁缺毋滥。我个人认为这本书有很高很高的水平。这稿是大家共同努力的成果，很多同志为此付出很多劳动，我一方面代表这个研究室，一方面代表科委理论历史分组表示感谢。"

尽管 1964 年 8 月《中国古代建筑史纲要》学术鉴定委员会基本上肯定了上述《中国古代建筑史》的这个稿本，但是来自各方面的批评的意见也不少。在特定的时代，批评意见集中在如何运用阶级观点、发展观点、辨证观点处理中国古代建筑史中的问题，诸如如何评价宫殿、寺庙等构成中国古代建筑历史主体的建筑类型，如何界定精华与糟粕，如何协调历史的客观与政治的需要等问题。至 1964 年 10 月末，刘敦桢教授根据鉴定委员会提出的修改意见，逐项修订书稿，修订内容涉及注释的增订、材料的更正、论点的调整直到错字和标点的订正等。

然而，需要强调的是，与现今较为宽松正常的学术氛围相比，囿于 1950、1960 年代意识形态禁区而形成的特殊政治环境，中国建筑史学研究也与那个时代中国绝大多数人文科学的研究一样，不可避免地受到当时政治因素影响。

1964 年"四清"运动后政治形势日益严峻，也悄然影响到《中国古代建筑史》的编写和修订工作，虽已历经八稿，但刘敦桢教授此时也表明了对书稿能否顺利出版的担忧以及面对批评与"政治责难"的态度。

在 1964 年 10 月 5 日修订《中国古代建筑史》第八稿期间，刘敦桢教授致傅熹年先生等的信中写道：

本来八稿和中建史教科书不是我所能担任的，可是各方面需要这样一本书，尤其是全国建筑学与城乡规划专业有两千学生缺乏教材，因此我决心：（1）在困难面前不做逃兵；（2）努力工作；（3）虚心接受各方面意见，改进工作。由于您二位和杨、郭等同志的合作，总算八稿交卷了。当然，我们的水平都不高，八稿的缺点是毋庸讳言的，审委会的意见是正确的，我们必须再修改这份稿子。有人说，刘先生这大年纪，尚且摔了跤，丢面子，可见写建筑史不是一件容易事，大有谈虎色变之慨，但我不同意这种看法。第一，中国建筑史总是要写的。事物的发展总是由低级发展到高级的。我们既然干了，就应该干到底。第二，世界上没有一本任何人都同意的书。批评意见只要对工作有利，就应该虚心接受。第三，从个人得失出发，确实丢面子，但从严肃的任务看问题，就无所谓面子不面子了。鲁迅说的"俯首甘为孺子牛"，即是这个意思（我有一颗孺子牛的图章）。至于受批评那是应该的，我没有任何情绪。现在我除努力完成任务以外，什么也不考虑。陈明达先生说八稿批评少，赞赏多，一点也不错。这是因为我们未拿阶级观点看问题，而是从纯艺术观点出发，把艺术和政治分家的结果。所谓唐朝建筑的雄浑，宋朝建筑的柔和绚丽，只是统治阶级的建筑如是，不能拿来代表当时的整个中国建筑的风格……至于出版与否，从这稿的质量来说，我以为暂时作为资料保存起来，是比较妥当的。学术问题不到"水到渠成"，勉强是没有好处的。[41]

此信所言显然不是刘敦桢教授一时兴致所至随意写出的，而是在当时特殊的时局环境下，思考《中国古代建筑史》未来命运之后深思熟虑的态度，作为一个真正的学者，一个对学术精益求精的"孺子牛"，刘敦桢教授这样一个极其谦和的人，申明了他对于当时学术研究环境逐渐恶化的不再妥协的态度。

紧接此信刘敦桢教授又在致傅熹年等的另一封信中也坦言了他的历史观和对于接受各种批评的态度，兹摘录如下："本来写史是一件困难工作，过去范文澜写《中国通史》，第一稿侧重阶级性，人家说他过左；后来侧重历史性，人家又说他过右，这是写史过程中不可避免的事情。何况我们的水平很低，而建筑史除阶级性、历史性以外，还牵涉到材料、结构、艺术等，真是难上加难。但是客观上需要一本中国建筑史，我们只有摸索前进，一稿又一稿写下来，不能抱其他幻想。工作中我欢迎任何批评，对困难则绝不气馁。当然，九稿质量距出版要求还有很大差距，你们又马上参加社会主义教育，不能和我继续工作，可是南工担任写教材的任务我是要继续干下去的。"[42]

41 参见1964年1月5日刘敦桢先生关于"中国古代建筑史"第八稿修改致傅熹年等的信，中国建筑设计研究院档案室藏。

42 参见1964年1月5日刘敦桢先生关于"中国古代建筑史"第八稿修改致傅熹年等的信，中国建筑设计研究院档案室藏。

追思和想象刘敦桢教授当年在上述信函中所流露出的内心世界，无奈的苦涩之中那种永不言弃的学术信仰，如今读来，依然至为感人。作为中国建筑史学研究的后辈，作为已经远离那个特殊年代的中国建筑史学研究，似乎都不应忘却那些隐忍于著作背后的精神遗产，更不应忘却那些在特殊时代历练而成的特殊的学术信仰和人格魅力，而在这些已经远逝的人格魅力和学术精神中获得什么，汲取什么，探索什么，也许才是从事中国建筑史学史研究的真正内涵所在。

"四清"运动开始后，1964 年 12 月建研院撤销建筑理论与历史研究室南京分室，1965 年又撤销建筑理论与历史研究室的编制，大部分研究力量调去桂林和济南，余人调往标准所、情报所、物理所等处，研究及图书资料划拨外单位或流失散佚。至 1965 年年底，除少量待分配人员外，建筑理论及历史研究室已彻底解散。此时历经六年、八易其稿的《中国古代建筑史》的书稿被封存搁置。对于建筑理论与历史研究室的解散以及《中国古代建筑史》书稿封存搁置这段特殊的历史，王世仁先生曾经回忆道：

正当八稿通过学术鉴定、准备出版之际，"四清"运动席卷建工部。建工部革刘秀峰的命，建研院就革建筑史的命，革编建筑史人的命。大概因为汪季琦已是被彻底革过命的"死老虎"，只是"靠边站"，我却是被内定为"反党"性质成了批判的重点，面对无知又无聊的'批判'，我认定建筑史是不会有前途了。这个建研院再无留恋的必要。于是我提出，不挑地方，不挑专业，只求尽快调离。于是在两天内便办妥了调到广西的手续，行前我给刘、汪各写一信告别。没想到刘敦桢在处境已很困难的情况下回了我一封长信，大意是说你现在去基层搞新建筑，将来再回来搞建筑史更有益处，总之认为前几年合作愉快，今后还是大有前途。而汪季琦则托另一位同事带给我一封短信，我只记得一句话："我认为你还是很有前途的。"[43]

在此之后，刘敦桢教授除继续修改《中国古代建筑史》稿本之外，还组织全国各高校建筑系从事建筑历史教学的青年教师再次进行《中国建筑史》参考教材的编写工作。据侯幼彬先生在《难忘的 1965》一文中回忆道：

1965 年是个不寻常的年份，它夹在 1964 年的"设计革命"和

43 引自王世仁先生访谈录音整理，访谈时间 2013 年 4 月 2 日，访谈人：赵越、周觅。

1966 年的"文化大革命"之间。"设计革命"一开始，建筑史学科就首先受到冲击，当时中国建筑史学科的大本营——由梁思成教授、刘敦桢教授任室主任的建筑科学研究院建筑理论与历史研究室就被撤销。刘敦桢教授主持的南京分室也随之解散。各校建筑系都紧锣密鼓地闹起"教育革命"，大批教师下乡参加"四清"，到第一线去接受"阶级斗争教育"。我也下到黑龙江省庆安县，吃百家饭，睡老乡炕，当了一名四清工作队的材料员。这使我很着急，因为当时刘敦桢教授受建筑史教学大纲修订会议的委托，主编《中国建筑史》参考教材。刘教授让同济大学的喻维国、华南工学院的陆元鼎和哈尔滨建工学院的我当助手，分别参编古代部分、现代部分和近代部分。我们的编写工作因为"四清"和"教育革命"而一拖再拖。这样的年头，这样的氛围，怎能写史、编教材呢？刘教授交给的任务该如何完成呢？真正是心急如焚。没有想到，在刘敦桢教授的运筹下，1965 年的秋季，分散在各校的《中国建筑史》教材编写组成员，居然奇迹般地从各自的"革命前线"脱出身来，聚集到南京，在刘教授身边展开了五个月的写史活动。……应该说，赶巧在 1965 年秋冬写史是件苦差事，当时的大环境是十分严峻的。要跟上形势，就得绷紧"阶级斗争"的弦。刘教授为此不得不领着我们一次又一次地"务虚"，一次又一次地修改编写大纲。我们对书稿的立论行文都格外小心翼翼，大家都提心吊胆，生怕写出来的东西被当做"毒草"挨批。当时刘教授所承受的压力是可想而知的。但是刘教授为我们创造的写史小环境却是非常非常的优越。……可以说，这半年的写史，我们是在凛冽的大环境和温馨的小环境的极度反差中度过的。在那段"山雨欲来风满楼"的日子里，刘教授并没有因为研究室被解散而松懈，一直是兢兢业业地、极认真负责地带领我们编写教材。[44]

然而，在此后"文化大革命"激烈冲击之下的 1968 年 4 月 30 日，刘敦桢教授最终舍下倾注他后半生全部心血的《中国古代建筑史》而忧懑辞世。

44 侯幼彬：《难忘的 1965》，参见杨永生编：《建筑百家回忆录》，北京：中国建筑工业出版社，2000 年，第 152-154 页。

五、八稿古代史的最终付梓

1972 年末，在"文化大革命"初期中解散的建筑科学研究院得以恢复，而原来的建筑工程部也于 1970 年与国家建委和建材部合并为国家建设委员会。其时国家虽尚处在"文革"后期，但文物保护与古建筑修缮工程因其特殊的社会属性与国际影响，经周恩来总理亲自批准，率先显露出了恢复的生机，借此契机，建研院建筑历史与理论研究室也随之恢复，由刘祥祯、程敬琪任正副所长。

刘祥祯与时任建研院院长的袁镜身请示当时的国家建设委员会主任谷牧，建议将封存多年的《中国古代建筑史》付梓出版。谷牧认为《中国古代建筑史》没有政治方面的问题，批示可以出版。此后，由刘祥祯主持进行书稿出版的准备工作，除个别地方不妥的、有错的内容和文字予以修订之外，基本保持了书稿的原貌，并未作大的变动。天有不测风云，当书稿出版准备就绪之时，"批林批孔"运动来势凶猛，政治时局骤紧，《中国古代建筑史》书稿出版之事再次被搁置起来。

其后，至 1977 年下半年，随着国家形势逐步稳定，由建筑科学研究院召开了一次座谈会，征求了有关高校及有关单位的意见，一致认为《中国古代建筑史》具有重要的学术参考价值，希望能将书稿付印，原参加编写单位也都赞成出版。随后由建筑历史与理论研究室刘祥祯、程敬琪、傅熹年、孙大章等最后进行了整理和审核，并撰写了说明。

1978 年 3 月，《中国古代建筑史》书稿全部整理完成，经时任国家建设委员会主任的谷牧批准后交中国建筑工业出版社出版。中国建筑工业出版社的主要领导杨俊、杨谷生等对此非常重视，认为该书出版有重要价值，并决定由资深编辑乔匀、杨永生作为责任编辑，认真进行了审核、编辑加工，于 1978 年正式出版了平装、精装两种版本。《中国古代建筑史》出版发行以后，受到建筑界广大读者的欢迎和好评，于 1981 年 4 月荣获国家建筑工程总局建筑科研成果一等奖。

这部汇集了众多学者大量心血与辛勤劳动而完成的《中国古代建筑史》，终在 1978 年由中国建筑工业出版社出版。

这部《中国古代建筑史》，充分吸纳了当时中国建筑史学研究已发现的建筑史料和大量相关研究成果，经过反复分析、论证修订而成；而其集体协作的编写过程，实质上也是对历来中国建筑史学研究成果的大检阅，肯定了某些成果，也提出或发现某些研究不足或空白遗漏之处，如1980年版《中国古代建筑史》卷前说明中指出的："全书偏重于记述，对源流变迁的论述较少；对建筑艺术方面比较侧重，对建筑的技术方面则注意不够；限于史料，对某些历史时期的建筑活动论述仍属空白等等，这些正是今后编写建筑史需要继续研究的问题……此稿吸纳了建国前后已发现的建筑史料和大量研究成果，经过反复分析、论证而成，是建筑史学科建立三十余年来成就的总结，代表了当时的最高水平。"[45]

傅熹年认为："这次刘敦桢先生主编的《中国古代建筑史》集中了全国的专家参加八易其稿而成，实是对1930年代中国建筑史学创立以来所取得成就的总结，数十年来发现的史料和重要研究成果基本都收纳进来。此后相当长的时间内，中国建筑史学研究的重点工作很可能是在总结这次编史经验的基础上，排比出那些在编史中发现的缺门、缺项，找出那些应该解决而在当时尚无条件解决的关键性问题，深入研究，在深度、广度上再上一个台阶，对中国古代建筑的发展规律有更进一步的认识，才有可能做出新的归纳总结，撰写新的建筑史。"[46]

值得庆幸的是，出版问世的这部《中国古代建筑史》，是一部几乎保持1964年原稿原貌的中国建筑史学的经典著作，此前与此后那个近乎疯狂的特殊时代对于学术戕害的痕迹在刘敦桢教授等执笔者的努力下被降低到了最少。

总而言之，刘敦桢教授主编的这部《中国古代建筑史》是中国建筑史学自创立以来所取得成就的一次集中体现与总结。"虽然由于历史条件的局限，例如许多重要资料尚未揭露，某些学术观点也受到一定的制约，但就当时而言，这已是力所能及与学术水平最高的中国建筑史学著作了"[47]，代表了当时中国建筑史学研究的最高水平，成为中国建筑史学历程中最重要的经典著作之一。

45　傅熹年、陈同滨：《建筑历史研究的重要贡献》，《中国建筑设计研究院成立50周年纪念丛书·历程篇》，北京：清华大学出版社，2002年，第142页。

46　傅熹年：《傅熹年建筑史论文集》，北京：文物出版社，1998年，第471页。

47　参见《中国古代建筑史·前言》（五卷本），北京：中国建筑工业出版社，2003年，第416页。

附录：

历次史稿编辑人员

第一稿（1959 年 8 月—11 月）

刘敦桢　潘谷西　郭湖生　张驭寰　邵俊仪

第二稿（1960 年 3 月—7 月）

刘敦桢　郭湖生　张驭寰

第三稿（1960 年 8 月—9 月）

赵立瀛　辜其一　刘致平　张驭寰　王世仁

陈从周　喻维国　郭湖生

第四稿（1961 年 2 月—5 月）

刘敦桢　陈明达　郭湖生　王世仁

第五稿（1961 年 8 月—10 月）

赵立瀛　王世仁

第六稿（1962 年 11 月—1963 年 4 月）

刘敦桢　梁思成　汪季琦　袁镜身　乔　匀　刘致平

辜其一　陈明达　卢　绳

罗哲文　陈从周　王世仁　赵立瀛　潘谷西　郭湖生

第七稿（1963 年 6 月—8 月）

刘敦桢　王世仁　傅熹年　杨乃济　郭湖生

第八稿（1964 年 3 月—6 月）

刘敦桢　汪季琦　王世仁　傅熹年　杨乃济　郭湖生

资料搜集及校核工作

傅熹年　王偕才

注释

傅熹年

历次绘图、洗印相人员

第一次绘图（1959 年 10 月—11 月）

邵俊仪　潘谷西　叶菊华　金启英　詹永伟　傅高杰

朱鸣泉

第二次绘图（1961 年 5 月—8 月）

傅熹年　叶菊华　詹永伟　傅高杰　金启英

第三次绘图（1963 年 5 月—8 月）

傅熹年　王世仁　杨乃济　孙大章　吕增权　叶菊华

金启英　詹永伟　张步骞

傅高杰　戚德耀　吕国刚　杜修均　李容淦

第四次绘图（1964 年 3 月—6 月）

傅熹年　王世仁　张宝玮　张步骞　傅高杰　戚德耀

叶菊华　金启英　詹永伟　李容淦

历次相片洗印、放大、加工（1959—1964 年）

朱家宝

六、民居研究和其他成果

前文已经提到，1953 年，中国建筑研究室以"研究中国建筑与发展民族形式"为首要目标。为了给建筑创作提供中国建筑的相关参考资料，刘敦桢教授确定中国建筑研究室的主要研究对象为住宅和园林，并以民居调查为第一阶段的工作重点。1953—1957 年间，研究室成员重点调查了安徽、浙江、福建等地，公开发表的研究成果包括 1957 年出版的《中国住宅概说》(原载《建筑学报》1956 年第 4 期)、《徽州明代住宅》(1957年发表于《南工学报》总第 4 期)、《闽西永定县客家住宅》(土楼研究的开端) 以及 1958 年全国建筑历史学术讨论会上提交的数篇调查报告。所有研究成果均提供测绘图与照片，意图对建筑师的创作提供直接的指导。1958 年，中国建筑研究室并入中国建筑历史与理论研究室，在研究上开始了合作。

在南京方面，刘敦桢教授在 1960 年上半年派出了 4 个调查小组：除其中张步骞被派去与北京方面的成员合作外，叶菊华、詹永伟和金启英三位南京工学院的新毕业生分别被派入不同的调查小组，由研究室老成员带领外出进行民居调研，每组的调查时间均为三个月（3—6 月份）。以 1960 年浙西北、浙东、皖南调查小组为例，组长为研究室成员戚德耀，组员为叶菊华，据叶菊华先生回忆："分组之后，我们就出发了，当时两人带着几十斤的行李，主要都是胶卷、相机和资料。1960 年恰逢自然灾害，生活条件十分困难，有时候去调查一些民居，走几十里路，都吃不上饭。"[48] 刘敦桢教授提倡的这种研究室新、老成员合作模式，促进了成员之间的相互学习，达到了取长补短、共同提高的效果。在结束调研后，各组均会对调研资料做整理和分析，若发现数据存在遗漏和错误，则会返回相应调研地点进行补充和复查，在最终确定资料无误后再行撰写相应研究专题的调查报告。

在北京方面，1960—1963 年三年期间，中国建筑历史与理论研究室安排了王其明、傅熹年和尚廓等 20 余人，展开了对浙江地区的民居调查，调查测绘杭州、嘉兴、鄞县、东阳、临海、温州、蔺县等 20 余县的村镇，工作量相当大。浙江民居调查当时虽未能出版，但曾召开了学术专题研

48 引自叶菊华先生访谈录音整理，访谈时间 2013 年 1 月 16 日，访谈人：王建国教授、周琦教授、陈薇教授等。

讨会，并在杭州、上海两地举办了展览。展览宣传了我国的优秀建筑遗产、引起有关部门及人士的重视，起到了积极的影响。浙江民居调查研究首先着眼于民居各方面内容的处理手法，如空间、形体构造、地形利用、装修等，选优秀实例，加以记录与分析，以期对现代建筑设计工作有所启迪与借鉴，而对民居的历史性及地域典型性的注意较少，这也是其遗憾之处。其次，这项研究成果的表现形式比较丰富，除了照片及平面图以外，兼配以大量的渲染表现图、透视图、剖面透视图、分析图等，并且绘制精美，至今仍有许多相关民居的专著或论文引用概述的图版。

据傅熹年先生回忆："浙江民居，当时的组长就是王其明和尚廓两个人。尚廓这个人很有水平，设计方面能力很强，所以他搞民居，一眼就从设计角度去分析，又开辟了一个新的路子。这是尚廓画的（采访时的实物），尚廓搞空间的，很简化、很好。就是从建筑角度考虑，还有这些规划的图也是他画的。这就是我画的，我画的就比较规矩点，这是天台那个，这个是我画的，人民日报还登过。原图给建工出版社弄丢了。"[49]

"……是这样的，到那儿以后讨论民居怎么搞，开始还是调查些大房子，后来就说大房子当时那个形势不行，也确实没什么实际意义。尚廓当时速写了很多小房子，领导一看觉得是条路子，咱们是不是就从搞设计搞空间，从这个角度去调查浙江民居这方面的特点。就定下这么一条路子，不强调大房子，不强调标准形式，凡是有好的思路的，有传统性的，咱们就找这个。所以就看哪个好看，哪个空间处理上有特色。"[50]

"为了更好地研究浙江民居，研究室民居组一共十个人都去了浙江，研究经历了1961年整年，1962年完成成果并进行了展览。1963年继续开始了福建民居的研究，之前研究室的张步骞等人曾研究过土楼，这次民居研究则不仅限于单种住宅类型，整个福建，闽东、闽西、闽北较好的民居都进行了测绘，可惜的是总共完成了400余张图在'文革'中被集中烧掉了。"[51]

对于民居资料的搜集深度，当时有一个大致的要求，即不能缺少平面图、立面图、剖面图、透视图、室外某个角度的速写图，每个建筑必须完成这些基本的测绘工作量。

又据傅熹年先生回忆："1962年刘敦桢教授曾评论过浙江民居的测

49 引自傅熹年先生访谈录音整理，访谈时间2013年4月2日，访谈人：赵越、周觅。
50 引自傅熹年先生访谈录音整理，访谈时间2013年4月2日，访谈人：赵越、周觅。
51 同上。

绘图'浙江民居的图很漂亮，但透视图太多，有美化房子的嫌疑，似乎照片更真实。还是应该以平面剖面、构造图为主之类的。'这是因为有些明显的破损是房屋老化造成的，研究室成员在现场是按照推测的原貌制图，我们当然往好里画的，破烂的东西都得补齐画成完整的嘛。"[52]

　　直至 1965 年研究室撤销，民居调查也并未停止，研究室成员进一步调查了北京、河南、山西、江西、湖南、云南、广东、广西等地的民居，惜未有公开出版物。

52　引自傅熹年先生访谈录音整理，访谈时间 2013 年 4 月 2 日，访谈人：赵越、周觅。

七、研究室的解散和人员去向

1960 年代的中国建筑工程部的建筑科学研究院是行业中的科研工作的大本营，建筑科学研究院建筑理论与历史研究室的大量成果，使它很快处在中国建筑史学研究领域的学术中心地位。它为中国建筑史学的进一步发展开拓了广阔的前景，并通过大规模调查研究和编写中国建筑史的全国大协作，培养了大量专业人才，促进了全国各有关高等院校的建筑史学研究与发展，使中国建筑史学成为当时受到各方关注并具有重要社会影响的学科，同时也埋下了以意识形态为由被整饬的种子。随着当时建工部"四清"运动的开始，政治气氛骤然紧张，非学术因素的政治干扰也悄然而至。

自 1964 年 2 月起，批判原建筑工程部部长刘秀峰的风潮已是风起云涌，而他所倡导的建筑理论、建筑史学和建筑文化方面的研究，也均以"严重的资本主义经营思想，在建筑理论方面提倡和宣扬一些错误的东西"名义遭受到严厉的批判。随即在 1964 年 12 月，建筑科学研究院撤销建筑理论与历史研究室南京分室，1965 年更完全撤销建筑理论与历史研究室的编制，大部分研究力量调去桂林和济南，其余人调至标准所、情报所、物理所等处，研究及图书资料划拨外单位或流失散佚。至 1964 年年底，除少量工作人员外，建筑理论及历史研究室已彻底解散。值得一提的是，北京总室派来的傅熹年先生和王世仁先生则在最后一段时间中仍然参与南京分室刘敦桢教授的《中国古代建筑史》最后讨论修改和资料运京的工作，他们的努力也加快了《中国古代建筑史》书稿的进度。

原建筑工程部建筑科学研究院院长汪之力曾经就此回忆说："刘秀峰同志重视建筑文化、重视建筑历史研究的精神是非常可贵的。建工部其他的部长，包括后来建设部的部长，谁还搞这个，有的部长把建筑历史研究室都取消了，认为那是多余干的事，实在令人遗憾！"[53]

53 刘玉奎、袁镜身:《刘秀峰风雨春秋》，北京：中国建筑工业出版社，2002 年，第 251 页。

研究室解散时的人员去向一览表

姓名	性别	曾工作（学习）单位	职务	工作时间	工作地点	1965 年后去向
刘敦桢	男	南京工学院建筑系	室主任	1953.4—1965.1	南京工学院	南京工学院建筑系教授
张步骞	男	上海华东建筑设计公司	技术员	1953.4—1965.1	南京工学院	南京市勘测设计院（今南京市建筑设计研究有限责任公司）
张仲一	男	上海华东建筑设计公司	工程师	1954 夏—1959.8	南京工学院	建筑工程部建筑科学研究院建筑理论及历史研究室
曹见宾	男	上海华东建筑设计公司	工程师	1954 夏—1964 冬	南京工学院	建筑工程部建筑科学研究院建筑理论及历史研究室
窦学智	男	上海华东建筑设计公司	技术员	1956—1957	南京工学院	失去联系
胡占烈	男	上海华东建筑设计公司	技术员	1953—?	南京工学院	因患病较早离开研究室
朱鸣泉	男	上海华东建筑设计公司	技术员	1953.6—1964 冬	南京工学院	苏州园林管理处技术员
傅高杰	男	上海华东建筑设计公司	技术员	1953.6—1964 冬	南京工学院	苏州市第二建筑工程公司
戚德耀	男	上海华东建筑设计公司	总工程师	1953.6—1964 冬	南京工学院	苏州市文物管理委员会、江苏省文物管理委员会
杜修均	男	上海华东建筑设计公司	技术员	1953.6—1964 冬	南京工学院	江苏省建筑设计院
方长源	男	上海华东建筑设计公司	技术员	1954 春—1958.5	南京工学院	江苏省文物管理委员会
孙宗文	男	西北工业建筑设计院	工程师	1956.1—1964 冬	南京工学院	连云港市建工局

姓名	性别	曾工作（学习）单位	职务	工作时间	工作地点	1965 年后去向
李容淦	男	不明	技术员	1954 春—1958.5	南京工学院	失去联系
杨克敏	男	南京工学院建筑学专业 1955 届本科毕业生	技术员	1958.5—？	南京工学院	失去联系
金启英	女	南京工学院建筑学专业 1955 届本科毕业生	技术员	1959.9—1964 冬	南京工学院	江苏省建筑设计院
吕国刚	男	南京工学院建筑学专业 1955 届本科毕业生	技术员	1959.9—1964 冬	南京工学院	江苏省建筑设计院
叶菊华	女	南京工学院建筑学专业 1955 届本科毕业生	技术员	1959.9—1965.1	南京工学院	南京市勘测设计院（今南京市建筑设计研究院有限责任公司）
詹永伟	男	南京工学院建筑学专业 1955 届本科毕业生	技术员	1959.9—1965.1	南京工学院	苏州市园林管理处今苏州市园林和绿化管理局
陈根绥	男	上海华东建筑设计公司	事务人员	1953—1965.1	南京工学院	失去联系
夏振宏	男	南京工学院总务处	行政秘书	1958.9—1965.1	南京工学院	中共南京市委统战部
车秀兰	女	上海华东建筑设计公司	事务人员	不明	南京工学院	失去联系
赵斌	女	南京工学院	事务人员	1958.9—1965.1	南京工学院	江苏省建筑设计院
孙正敏	女	南京工学院	刘敦桢教授秘书	1954—1957 春	南京工学院	失去联系

姓名	性别	曾工作（学习）单位	职务	工作时间	工作地点	1965 年后去向
傅熹年	男	调派自建筑工程部建筑科学研究院建筑理论及历史研究室	技术员	1963—1964 冬	北京、南京工学院	建设部建筑历史研究所
王世仁	男	调派自建筑工程部建筑科学研究院建筑理论及历史研究室	技术员	1963—1964 冬	北京、南京工学院	北京市古代建筑研究所
杨乃济	男	调派自建筑工程部建筑科学研究院建筑理论及历史研究室	技术员	1963—1964 冬	南京工学院	北京大衍致用旅游规划设计院
陆景明	男	调派自建筑工程部建筑科学研究院建筑理论及历史研究室	技术员	1959.9—1964 冬	北京、南京工学院	苏州市建筑工程公司
胡东初	男	调派自建筑工程部建筑科学研究院建筑理论及历史研究室	工程师	1959 春—1959.8	北京、南京工学院	建筑工程部建筑科学研究院建筑理论及历史研究室

八、余音

"文化大革命"中后期的1972年，在北京的建筑工程部建筑理论与历史研究室解散六年之后，被解散的建筑科学研究院得以恢复，而原来的建筑工程部也于1970年与国家建委和建材部合并为国家建设委员会。重新组建的建研院开始初步恢复建筑史学研究，以编写两本反映中国现代和古代建筑成就的图录——《新中国建筑》和《中国古建筑》为契机，中国建筑史学研究工作也逐渐恢复。

"是金子总要发光"，那些被遣散各地的研究室成员在改革开放后获得新的历史机遇后，都在各自的相关岗位上作出了重要的贡献。如傅熹年先生在经历了外放西北参加三线建设后又回到所里，他的出色成果赢得了人们的尊重并被评为中国工程院院士；王世仁先生出任北京市古代建筑研究所所长，詹永伟先生在苏州园林局担任总工程师工作数年，叶菊华先生作为江苏省建委总工程师并在1980年代以后主持大子庙历史地段以及瞻园二期和三期的修复工作等等。

作为研究室南京分室刘敦桢教授开拓的建筑史学的学术传人，郭湖生、潘谷西、刘先觉、刘叙杰都沿着刘敦桢教授生前开拓过的不同领域继续拓展。郭湖生先生认为，"对中国建筑的研究总体而言虽粗具规模，但浅尝辄止，不求甚解，乃至以讹传讹的情况尚多。许多问题至今若明若暗，似是而非。除了继续深入之外，另辟途径也是必要的。汉族的文化特征和建筑的地方性用单一祖源是说明不了的，线型发展的思想、只知其一不知其二的眼界，不足以完整地认识世界，也不足以正确认识中国建筑的自身"。郭先生通过带领研究生团队取得了系列的学术成果。

潘谷西先生和郭湖生先生一道，在1980年代发起了编写《中国古代建筑史》五卷集的建议，并和刘叙杰先生分别承担起第四卷元明部分和第一卷汉以前部分的主编和撰写工作。他们和傅熹年先生主编的第二卷南北朝隋唐卷，郭黛姮先生主编的第三卷宋代卷，孙大章先生主编的第五卷清代卷，共同构建了世纪之交的中国建筑历史研究的新里程碑。而刘先觉先生则继承了他在北京和南京师从过的梁、刘二位教授的衣钵，在近代建筑史和世界建筑史方面作出了突出的学术贡献。

所有曾沐浴过中国建筑研究室风雨、聆听过刘敦桢教授教诲、熏陶自恩师言传身教的学子们，后来均在不同岗位上以及在中国新历史阶段焕发过光辉。而自中国营造学社、中国建筑研究室的传续，今日对于中国建筑传统及文化研究的自觉和发掘、遗产保护的深度和广度，均已进入一个新的天地。

参考文献

[1] 温玉清："二十世纪中国建筑史学研究的历史观念与方法"，天津大学博士学位论文，2006 年 9 月。

[2] 姜海纳："中国建筑研究室"初创及研究成果初探，《建筑师》，2013 年第 163 期。

[3] 刘敦桢:《苏州古典园林》，中国建筑工业出版社，1979 年 10 月。

[4] 刘敦桢：《刘敦桢全集》，北京：中国建筑工业出版社，2007 年。

[5] 张仲一、曹见宾、傅高杰、杜修均合著:《徽州明代住宅》，建筑工程出版社，1957 年。

[6] 《戚德耀回忆:保国寺是偶然发现的》，《宁波日报》第 10204 期，2003 年 8 月 10 日。

访谈人员与时间和地点一览表

序号	被采访人	采访人	采访时间	采访地点
1	叶菊华	王建国、周琦、陈薇等	2013.1.16 9:30—11:00	东南大学中大院207
2	陆景明	李慧希、叶茂华	2013.3.13 10:00—11:30	苏州市九龙医院
3	詹永伟	李慧希、叶茂华	2013.3.13 15:30—17:30	苏州园林和绿化管理局庭院
4	戚德耀	胡占芳、高钢	2013.3.29 9:00—12:00	戚德耀宅
5	张驭寰	赵越、周觅	2013.4.1 14:00—16:30	张驭寰宅
6	王世仁	赵越、周觅	2013.4.1 9:30—11:30	王世仁宅
7	傅熹年	赵越、周觅	2013.4.2 9:30—11:00 2013.1.18 10:00—11:00	傅熹年办公室
8	刘叙杰	季秋、张宇	2013.4.3 9:30—12:00 2013.4.10 15:30—18:00 2013.4.18 15:30—18:30	刘叙杰宅
9	张步骞	左静楠、王荷池	2013.4.11 14:00—16:00	张步骞宅
10	夏振宏	王荷池、左静楠	2013.4.12 15:30—18:00 2013.4.18 15:00—17:00 2013.6.3 16:00—18:00	南京市市级机关医院门诊楼（第一次）东南大学前工院101（第二次、第三次）
11	刘先觉	高钢、胡占芳、邱田	2013.5.6 15:00—17:30	刘先觉宅
12	潘谷西	赵越、周觅	2013.5.20 9:00—10:30	潘谷西宅
13	傅熹年	陈薇、陈同滨	2013.7.18 10:00—11:10	中国建筑设计研究院建筑历史研究所

口述史访谈录

一、傅熹年先生访谈录

时间：2013 年 4 月 2 日 9：30 — 11：00

地点：傅熹年办公室

采访对象：傅熹年

采访、记录、摄影：赵越、周觅

[傅熹年]

著名建筑历史学家、文物鉴定专家。祖籍四川省江安县，1933 年 1 月生于北京。1955 年毕业于清华大学建筑系。现为中国工程院院士，住建部科学技术委员会委员，中国建筑技术研究院建筑历史研究所研究员，国家古籍整理出版规划小组组员，国家文物鉴定委员会委员，中国考古学会理事，清华大学建筑学院兼职教授。

[访谈简介]

本次访谈主要围绕傅熹年先生在建研院建筑理论与历史研究室工作期间主要参与的两项工作——中国古代建筑史的编写及浙江民居专题而展开。其中主要包含了三方面内容：（1）中国建筑研究室并入原建筑工程部建筑科学研究院建筑理论历史研究室的详细过程；（2）从古代建筑史的编写延伸出当时的建筑史教育情况以及刘敦桢教授的治学态度；（3）浙江民居的调查细节所展现出的 1960 年代民居研究的背景、方法与目的，并从细节展示了刘敦桢教授以及研究室的工作对于傅熹年先生职业选择以及研究方向的影响。

赵越：您是什么时候认识刘老的呢？

傅熹年：我还是 1958 年在北京开那个建筑历史学术讨论会，才第一次见到刘先生。以前我没有见过刘先生，只读过他的文章，读过他的书，非常钦佩，但是见到他本人是在开这个历史讨论会的时候。

当时的情况是这样的，南京的研究室成立得比较早。1953 年由上海华东建筑设计公司的经理金瓯卜支持刘先生在南京工学院成立了中国建筑研究室。从上海调去张步骞、张仲一、傅高杰、戚德耀等人，一开始是他们协助刘先生工作，做了许多研究，比如戚德耀的江浙地区的民居和城镇，张仲一的徽州明代彩画，张步骞的福建土楼等。这是当时刘老手下的几员大将。还得必须提一下的是郭湖生先生，他的学术水平、学风都是跟刘老最接近的，可惜前几年去世了。

而北京这方面，梁先生的研究室是 1956 年跟科学院土建所合作成立的。我就是毕业先分到土建所，然后调回来的。这个研究室主要是清华的一些人组成的，梁先生是主任，还有刘致平先生、莫宗江先生、赵正之先生，梁先生还从外面请了陈明达、罗哲文等人。后又调来了王世仁、杨鸿勋、张驭寰以及梁先生的研究生王其明。研究室一开始做了以下几个方面的工作，刘致平做的是内蒙古、山西、陕西民居调查，其助手是王世仁，之后出了报告；莫宗江做的是江南园林，杨鸿勋是他的助手，去了苏州调查园林，最后成果没来得及出来；赵正之先生仍然是做北京元大都的研究，从外面找了助手。而梁先生自己做的是北京近代建筑，那时候还不叫近代建筑。梁先生说我们老做古代建筑史，近代没做过，所以要开始做一个叫中国近百年建筑史，从 1840 年鸦片战争以后开始，先从北京做起。梁先生自己做了北京近百年建筑这个专题，主要助手是王其明，我，还有另一个土建所过来的清华学生。这个专题做了一年，1958 年 3、4 月间梁先生带我们在北京城里走了一圈，先看租界，然后看一些大饭店。后来开出了一张近百年重要建筑的单子，让我们调查、测绘、照相，获取资料，但还没做完，1958 年 6 月研究室就由于政治运动解散了。梁先生无奈的同时想要保持这一群人，就跟建研院商量。那时候建研院开始有一个，1957、1958 年成立的，叫做古老建筑研究室，成员主要是宋陵珍（也算营造学社的人，朱启钤手下的老工头）、绍立工（也是营造学社的助手）和一些彩画匠。梁先生就找了古老建筑研究室，让我们这群人，包括刘致平、王世仁、杨鸿勋、张驭寰这些人全都转到建筑科学研究院这个研究室，1958 年 3 月过来的，这个所的书记刘祥祯兼任室主任。后来不知是谁提议南北两个研究室应该联合起来，以建研院这个中国建筑历史研究室为基础，北京的包括梁先生这一摊都归这儿了，南京的刘先生这一摊呢叫做南京分室，不合并，算同戴一顶帽子的大单位。建筑历史研究室南京分室，所以打那时候以后简称为南京分室，经费原来是华东院给的，后来就由建研院出，所以一切支出、专题报销都由建研院负担。后来又加进一个重庆分室，重庆就是辜其一、叶启燊等人。合并以后，北京这边刚开始还想做点研究什么的。梁先生去青岛开会，一看青岛的房子很好，说你们搞一下青岛近百年建筑吧，叫我跟王世仁去收集了些材料回来。别的还搞了些什么，本来还想搞个图册什么的，具体的小事记不清了。

这两个室合并的时候，1958 年的 10、11 月建研院在北京召开了一次建筑历史学术讨论会，各单位把成果展出来，当时提交成果最多的就是南京分室。那次我是第一次见到刘老，还有郭先生，都是那时候认识的。

那次回忆得出的结论就是要编人民的建筑史，要编新的三史，于是成立了三史编撰委员会，主任是建研院的院长。于是大家到各处去外地调查，回来以后就开始写初稿。那时候是很厉害的，建研院出了 3 万块，至少值现在两三千万去调查，这是 1958 年的事了，之后我就劳改去了，在建设部的农场，1960 年我才回来参加工作，所以这段时间的事我就不太清楚了。1960、1961 年古代建筑史就已经有点成形了，我、王世仁、杨乃济三个人是 1963 年以后才到南京分室去给刘老画图的。1963 年到 1965 年每年春秋天都去南京，住梅庵招待所，在那边画图。

赵越：您每年在南京待多长时间呢？

傅熹年：每年至少得画 3、4 个月，一批图得画完。我的任务主要就是画图、作注。这个当中刘老也说有些实在没有的东西你是不是也对遗址做点复原，所以也做了一点复原的东西。《古建腾辉》上许多图都是给建筑史画的。

赵越：刘老对画图有什么特别的要求么？

傅熹年：刘老就是要求严格，（说）你能照营造学社那样的画就行了。大点的图版，灭点拿线拉，因为没有那么长的丁字尺。刘老是这样，你问他什么，他都不厌其烦地跟你讲、回答，所以跟刘老可以学到很多东西。我最感激的一件事就是，那时候在资料室的柜子里看到一部《营造法式》，上面有刘老的红笔批字，我就跟刘老说，"我能不能拿一本书来把你这个批注的字都过录下来"。刘老说，"可以可以，我还有更好的呢，我还有校的故宫本的《营造法式》。那个本子是最好的，跟宋版的最接近，当时刻《营造法式》的时候这本书没发现，后来才发现，解决了很多问题，包括原来五种斗栱里都缺慢栱，那本书里都给补出来了，说这个东西才是最重要的。第二天刘老从家里拿来拿到办公室，说这个你也看看，也可以抄。这个太难得了，一般搞建筑史的，资料绝不外传，刘老这种奖励后学的，太难得了，我太感动了，那东西还在，我可以给你们看看。

那时候我在南京新街口的中国书店（南京旧书店）买的《营造法式》，这个《营造法式》是在南京印的，所以那儿有好多部，我就去买了一部，你看这里头，记的刘老校《营造法式》的批语，我把他抄下来的，这里面抄的所有刘老的是绿笔的，刘老怎么写我怎么抄的。这里面还有别的，蓝笔的是朱启钤的。还有这些图，你看刘老他做得多细，拿故宫本校的。这些字都是这个书里没有他补进来的，补得很细很细，连斗栱都画了。有些错得厉害的，缺柱子的缺什么的都补进去，错得太离谱了就在旁边重画，画得十分仔细。在他这个基础上，后来我又到国家图书馆去，拿其他本子营造法式，借来一个个校，我这上面有五六种本子校的。当时这个书别人谁也没看到，只有刘老看到，他居然肯慷慨地拿出来让我学，指导我怎么学，怎么弄。

赵越：您和刘老除了编史之外有别的像这样的学术交流么？

傅熹年：基本没有，当时主要还是画图。

赵越：昨天采访王世仁老师时，他提到你们当时对于建筑史中图的表达方式也有不少思考。

傅熹年：就是所谓的组合图，刘老看了之后同意就可以。就是各种图像拼在一起。明堂复原是王世仁做的，图是我画的。

赵越：您当时做麟德殿复原的时候，已经有考古资料了么？

傅熹年：有了，有考古报告。

赵越：那么是对着考古资料和文献资料，参照当时发现的唐代建筑做么？

傅熹年：别的没有，唯一的一个就是佛光寺，南禅寺厅堂造构架用不上，只能参照佛光寺，尽可能根据文献记载把它做简单点、古朴点，所以它用多大材你就不知道了，只能大体按照宋式往前推。

赵越：所以还是根据法式大体往前推的？

傅熹年：是的，法式是基础。

赵越：您大学的时候就学习过法式么，清华的建筑史教学是先学法式和则例？

傅熹年：我清华的时候学的是工业建筑专业，我们念书的时候根本就没有古建筑，就是城市规划、工业建筑、民用建筑。出身最好的是城市规划，一般的是工业建筑，差点的是民用建筑。

赵越：您当时就没有建筑史课么？

傅熹年：有，赵正之先生讲的，很短，就一学期，你想学就学，不想学什么也学不到。

赵越：讲法是按照梁老说的文法么？

傅熹年：不是这些，但是当时梁老有本"营造法式图"，最早先出了一本，每个学生发了一本，想学就自己学，不想学自己放那儿。那时候古建筑是没有出路的，一般人都搞建设嘛。

赵越：您其实更多的是从校对《营造法式》开始深入学习古建的？

傅熹年：对，弄这个以后我等于整个通读了一遍《营造法式》。等于两遍，他的红字抄一遍，绿字抄一遍，红字是他的意见，更有指导意义。

赵越：昨天王世仁老师提到，这种组合图，主要还是来自于《弗莱彻建筑史》。

傅熹年：是，看人家有那套东西，就也弄这种。

赵越：当时中国还没有已出版的建筑史，我们很好奇你们当时参照了哪些国内外已有的书籍？

傅熹年：就是《弗莱彻建筑史》。

赵越：是当时要求看的么？

傅熹年：不是不是，思想落后的崇拜西方的才去看。

赵越：我们还以为有个书单，必读呢。

傅熹年：没有，唯一必读的是梁老、刘老的文章，要熟读这个，就可以了。而且这两人风格还不一样，梁老是搞建筑出身的，从建筑艺术、建筑法式这些东西他注意得多一点；而刘老呢，在古文献上的功底是最强的，讲文献考证营造学社没有一个人能比得上他。所以像《大壮室笔记》多厉害啊，那基本上是把很多事情都说清楚了，看了这个以后就整个引你入门了，搞古文献你就不会走弯路，怎么去理解中国古建筑。这是最早的一部通过古代文献考证来理清中国古代建筑脉络，特别是实物的那一段，这是很难得的。

赵越：您当时看《中国营造学社汇刊》么？

傅熹年：那也是必读的，梁先生的独乐寺观音阁，后来和刘先生一起写大同古建筑调查报告，还有刘先生那篇文章，写桥的，他引用了哪些技术文献，那是另一种路子，灞桥铲桥，通过这个来考证中国古代桥梁做法，梁式桥、拱券桥等。

赵越：您当时在研究室属于那个组的呢？

傅熹年：我属于民居组。是这样的，我 1960 年底回研究室了，一开始做一些资料工作，一开始就想让我帮刘先生做建筑史，所以 1961 年 3、4 月在南京讨论古代史的时候还带我去了，后来又要搞民居，因为缺人就把我搁民居组去了，1961 年秋就参加民居组了。

赵越：是不是主要是浙江民居的课题？

傅熹年：是的，就是浙江民居，当时的组长就是王其明和尚廓两个人。尚廓这个人很有水平，设计方面能力很强，所以他搞民居，一眼就从设计角度去分析，又开辟了一个新的路子。这种是尚廓画的，尚廓搞空间的，很简化、很好。就是从建筑角度考虑，还有这些规划的图也是他画的。这就是我画的，我画的就比较规矩点，这是天台那个，这个是我画的，人民日报还登过。原图给中国建筑业出版社弄丢了。

赵越：当时这些案例都是怎么选择的呢？

傅熹年：是这样的，到那儿以后讨论民居怎么搞，开始还是调查些大房子，后来就说大房子当时那个形势不行，也确实没什么实际意义。尚廓当时速写了很多小房子，领导一看觉得是条路子，咱们是不是就从搞设计搞空间，从这个角度去调查浙江民居这方面的特点。就定下这么一条路子，不强调大房子不强调标准形式，凡是有好的思路的，有传统性的，咱们就找这个。所以就看哪个好看，哪个空间处理上有特色。

赵越：所以还是依赖于个人的建筑学眼光？

傅熹年：是，所以有长得好的，也有长得不好的，那就没办法了。

赵越：怎么想起选浙江民居呢？

傅熹年：是受南京分室的影响。戚德耀之前做了浙东村镇，他熟悉情况带我们去的，他就讲浙江民居的好，让我们就别到处乱转了，当时原本还考虑徽州民居怎么样。主要还是受分室的影响。

赵越：当时同时还有别的地区的民居专题么，还是集中火力搞浙江民居？

傅熹年：就是浙江民居，一个民居组没多少人，十个八个人吧，整个都投到浙江去了，也就是1961年到1961年底，1962年就开始办展览了吧，1963年开始就搞福建了，福建也是因为张步骞他们搞了土楼，但是我们不是只搞土楼的，整个福建，闽东、闽西、闽北有很好的东西，画了四百多张图，（可惜）"文革"集中烧掉了。那有些很特殊的房子，跟我们现在出租房似的，它叫十三间，十三间一间一户，拉一长条，前面住房，后面伙房。

赵越：差不多浙江民居外出调查了一年？其间有明确的计划吗，去哪里看哪些房子，几个人，要什么成果？画什么图？

傅熹年：没那么明确，但一个资料拿到什么程度是有数的，平立剖、透视，空间手法特殊的，室内室外某个角度的速写图，每个建筑都按照这个路子把这些资料拿到手。

赵越：那么当时的民居研究就已经在讨论空间了，与设计结合得很密切，是想要对设计也有所帮助么？

傅熹年：这是当时就说清楚的，从设计角度去调查民居，但没有想那么多，也没那么大野心，我们都是一帮小年轻，人家会不会看我们的东西也不知道，把我们看到的东西拿到手。

赵越：当时的展览展览了什么内容呢？

傅熹年：当时办了两次，是在这些东西整个完成以后，第一次是回到浙江去展览，在杭州什么展览馆。后来又到了上海，主要是上海民用院，汪定曾他们这些人看了，我那里面有两张外滩的画就是那个时候画的，是1962年5月17日。大概3、4月份在杭州，秋天就去福建了。

赵越：浙江民居的图反复画了许多次，刘老对图有什么意见么？

傅熹年：没有，这事儿刘老没怎么过问。

赵越：我们注意到刘老1962年给喻唯国老师的一封信，其中有一些评论，说浙江民居的图很漂亮，但透视图太多，有美化房子的嫌疑，似乎照片更真实，还是应该以平面剖面，构造图为主之类的。

傅熹年：是的，我们当然往好了画的，破烂的东西都得补齐画成完整的嘛。这跟我们没什么关系。3、4月份在杭州，大概秋天就去福建了。

赵越：谁来把关呢，出去调查的东西哪些能用？

傅熹年：大家讨论一下就好了，两个组长定。

赵越：当时这些专题主要还是由组长组员自己完成，梁老和刘老都不太过问么？

傅熹年：他们不管这些事，只管大方向。

赵越：每年大的专题是他们商量定的么？

傅熹年：都不是，主要还是院里的领导定。结果搞浙江民居两个领导都挨整了，一到"四清"以后，说你们还是搞的帝王将相，你们这里面空间是追求外国的，里面不是还是有些大房子么，那还是大住宅，还是地主的。后来搞展览，在我画的民居的院内透视图上，人家拿纸绞了一小人，还拿着算盘，剪成地主收租回家的样子，给贴上面说你这就是这样。因为我们画的图都是复原的，普通民居房都破破烂烂的，为什么画呢，以画为主，不照相呢，就是因为没法照相，那房子破的，拿出来以后又可以说你攻击社会主义。所以就把它最好的时代，刚刚建起来那样画出来，但是后来又说是美化旧社会。那时领导都挨整了，后来整个专题都给彻底否定掉了。

赵越：其实在研究室里，梁老和刘老还是做个人研究的么？

傅熹年：梁先生根本不来，偶尔来一下，也就是跟当时管研究室的汪季琦，他们老朋友说会儿话，他自己那个北京近代建筑也没再做了。

赵越：刘老来北京多吗？

傅熹年：他来就都是为了建筑史八稿，五稿到八稿那段时间，哪稿我不记得了，请了很多人来讨论这稿子，包括考古界的，包括宿白等人，刘先生工作还是很认真，很重视，评审会他说找谁找谁来。

赵越：我们想问的也差不多了，您认为那段时间的工作对您后来的研究有什么影响么？

傅熹年：主要还是讲跟刘先生画图那几年吧，一个是对建筑史有了整个轮廓的概念，像我作注的话就是得大量翻文献，刘先生引的那些文献我都得看看，得找出来哪本书的第几页。我必须得看这些书，所以看文献的机会就增加了。另外整个刘先生那种工作态度，对建筑史的那种，坚定了我搞建筑史的信念，我这辈子就搞这个了，尽管当时搞这东西不时地会倒霉。

赵越：您以后继续做复原研究也是那时候的兴趣么？

傅熹年：对。因为你要做建筑史的话，碰到一时有个槛，没有东西但只有遗址你怎么办呢，你就只有去研究那个遗址，至少还有点可以补充的吧。但这有一点，做太过分了也不成，对吧。你得有一定依据，想象力太多了也不行，得有实物依据。

赵越：也就是说您的复原研究也是对建筑史研究的一个补充，我们通过这两天的访谈也觉得，研究室似乎还是延续了营造学社的工作，尽可能地扩大类型范围的普查古建筑，建立各时代的标杆？

傅熹年：是的，先把建筑遗产好的东西抓到手，尽可能地掌握史料，没有这个一切都是空谈。当时的十几万张照片都是珍贵的史料了。

赵越：编史工作结束以后，您跟刘老还有联系么？

傅熹年：偶尔我把自己写的东西寄给他看，但很少了。他跟汪季琦的联系很多，都存档了，你们可以看看，之前王其明的一个学生还来看过。

时间：2013 年 7 月 18 日 10：00 — 11：10
地点：中国建筑设计研究院建筑历史研究所
采访对象：傅熹年
采访：陈薇、陈同滨
记录：陈薇

陈薇：傅先生，您好！一直想亲自拜访您，抱歉没有腾出空，只有请我的学生采访了您，非常感谢。今天前来主要是邀请您，希望届时能出席纪念会并作主题发言。关于研究室，也很想听听您对它的记忆和评价。

傅熹年：研究室工作主要是两块。第一块民居研究，有张步骞做的福建土楼、泰宁甘露庵调查等；浙东村镇主要是戚德耀调查。第二块是中国建筑史研究，1958 年开会提出成立"古老建筑研究室"；1959 年秋召开建筑史研讨会，汪之力成立三史编委会，清华承担北京近代建筑研究，我和王世仁做青岛近代建筑研究；1961 年明确古代部分由刘教授负责，也就是后来称之为八稿的《中国古代建筑史》研究。

陈薇：研究室的人员是怎样开展工作的？

傅熹年：1958 年成立建筑工程部建筑科学研究院建筑理论及历史研究室，南京和重庆为分室。历史研究室开展的浙江民居研究是在戚德耀浙东基础上做的。做八稿研究，北京的我、王世仁、杨乃济参加。

陈薇：杨乃济先生我见过一次，他后来在哪里？

傅熹年：他后来在北京旅游学院。当时王世仁是历史组组长。古代史初稿完成后评审时，梁思成先生拍着刘敦桢先生的肩背说："历史做得好，我不如你。"当时王世仁也在场。

陈同滨：南京分室之外还有重庆分室？

傅熹年：重庆分室记不得做什么了，南京分室主要做永乐客家住宅、泰宁甘露庵，张仲一做徽州明代住宅研究。还有胡东初。

陈薇：我 30 年前曾经去请教过他彩画，潘先生介绍的，好像在北方工业大学，在城南。

傅熹年：南京分室还有一个工作就是园林研究。

陈薇：您如何理解刘老？

傅熹年：为人诚恳。南京分室当时有大量丁本《营造法式》，但是刘敦桢先生将他红批过的故宫本给我看，这是很难得的，毫无保留。至于"大壮室笔记"，无人能够超过。八稿原来是给苏联大百科做的，后来中国和苏联闹翻了，不给了，但是刘敦桢先生还是坚持做完。刘敦桢先生的分寸和大局把握得好。童老（童寯）也把握得好。

（大致谈到这里，中国建筑工业出版社两位编辑来求教傅先生，二陈告辞）。

陈同滨：傅老，先谈到这儿吧，我带陈薇去看看所里。

陈薇：谢谢傅先生。

二、王世仁先生访谈录

时间：2013 年 4 月 1 日 9：30—11：30

地点：王世仁宅

采访对象：王世仁

采访、记录：赵越，周觅

[王世仁]

王世仁，男，1934 年生，原籍山西省大同市，1955 年毕业于清华大学建筑系，从事建筑历史、建筑美学和文物建筑保护工作。国家历史文化名城保护专家委员会委员、首都规划建设委员会专家组成员、北京市文物古迹保护委员会委员，原北京市古代建筑研究所所长、研究员、国家一级注册建筑师、国家文物保护勘察设计师、俄罗斯建筑遗产科学院外籍院士。

[访谈简介]

此次王世仁先生访谈主要涉及中国建筑研究室（后建筑理论及历史研究室南京分室）1950、1960 年代具体工作情况，包括：与北京建筑历史与理论研究室合并过程、隶属关系、人事组织及研究室主要研究课题等内容。并针对合并后的主要课题《中国古代建筑史》的编写过程做详细访问，内容包括：编写委员会成立前后编写情况、实地调查、写作模式、插图绘制等。此外，对王世仁先生在南京绘制《中国古代建筑史》插图期间工作、生活中，与刘敦桢教授的相处情况有所了解。

（一）中国建筑研究室相关

1.1　成立及人员组成

赵越：您是什么时候进入研究室的呢？

王世仁：我们应该是四年制大学，1951 年入学，1955 年毕业。因为 1952 年院系调整，清华大学要扩张，合并了好多学校，什么石油、地质，都合并到清华。房子不够用，然后我们建筑系的师生们去搞基建、建造房子，包括我们一年级的学生都去做基建工作，所以我们就拖了半年毕业，1956 年春天毕业。毕业以后当时中国开第一次科学大会，梁先生那个时候要成立一个中国建筑历史理论研究室，这个是学苏联的。苏联当时有一个建筑科学院，有个建筑理论历史研究室。研究所要成立但是没有人，那时候中国科学院在哈尔滨有个土木建筑研究所，我们一起毕业的有三个同学，我和傅熹年还有杨鸿勋，分配在中国科学院土木建筑研究所工作。但是我和傅熹年还没有去报到的时候，梁先生就说，你们别去报到了，我要成立研究室，你们就留在研究室工作。这个研究室是中国科学院土木建筑研究所与清华大学建筑系合办，我们编制在中国科学院，但是上班工作就在清华大学。我们 1956 年 2 月份毕业、3、4 月份吧就成立了这个研究所。1953 年，南京这个中国建筑研究室已经成立了，刘先生领导的，是华东建筑设计公司委托他们办的，华东建筑设计公司因为是住建部、当时叫建工部的下属，他们是属于那支，有些人员的编制不是南京工学院的编制，是华东建筑设计公司的编制，后来属于建工部的编制。我们是中科院的编制，后来到了清华大学。这个研究室叫做建筑理论与历史研究室，开始叫建筑历史与理论研究室，后来又改成建筑理论与历史研究室，后来又改成研究所，是这样一个情况。后来这个研究室成立以后，陆续调来了张驭寰，张驭寰他调来的时候已经工作好几年了。另外有个王其明，知道么？王其明资格比较老了，她 1951 年毕业的，是正式的解放后梁先生招考的研究生，应该当时学苏联叫副博士研究生，实际就是博士生。她是清华 1951 年毕业的，又考进来。后来又从东北工学院，好像是又来了两个工作人员，刚毕业的大学生，好像就是这么些人，大概七八个人。我们这个研究室虽然在清华工作，受建筑系党支部的领导，到了 1958 年就把我们从清华调过来，机构就调到属于建工部的建筑科学研究院。在这个以前建工部的建筑科学研究院里头也有一小部分人是搞古建筑、建筑历史的。为首的是单士元，单士元是后来故宫博物院的副院长，也是老的营造学社的。老先生就带着那么几个人，

87

中篇 原中国建筑研究室部分成员口述史访谈录

其中有两三个是大学毕业生，剩下的几个老工人、老工匠，木匠啊、砖瓦匠啊、油漆匠啊，这还真不错，现在还留下一批资料，做砖雕的，做这个彩画的，做模型的。这么三摊儿就合并成为建筑历史理论研究室。两摊儿吧，清华的这摊儿和建工部建研院的这摊儿，合并就归属到建研院，这是住建部。后来，南京刘先生这摊儿人也纳入到这个建筑科学研究院。1958 年就合并过来了，但是人不过来，叫南京分室，还是刘先生领导的那批人。他们这些人的组织关系、人事关系都在建研院，后来他们又分配去一些大学毕业生，你们大概都知道，这个叶菊华、詹永伟、金启英还有她那个丈夫叫吕国刚，四个人吧，后来又陆续分配一些到他那儿去，这是从建研院这个系统分配过去的。后来又成立个研究室，在重庆。重庆建工学院，当时叫重庆建筑工程学院，那有个老先生叫辜其一，还有一个叫叶启燊吧，这两位老先生都（研究）四川的民居。因为这个重庆建筑工程学院也是建工部系统的学校，所以这些人叫重庆分室。重庆分室跟北京总室没有什么隶属关系。重庆分室就是人家愿意做点什么就做点什么，不过这边拨钱。没有这边过去的人，因为它是建工部的学校，所以没有这个人事关系的问题，都是建工部的问题。南京工学院不是建工部的学校，南京工学院是教育部的学校，所以他成立研究室，南京工学院不能给他人，要从北京调过去人，分配过去，人事关系还是在北京的。

1.2 南京分室与北京总室关系

赵越：南京这边和北京这边的关系是怎样的？应该不是像重庆这样比较随便的想做什么就做什么的吧？

王世仁：南京分室实际上是为刘先生服务的，所以基本做刘先生的课题。刘先生当时主要的课题是什么呢？合并之前，1953 年他们原来做的一些课题我就不说了，咱们都知道，张步骞做的泰宁的甘露庵，谁做的土楼，有好几个题目，我就不细说了。张仲一画的彩画，明代的彩画（皖南彩画），还有刘先生主编的《中国住宅概说》。合并以后，刘先生主要接受的北京的任务就是编中国建筑史，其他就是他的苏州园林，他主要的工作是苏州园林。其他工作人员有一部分，就像他那四个助手，分配去的，叶菊华主要为他做苏州园林，当然还有其他的。剩下的一些人主要是为了配合建筑历史做些调查、补充材料这样的工作。还有一部分人是因为这个情况你们年轻人不大了解，当时状态，他总觉得有一部分人和北京格格不入，因为他们是从上海、南京来的，尤其刘先生最早的班底是从上海华东建筑设计公司过来的，那些人没有高学历，是画图员出身的，但是他们自己好像跟北京格格不入。所以北京经常调他们一部分人，每年跟我们混一起搞调查。我说说我们的工作，主要是搞调查。到外地调查，每年都出去半年差不多。上半年三个月、下半年两三个月大概出去，除了搞运动。搞政治运动占了很多时间。他主要是这三项，苏州园林、中国古代建筑史，还有调查研究。调查研究，配合着北京的课题搞调查研究，他的主要工作是这个。我们是到后来到大概在五稿以后吧，大概是1962年以后，主要北京的人，像我、傅熹年、杨乃济就要配合着刘先生去做中国古代建筑史的工作，有时候帮他写东西，主要帮他画图。就这样，南京他们的工作就这样。

1.3　总室分组情况

赵越：那个时候总室是不是分了很多个组，有园林组、民居组？

王世仁：不，那个有古代组、近现代组、园林组，还有是叫美术组么，我也记不清是不是叫美术组了。后来又分出个民居组，5个吧。古代、近现代，后来是不是还有个理论组，我记不清楚了，好像理论跟近现代在一起。古代、近现代、园林、民居、装饰组。

赵越：后来三个是不是感觉主要是刘先生之前也在做的东西，就园林、民居和装饰？

王世仁：不是。是这样的，原来我们合并到这个建研院的时候，只有三个组，因为他们原来有个装饰组。有几个学雕塑的，还有画彩画的，有个装饰组。那时候古代和近现代是一个组，园林也是后来成立的。因为汪之力院长喜欢园林，实际上原来就三个组，后来因为民居又走红了，就成立了民居组。刘老这边没分过组。

赵越：那这边做的园林呀、民居、装饰的研究就和南京关系也不大？

王世仁：不大不大，他们也不做这个。

赵越：就苏州古典园林就是刘老自己的，跟这个园林组没关系。

王世仁：后来这边给他经费，叶菊华他们这些人的工资这边给出钱。

1.4 民居调查研究

赵越：系图里（东南大学建筑系图书馆）有一些古代建筑史初稿、第一稿、第二稿。还有一些当时他们做浙江民居的那些图，觉得特别漂亮。

王世仁：浙江民居是后来总室做的，还是他分室做的？

赵越：主要是好像我看到的是傅高杰和戚德耀一起。

王世仁：是的，那个源头是在南京的。

赵越：这个不是原图，我看到的是油印本的。原图可能还是在建研院。

王世仁：浙江民居是不是他们在学术报告会上的那个本子？

赵越：有可能。

王世仁：后来出版书了。

周觅：对，有。

王世仁：那个报告是王其明主持的。

赵越：像他们这个浙江民居也是总室的一个课题么？

王世仁：对，那是个大课题。那得投入很多精兵强将做这个浙江民居。因为当时阶级斗争，搞古代建筑史是不受重视的，帝王将相、封建迷信，什么宗教、喇嘛教这些本身就是高风险的。领导不愿意担这个帽子，你看搞民居、搞园林这是劳动人民的创作，所以他就愿意搞那个，是这么个背景。苏州园林有风险，因为那都是文人士大夫的，就是跟无产阶级这个思想不合拍，他也不愿插手，他就插手了民居。民居，你看这个浙江民居真正的浙江的大宅，很少。都搞那些小的。

赵越：还有工人住宅。

王世仁：还有山区里的，没有经过设计的，他把它美化了画出来。那个没有风险。

赵越：我还看到刘老就有说，他们画了很多透视图，都很漂亮。但是就有把它美化的风险在里面。就看照片其实就是有点破旧的房子，但是画出来很漂亮。

王世仁：其实这是很好的事情。可以从它这里头吸取设计灵感。

1.5　接手编史资料

赵越：您提到过在南京分室撤销的时候，是您到南京接手的那些资料和当时的一些图片、报告之类的东西，当时有清单么？

王世仁：没有。刘先生也很尴尬，我更尴尬。我去就是把那个图纸、照片，我跟刘先生说有多少算多少，给我带回去就得了。因为它撤销以后，紧接着就知道北京这个也长不了，带回去也就这么回事，也没人看，主要是我很喜欢那套图的，硫酸纸的图非常好，我说图放在这儿，和他们交代。回到北京，我马上到琉璃厂托裱了，一直保存到现在。

赵越：是什么的图呢？

王世仁：就是这些插图呀。这套里头的照片和图，我从南京带回来的。

赵越：它现在在哪里呢？

王世仁：在建研院。就在傅先生他们单位。是我去的南京，这是挨骂的事情。主要把要发表的东西带回来了。刘先生要求很严格。你们当时有个照相的叫朱家宝，他那个照片要求太严格了，刘先生更严，一次不行两次，可能同一张照片能有五六张。

赵越：刘老一直比较注意这些表现的东西。

王世仁：当时也没有什么印刷机器，他（朱家宝）能把那个硫酸纸图，照片照出来，背景就是纯白的，他的本事可大。我们蒙上张纸照肯定是灰的，他那个是纯白的。

（二）中国建筑史的编写

2.1　编辑委员会成立

赵越：我们看到就刘老写的一些通信里面，他每年也要到北京来汇报工作，然后每年年末的时候要来商量下一年的课题和工作计划，就是他的这些课题和北京这边的沟通比较多，对吗？

王世仁：他和北京沟通这个有个关键人物，叫做汪季琦。汪季琦是个很不错的老中央大学土木系的，论起来是刘先生的学生，是老地下工作的老党员，后来因为一些莫须有的，给他扣了些帽子，贬到我们这历史研究室当副主任，但是他这人很好，文学、历史的基础不错。刚解放的时候，他是上海的建设局长。他很厉害，后来因为排挤、打击，给他弄到这儿来当副主任，但是他非常好。他和刘先生关系非常密切，他等于是刘先生的学生，中央大学的，中央大学就是当时的南京工学院，刘先生在中央大学后来是当建筑系主任，所以他们关系比较密切。另外，北京还有梁思成梁先生，梁先生是挂名所长或者是主任，其实他根本不来，他事情太多，他管不到这儿的事情，清华建筑系的事情都不管，外头社会活动太多。我们那时候毕业分配名义上跟梁先生做助手，其实根本连面都不怎么见，他也指导不了我们什么东西，有时候偶然开个会说两句，遇到课题问问他，说两句，都很少来这儿。倒是我们和刘先生接触的最多，讨论问题，学术问题。那个时候要成立个中国建筑编辑委员会，部长组织的会，知道这个事儿么？编辑委员会？

赵越：就是第六稿之前，1961年么？

王世仁：1961年，对。那时候是决定5个人的编写小组。这里头有个微妙的事情就是梁先生和刘先生的关系怎么摆。按当时的社会地位，梁先生比刘先生的地位高，可是，梁先生不怎么太管事，这是一方面；另外一个，这个工作编撰中国建筑史是建工部建研院的。建研院指挥不了梁先生，人家那是清华大学。但是，可以指挥刘敦桢。因为刘敦桢的研究室搁这儿拿钱，人员编制在这儿，所以重任就落在刘先生身上了。本来一直都是梁先生领衔的，后来，他不管事儿，他就写了一篇序言。那篇序后来他们清华发表了，也没用。当时，这个里头有个关键的事情，是当时的建研院院长叫汪之力。这个人是个老干部，当过东北工学院的院长，他很有学术主张，很多建筑史上的事情是他在指挥，所以这个六稿以前都是他在指挥，刘先生、梁先生都很为难。梁先生可以不管他，因为梁思成他是清华大学的人，也不拿你的钱，也没有你什么编制问题，可以不管你。刘先生不能不听，因为他的研究室经费是这边拨的，人是这边的编制。六稿以前非常为难，刘先生非常为难。包括最后把我和一个叫赵连英的小青年叫去编了一稿，第六稿。

赵越：前面的这个上面写的第三稿到第五稿都有您。

王世仁：不是，这个只有两个人的。这不是荒唐么，这么大的建筑史，让这么两个小青年编。这两个小青年能听院长的指挥。

赵越：我们也觉得很奇怪，这一稿连刘老都不见了。

王世仁：对，是的。这个完了以后马上就给领导一看，刘秀峰马上召开这个建筑历史编辑委员会讨论会。然后就成立了新班子。等于是我们两个人给他搞了个很糟糕的事情，一看，怎么让这两个小青年干这个事。我们两个当时大概都不到三十岁，多少年？

赵越：1961 年。

王世仁：1961 年。27 岁。他当时用那个赵立瀛，这个赵立瀛是汪之力当院长的时候，东北工学院毕业的，他开完这次会后，那个时候的执笔小组，看《中国建筑古代史》后头那个编后记，写得非常清楚。还有个袁镜身先生，当时的局长，镜就是那个照镜的（字），大概十年前他出过回忆录，可以找找看看。里头将这个编建筑史的过程，写得很清楚。后来成立 5 人小组，下面有三个组，一个编写组，五六个人的，刘先生负责。当时因为这个书是一稿两用，这一稿是中国自己编，同时翻译后给苏联，苏联的那个《世界建筑史》中国建筑部分。所以还有一个翻译组，要翻译成俄文，再一个就是图片组。五人小组是最高领导了，编写组里面有我，我还是图片组的组长，负责图片。也就是说，我觉得这里头应该补什么图片，当然这里面刘先生他说应该怎么做，缺的找人出去补，该测绘的测绘，该找哪个关系、哪个部门，当时很难找的，像天坛的祈年殿的立面，就只有在文物部门才有，你别小看现在这图，当时很费劲弄出来的。另外，主要就是南京工学院那几位年轻的，后来加上我、傅熹年和杨乃济，主要是画那些分析图，那本《中国古代建筑史》最有价值的是那批图。现在恐怕很难有人画出来了。

2.2 插图绘制

周觅：我们在东南大学建筑系图书馆找了一下，当时出版的第一版。

王世仁：这是第一版么?

周觅：是七几年的那个。

王世仁：还找到了。你看当时这个纸都是这样的。你看这些图都是手画的。

周觅：这些也是手画的么?

王世仁：我画了一部分，这都是手画的，蒙在那个拓片上手画的。这好像是傅熹年画的。这好像是杨乃济画的，看这画得相当好，我们都从那儿研究，怎么方法表现好，但是有些是叶菊华他们画的。他们那个时候主要画的是线条图。

赵越：之前也采访了一下叶菊华老师，她说，太和殿的那个透视，就是现在标清代构件的那个图是她画的。

王世仁：这个好像也是他们画的，像这种线条图主要是他们画的。这是当时傅熹年画的北京四合院，一直用到现在。好多教科书里一直用它。还有这个，这是傅熹年画的，画得真好。我是 1957 年跟着刘致平先生到内蒙古调查，画的这个蒙古包，一直引用到现在。宋代的，我画的最好的一个，花的力气比较大，是这套是我画的。宋辽金的构件。斗栱、鸱吻都比较全了。当时我们就是编史,编史以后集中的（时间）其实不多，就两年多三年的时间，就把这个弄出来了。这个时候刘先生下大力气做苏州园林，那个工作可不得了，一个园林一个园地测量，他的测量非常的细。

赵越：还有对画图的要求特别的高。

王世仁：要求特别严格。

赵越：象你们画这个图的时候，他有没有就是像苏州园林的时候一样，他们回忆的时候就说长期会让他们重画，然后要求那些树呀都要有百分之八十是测的，百分之二十是想象的才行。

王世仁：那倒没有，因为什么? 我们从北京去的人，刘先生对我们还是比较客气的。那些人是他手下培养的，是南工他的学生，比我们年轻点，他就不客气。但客气是客气，我们非常尊重他，他提出一点什么看法，我们都改。而且我做组长吃不准这些里头该选哪个，比如说这个宋代的柱子，我选哪种比较合适，有几种拿给他看，他就说哪个哪个比较合适。

赵越：刘老对具体要画什么图有要求么？就比如说这个要画透视图、轴测图还是要剖面、构造之类的，他对这种很细的东西有要求么？

王世仁：刘先生这点儿对我们三个比较满意。因为都是我们提出来的，像那种拓片，怎么表现。另外，这种组合，把各个问题组合在一张图上，他觉得这个想法很好。这个组合我们也是学《弗莱彻建筑史》，他比较欣赏，觉得这个非常好。尤其我们觉得应该把照片变成图，因为当时印刷质量太差，苏联书都印得很差，所以我们说尽量把这个照片，照片看不清楚，把它简化画成线条图。所以你看这里头线条图多，他比较欣赏这个。再一个，就是能画透视的尽量画成透视图。

赵越：这些图你们都是在南京画的么？

王世仁：都是在南京画的。

赵越：相当于从第六稿到第八稿您和傅老师都在南京么？

王世仁：主要是暑假期间在那儿。主要是凑合刘先生暑假期间。暑假期间热极了，在那儿住的时候。一般去也就是两三个月就回来了，因为这边还有这边的事情。三个人，还有杨乃济，后来还又加了一个叫张保伟的，是同济大学毕业去的。

周觅：那您当时画图是在哪儿画的？

王世仁：在你们系里。

周觅：在研究室里画么？

王世仁：一进去以后，一进正门左手一拐，研究室朝南（102）画图朝北，我们三个在朝北的那边画图，原来他们放书的屋子，中间有个大案子，我们在那儿画图，那边儿人家研究室的人都有固定的座位了，一共有十几个人在那边吧。

2.3 前期准备

赵越：古代建筑史编写前期做了什么准备么？因为当时应该是各个地方都有一些资料吧？

王世仁：不，当时说起来就有渊源了。1958 年，召开建筑历史讨论会，全国各个学校的都来了，因为当时建筑系的除了清华、南工以外，好像都是住建部系统的，建工部系统的。哈尔滨、重庆、武汉什么的都是建工部系统的，都来了。都来了以后拿出些课题来。拿出课题以后，就是西安建筑冶金学院带队的人，挑头批判刘先生、梁先生，那时候批判最严重的就是陈从周。因为他写这个扬州园林还是苏州住宅？

赵越：苏州旧住宅。

王世仁：对对。

赵越：这本书后来就只出版了图片。

王世仁：他里头有一句话，其实也不是他说的，他引用的，引用了一句话，说这个苏州很富裕，养育了这一批有钱的人，但是，这一批有钱的人，又供给了一批农民生活，说这是站在地主阶级的立场上说话，在这儿狠批了一顿，当时阶级斗争么。当时，他这个是受批判的。第二个受批判的就是我。因为我当时和傅熹年在 1956 年、1957 年的时候，梁先生让我和他去青岛，做个近代建筑调查，近百年建筑调查。所有的课题、本子上都写了作者是谁，北京四合院作者，王其明；吉林民居，是这个张驭寰。唯一这个青岛近百年建筑我前头写着，课题负责人王世仁，傅熹年名字没落。对我进行了一个批判，为什么？因为我在这里头写建筑物，德国的建筑，我还特别注意阶级斗争，做很多批判，城市规划资料收集得很全，但是在有时候描述的时候，难免露出一点来。我说那个德国警察局虽然它是镇压人民的工具，但是，它的建筑风格还是比较清新可爱的。这句话就招来说事儿了，说是帝国主义的代言人。这个会上，梁先生、刘先生都做了检讨，然后当时那个院长汪之力，在《建筑学报》写了篇文章，1957 年还是 1959 年的叫做《插红旗拔白旗》。

赵越：这个我们翻到过。

王世仁：这个文章就是，针对那次会议的，没点名的。好像那个前后，刘先生有检讨也在那个学报上发表了。可是没过一年，因为又揪左了，汪之力在学报上发表了豆腐块大的声明，我那次讲话不太成熟，没经过本人审阅就发表了，特此声明。否了，他这就不算了。那么这次会议以后，就决定了成立编写三部历史，古代史、近代史和后来建国史，叫三史编辑委员会。然后就发文，建工部发文给各省，让各省编各省的三史。然后，这个时候同时把这个汪之力批判梁思成、刘敦桢这个《插红旗拔白旗》的文章附在里头，当文件发下去，各省一看这个编史就编史，还有这个东西，这编史就恐怕又插上白旗，实际上各省做的时候，除了个别省有点儿真的材料拿上，大部分都是虚的，都是批判性的，你真正要看里面的东西，没内容了。然后同时我们建研院这些人就分配到各地去，帮助地方搞三史。我是分配到那个最苦的地方：甘肃、青海、宁夏，（到）这三个省帮助他们，同时我自己也做调查。那次出去，我调查一些藏族的、回族的东西。然后到了1959年的暑假，还是5、6月份，都把材料汇总到北京来了。那个时候大跃进，你想1958年、1959年初下去，半年多让给编出来，拿来以后就开始编书。这些人住在北京就开始编书，编出来的那个就叫四十一万字、叫《中国古代建筑史》初稿。那是好多人分头儿写的，章节紊乱，也没有什么可参考的，可不就是炒冷饭。当时我来参加《中国近代建筑史》（编写），用了些新的东西，以前没人写过，我们几个人，有我、有侯幼彬、有杨慎初还有重庆的几个人，看看那个黄皮的《中国近代建筑史》铅印的，谁谁谁执笔哪个，别歌颂帝国主义，顶上要写上谁执笔哪一块儿，别不认账。到建国那天，解放后建国史写不出来了没人敢写。这个写什么批判大屋顶，写不出来了，材料也不够，而且政策性非常强，你批判也不是肯定也不是，最后就编了个画册，叫《建筑十年》。这就是三史的经过。就是一本《中国古代建筑史》初稿，我们叫它四十一万字；那个叫二十三万字，就是《中国近代建筑史》初稿，这就是当时的这个工作的基础。我觉得这次编写建筑史这三史，古代建筑史没有新材料，都是营造学社时期的老词儿。近代建筑史倒是大大地丰富了。原来梁先生写的中国建筑史近代史就那么一小段，后来刘先生派刘先觉，到梁先生那儿，他的研究生课题是中国近代百年建筑，后来梁先生又带着傅熹年、王其明他们在北京调查一些近代建筑，拍了一些照片，那些照片太珍贵了，建研院出了，你知道么？《北京近代建

97

中篇　原中国建筑研究室部分成员口述史访谈录

筑》就那个蓝皮的，当时1957年照的那个照片，现在有很多都没有了。从那个时候就开始，我个人喜欢近代建筑，觉得近代建筑内容太丰富了，有很多观念上的东西我很喜欢，但后来一直让我搞古代的我就搞古代的了。所以改革开放以后，我是极力推荐他们搞近代建筑，包括清华的，推动他们搞这个，所以中国近代建筑他们搞得不错，风生水起的，资料编得很好。当时编中国古代建筑史最基础的资料是这个资料，可是这个是没有什么新鲜东西，后来还是另起炉灶的。

赵越： 1959年的时候不是刘老他们也开始编那个古代建筑史了么？他们那个跟这个三史是什么关系？

王世仁： 不，三史是刘先生参加的。

赵越： 他不是后来有一篇文章么，《中国古代建筑史编辑经过》，他写的，然后第一稿的时候是1959年8到11月，然后参加的人是刘老、潘谷西老师、郭湖生老师，还有张驭寰老师。后面有个附表，不在这本上面。

王世仁： 这是比较权威的。

赵越： 他们在编的那个和这个时候三史编辑委员会编的这个是同一个东西么？

王世仁： 不，三史委员会早得多啊。1959年开始。这个编委会是1962年。

赵越： 但是他回忆的时候，他们其实在1959年的时候也开始编第一稿了，然后到古代建筑史第六稿才是1962年的时候。

王世仁： 对啊。我现在闹不清楚，那个四十一万字算不算第一稿，要算是第一稿的话那就是第一稿。1959年可能算第一稿，就是四十一万字。

赵越： 因为也看到那个刘老说他第二稿编完之后，也带到北京讨论了。然后后来那个《中国建筑简史》，就是另外一本书就是用的他编的这个前两稿的东西用的比较多。

王世仁： 可能，因为给我分配了很少很少一点任务。

赵越： 然后就是在他写的那个里面，您在第三稿的时候就已经加入进来了。

王世仁： 对。出现的名字频率最高的是我。反正那个时候也就是给刘先生做助手吧，做点工作而已。

2.4　实地调研

赵越：您在编写过程当中，是不是比如说如果差什么材料就要重新去调研。

王世仁：对。

赵越：我们也有看到就中间好像有一段你们很多人又去山西调研了一次。

王世仁：是这样的，我印象里最深的是宋代的陵墓。好像当时专门调查过一次，那个在《遗址考古》上发表过材料，但是古建筑史上的还没有，宋陵的。第二个就是民居，民居里头用了些浙江民居，他们在浙江调查的材料。第三个是少数民族，少数民族补充的材料。这是以前没有的，当时包括，郭湖生在云南调查的时候，还有我们在内蒙、西北调查的时候的材料，这是少数民族的材料。第四个就是园林，园林有些新的材料。第五个就是长城，主要靠我去调查的长城。给长城补充了好多新材料，以前光是八达岭那一点儿东西，根本不代表。我们主要在山西和河北调查。

赵越：刘先生还提到了山西明长城是您调查的。

王世仁：对。

赵越：刚刚这个调研是在编的过程当中就出去，还是固定的在什么时间一起出去的?

王世仁：基本上是每年的天气转暖，大概是三月底四月初出去，太热就回来了，六月份回，差不多出去三个月。回来以后就开始画图，整理材料。这东西等于是在业余做，上班时间搞运动，政治运动。然后下半年，看看有必要再出去么，没有必要就不出去了。在这个时候，刘先生可能还有傅熹年帮着他，还有杨乃济帮着他，找了很多考古上的新材料。还有一个我看（翻书），像这个也是我在山西发现的，后土祠。这个宋代祠庙，太重要了，这张图，这个拓片，我当时拿铅笔拓下来的。那么一点点的小纸一个个拓下来以后，蒙个大的硫酸纸把它拼起来，一点点儿拿浆糊拼好、粘好了，上头蒙个大硫酸纸，然后用笔给它摹在一个整纸上。后来我跟山西要来拓片。然后傅熹年就根据这个画。我写了这篇文章，刘先生特别喜欢，说这个太好了，太重要了。他因为当时济渎庙，嵩山那个嵩岳庙那些图都有。最完整的是祠庙这个。

赵越：这个是不是也是去山西补充调查的时候发现的？

王世仁：对对对。偶然发现的。我听说那儿有个汉武帝的秋风辞，还有个秋风楼。想看看那个秋风楼，结果到那儿一看，早就没有了。黄河一改道，就冲掉了。发现那儿有块碑。后来一问山西省文管会，他说我们有拓片但是我们只是做文物保留下来了。

2.5 编写模式

赵越：当时你们编写的时候，主要的模式是怎样的呢？您具体做了哪些工作，就比如说你们是分章节还是分什么这样子来编的，然后每过多长时间大家讨论一下重新编么？

王世仁：是这样的。一稿好像在几稿之前都是分章节写，个人写。写完以后，没什么讨论，都是老先生，谁好意思说你这不对、我这不对。最后都弄到主编刘先生那儿。刘先生人又非常认真。他有时候我真看着他都皱着眉头、抽着烟。有的人写东西确实不行，你说给他改，改文章比自己写文章难得多；不改，东西拿不出手去。所以他非常苦恼这个事情，所以到三稿以后，基本就是写完以后打印去就算了。然后他也想了个办法，征求意见，大家提意见，他不给改了。第一稿、第二稿改得他太苦恼了。

赵越：然后就是像第六稿，重新成立了编辑委员会以后，他们五个人相当于负责人，下面有十个人么，然后下面这十个人我不清楚他们具体是怎么工作的？

王世仁：也是一人一段。每个人一部分，各人写。最后都拿到刘先生那儿去，这个刘先生给看。看完以后到北京来讨论，七稿讨论的时候，大家都提出意见，里头当时争论很多，刘先生的老学生叫陈明达，陈明达老强调阶级斗争，当时有很多材料，大家提出了新鲜意见。有好多人不接触这个材料，所谓的观点，观点就是你站在什么立场上，是站在地主阶级立场，还是站在劳动人民立场上，这个争论就比较大了，这个一直是刘先生比较苦恼的问题。所以到了这个第八稿的时候，好像刘先生就采取这个办法，干脆自己写，你爱说什么说什么，他就自己写了。当时是这样的，他写前一段元明清之前的，基本上是自己执笔写，其中有些章节部分让我帮他写一下，明清的这部分是我写的。我写了以后，他看，八稿就这么定下来的。这里头还有个问题，到了八稿要送审的时候，拿到北京最后来鉴定，出了问题了。阶级斗争的号吹响了，刘先生就害怕了，建研院的领导也害怕了。那是 1964 年，搞"四清"。咱们是不是加点批判的东西，后来我就说我来帮你写这个，有一篇我们注意一下，绪论里有个第四节，原来叫"中国古代建筑的历史局限性"。写完以后只要加批判，批判也不是口号，也还是有些材料的。后来，刘先生看了，就改成"中国封建制度对建筑的影响"，略做修改。后来这个东西，我记得我发表在那个《古建园林技术》上。

赵越：这个里面您也有提到。

王世仁：嗯，提到了。后来就拿了去，原则上就通过了。梁先生主持的通过了。一通过，历史室就解散了。解散以后这东西就放下了。一直到八几年才出版的这是。（翻书）1978 年出版的，把第四节抽掉了，不搞大批判了。但那篇东西实际上我现在看起来还是很有价值的一篇东西，它说到根儿上了。因为中国建筑的最大特点是什么，中国建筑跟外国建筑最大的特点是什么，是制度化。中国建筑不同于世界各国建筑，有的说是木构体系，又这个那个，说了半天，那是技术层面的，本质上它本身是一个制度的产物，它是封建社会制度的产物，它有很多严格的制度。傅熹年今年出版了本书，那个制度研究写得比较好。同时它又是制度的一部分，世界各国几乎没有这样，建筑是制度的一部分，用建筑来统治人，城市规划也好，宫殿也好，一看，哦，这就是封建制度。其实那篇东西是说到中国古代建筑根儿上了，我到现在还坚持这一点。中国建筑最大特点，和世界建筑最不同是制度化，一切制度化：形式制度化、技术制度化，你看《营造法式》是讲技术制度化的；这个功能制度化，还有信仰制度化，风水也制度化，还有制造工制度化。工官制度，中国建筑最大的特点是工官制度化，国家掌握着工艺，因为国家机器一般是掌握虚的东西，意识形态、制度。中国还特别掌握实的东西，衣食住行都归皇家管。

赵越：其实我们对这个也很感兴趣的，其实从我们上《营造法式》

课的时候，陈薇老师有跟我们讲过从刘老到潘谷西老师讲《营造法式》，其实最强调的也是它不是一个设计的东西，主要就是这个工官制度的一个体现。她会告诉我们学生，来学设计或者什么，这个思维是不对的，要从制度这个方面来理解。

王世仁：要从社会学方面、文化层次来理解。技术层次，《营造法式》也好，《清式营造则例》也好，没有一座建筑是按这个做的，可以这么说。宋代留的东西很少，很难说，清代我测量过好多，没有一个是跟它一样的，你拿个最简单的来讲，开间，必须高于柱高。清代好多官式建筑柱高比开间大，很多都这样。

2.6 影响

赵越：您觉得您这段时期的工作对以后的研究有什么影响么？

王世仁：那当然了，我其实做建筑史研究，主要的基础是在这段时间打下来的。刚一参加就让我们搞调查，我对建筑历史这个没有概念。调查古建筑，我刚毕业去测绘永乐宫、去调查孔府，什么都去调查，年轻人不怕，我到处跑去调查，对中国建筑史脑子里没有系统。我上大学的时候，中国建筑史没好好学，本来那时候我们一年建筑史的课，头半年是给我们讲法式，讲清代法式、宋法式，后学期才讲建筑史。清华是这样的（赵越：是梁老的想法）先修文法。可是学完上半学期，不要了、取消了。没学建筑史，为什么要取消？那时候学俄语了，俄语的学时不够，就把这个取消了。我后来的建筑史基础是在这个时期打下的。

（三）与刘敦桢教授相处

3.1 学术引导

赵越：我也有看到刘老提到说，在第六稿编的同时，有叫您和傅先生做一些复原研究。

王世仁：对。

赵越：但后来我们知道傅先生研究的那些，然后就不清楚您研究了哪一些，关于复原方面的？

王世仁：西汉明堂是我做的，画完平立剖以后，那张透视图是傅熹年画的。领导，刘先生吧好像是，说你给他配个透视图吧。那个时候我做的明堂的复原。我是做的汉代的，我那是发表在1963年的《考古》杂志上的。

赵越：是刘老要求的么，当时？复原研究？

王世仁：没有，不是要求的。你像我做那个汉长安礼制建筑是我自己要求做的。我是1956年跟着刘敦桢先生一块儿到西安去，刚开始发掘，跟着他一块儿跟着发掘，以后我自己开始做的，那时候还没开始编建筑史呢。后来他采用了，可以用进来。

3.2 生活细节

赵越：您当时住在哪里？

王世仁：住在梅庵招待所。刘先生那时候对我们真好。我抽烟的，杨乃济好像也抽烟。刘先生那是特供的烟，那时候物资很紧张，一个月像他这种高级知识分子给几盒甲级烟，几盒什么烟几盒什么烟，他都拿出一部分给我。因为我是在那边买不着好烟，买的都是那个一毛两毛很差的烟，而且烟好像也是有烟票的限制的，买香烟得拿烟票。我到南京就没有票了，他就拿了烟给我。当然那时候我抽得也不多，给了我五六盒烟。五六盒烟对他来讲，刘先生抽烟非常厉害的，几乎一天他都一两包烟抽了，那等于从他嘴里叼食。

赵越：他那段时间是不是有时候身体也不好？

王世仁：哎，我去过他家里，刘先生家住在石婆婆庵，有个小楼。他工作是在那个阁楼里头，多热啊，他楼下等于是客厅，房间不大，二楼是卧室。好像刘叙杰那时候和他住一块儿，他工作的书房在三楼，房顶的阁楼里头，我去看过他，热得他哟，又没有电扇，没电扇那时候好像。

赵越：就有看到他给您和傅老师的通信里头每一个结尾都是哪一年

哪一日，然后夜灯下，都是晚上写的，有时候就说太晚了，明天再接着写。

王世仁：真是感动，非常感动。你们现在看他的信也应该很感动。

赵越：而且看到他当时的调查日记也很感动。既然您和傅老师都在南京，为什么还主要靠通信件？

王世仁：回北京后，来回信件，在南京没有。我到外面调查去，随时给他汇报，比如我今天发现长城的一个关口了，发现一个完整的烽火台，写信告诉他，还有什么地方、晋祠有什么新发现，写信告诉他。他主要和汪季琦通信多。

赵越：看到他出版的全集里面，有很多。那个时候好像就学者之间的交流就特别多一样，因为有的时候也会看到他和陈从周老师的信，告诉他最近发现了什么，做了什么事情。互相之间写信讨论。

王世仁：对。

赵越：感觉当时的研究氛围很好。

王世仁：嗯，是很好。刘先生那时写了多少信呀。有些信还找不着了，好在他寄到建研院的还保存着呢，那些都保存着呢。建研院写给他的信可能都丢了。包括我们当时写给他的信都丢了。

赵越：是的，出版的里面只有他自己写的信。

王世仁：都是他写给建研院的，当时建研院有个资料员很负责，来一个东西都保存。现在想想他太认真了，其实用不着那么认真。

赵越：他看到有瑕疵的地方就一定要写出来。

王世仁：我觉得他编建筑史，是比较痛苦的事情。他比较高兴的是搞苏州园林，那个他得心应手，能听他自己的指挥，那几个学生也听他指挥。另外，他还同时在南京搞瞻园。有时候带我们去看他的瞻园去。石头，是这么摆一下还是那么摆一下好。

赵越：听叶菊华老师说他做瞻园就很开心。

王世仁：非常开心。

赵越：他有的时候也带你们去讲瞻园里面的设计么？就有听叶菊华老师回忆会说到他们带去苏州园林什么的，然后给他们讲园林设计，这里种棵树是什么形态，那里的空间是怎么样的。

王世仁：瞻园，他就是给我们看假山，建筑他没多讲，建筑很一般吧，主要是他做的那一部分假山，那个假山很难恢复，石头都不大，小石头。

大石头好办，小石头要堆造型非常难的。

赵越：现在去看也觉得非常漂亮。

王世仁：对了，我们当时有时候到刘先生家里去，还参加一些学术讨论，我记得最清楚是讨论嵩岳寺塔，怎么来源是怎么回事，因为空前绝后么，对不对？嵩岳寺塔，什么金刚宝座，从这些谈起，好多好多这个学术问题，很不错。可以说，从学校来说，梁先生是我的老师，实际上真的老师就刘先生。我这儿就有篇纪念文章是写他的，《大师与经典》。

三、潘谷西先生访谈录

时间：2013 年 5 月 20 日 9：00 — 10：30

地点：潘谷西宅

采访对象：潘谷西

采访、记录、摄影：赵越、周觅

[潘谷西]

潘谷西，1928 年生于上海，1951 年毕业于南京大学建筑系（后改为南京工学院建筑系，现为东南大学建筑系），其后任教于该系至今。现为东南大学建筑系教授。长期从事中国建筑与风景园林研究，有《中国建筑史》、《曲阜孔庙建筑》、《〈营造法式〉解读》、《江南理景艺术》等著作。

[访谈简介]

本次访谈以南京工学院建筑系与中国建筑研究室的关系作为线索，以潘谷西先生参与的苏州古典园林的研究为主要内容。访谈显示出中国建筑研究室的住宅与园林研究对南京工学院的青年教师及学生教育的影响以及当时教师的建筑观与教学思考。另包括一些对当时建筑系空间分布的回忆。

（一）1950 年代的南工教师和教育状况

赵越：您是什么时候成为刘老中建史的助教的呢？

潘谷西：是这样的，我们那时不分教研组，我开始是做建筑设计的助教，也不算哪一个人的助教，就是课程助教。那时候设计教授有杨廷宝、童寯、刘光华、徐中这四位，我们助教就是发题目，收图纸，去教室里看看。

赵越：您那时候是没有中建史这个专业的，那您是怎么开始进入这个专业的呢？

潘谷西：我进入这个专业恐怕比较晚，要到1959年以后。开始我是做设计的，带一年级的设计初步，我和张致中先生两个人主要负责。带了两三年之后，就到二、三年级教设计去了，因为后来学生比较多了，我们这些年轻教师也开始带二、三年级。

赵越：刘先觉老师回忆说，他回来担任外建史助教时，刘老让他一定要看《弗莱彻建筑史》和吉迪翁的《时间、空间、建筑》，这样才能教好外建史，不知他对您有没有什么要求？包括读书和研究方面。

潘谷西：刘先觉老师是1956年来的。我一开始是做设计，1952年院系调整后又兼任教学秘书，当时杨廷宝先生是系主任，教学秘书主要管系里教学工作。1952年以后成立教研室是没有历史教研室的，只有设计、营造学、美术三个，我和刘先生同在设计教研室。1953年与华东建筑设计公司成立中国建筑研究室，我并没参加，仍然在系里面工作。后来成立了历史教研室之后就在历史教研室，还担任了一段时间副系主任。到1959年由于政治原因不再做副系主任，又回到教研室，那时候才真的开始想做建筑史方面的教学工作，以往我认为自己是做设计的，所以我的志愿是在设计方面，而非建筑史。建筑史方面是刘先生派我做这方面工作，辅导他的教学工作，事实上也没做什么，就是放放幻灯片。那时我们用玻璃片的幻灯片，一个学期放两三次，必须是在晚上，讲课就靠刘先生的板书。其他事做得很少。

赵越：齐康老师说您和他曾经帮刘老画过一些住宅的图，是从鲍希曼的书上描下来的，您还有印象吗？

潘谷西：他画钢笔画比较多，我呢，住宅画过几张，从照片上画下来，后来怎么用的我没有注意。园林我画过一张，是网师园的立面图。因为华东建筑设计公司派来的人大多是绘图员出身，没有经过建筑学的训练，特别是园林的图不知该怎么画，所以刘先生让我画了一张网师园中部的西立面作示范。

赵越：当时华东建筑设计公司派来的人也跟着系里上课吗？

潘谷西：对，他们跟着上了些课程，因为他们没有经过正式训练，都是绘图员，后来来的张仲一、胡东初是工程师，他们的背景我也不清楚，好像有一个是之江大学毕业的。所以他们要听课，设计课没有跟班学。

赵越：研究室的工作和学院的教学似乎密不可分，他们会听学院的课，而青年教师参加研究室课题的也很多。

潘谷西：我、沈国尧、刘先觉（晚一点点，因为1953年苏州园林研究就开始了）、吴科征四个人参加的苏州园林的工作，后来郭湖生从西安调过来，他是研究室的人，其他都不是的，都是临时性地参加工作，讨论，写文稿。拍照有专门的人。

赵越：是朱家宝先生么？

潘谷西：不是朱家宝，是朱鸣泉，朱家宝是后来的，而且主要做暗室工作，出去拍照少。主要是朱鸣泉拍照，调查主要是郭湖生，他后来是常住在苏州调查收集资料，在那里认识了忠王府的讲解员，然后和那个女孩子结婚了。

我们这几个系里的人去参加都是临时性的，一两个礼拜，或者几天，就住在旅馆里。我、沈国尧、吴科征，刘先觉56年以后才来的，主要是沈国尧做了不少工作。

赵越：我注意到《苏州古典园林》1960年稿是你们几个人分写的，沈国尧主要负责的是园林设计、建筑、花木，您呢？

潘谷西：我主要是布局这部分。

赵越：当时是参照刘老1956年发表的《苏州的园林》来写吗？

潘谷西：当然也参考了，肯定会受他影响，我写的稿子后来发表在南工学报上，《苏州园林的布局问题》，还有一篇在建筑学报上发表的，《苏州园林观赏点与观赏路线》。

赵越：这两篇文章我记得是1962、1963年发表的，它们其实也是1960年稿的内容是吗？

潘谷西：基本上是的。

赵越：这些小论文的观点也跟刘老讨论过吗？

潘谷西：讨论过，但讨论也不太多，我记不大清具体内容了。那时是教育部要在南京工学院开学术讨论会，要大家出文章，所以刘老要我写文章，我就写了这个布局问题。但是在《建筑学报》上发表，这个题目又太大，我就取了其中的一点，观赏点和观赏路线来写。

赵越：这些研究工作对您的教学有什么影响吗？

潘谷西：这些东西如果在教学上，就是观点，资料会运用到教学上。这些所有研究成果都会反映在教学中，虽然不可能原原本本地用进去。

赵越：这些成果学院里的教师和学生能看见吗？

潘谷西：学报上就有啊。内部不成熟的，初稿什么的，比如后来《苏州古典园林》1964年印了一个打字稿，那个没有发表，但内部的人都能看见。当时刘先生不赞成发表，他认为还不成熟，还有政治形势方面的原因。设计革命，"下楼出院"，设计要做现场设计，设计人员都要到现场去，边设计边施工。建研院就解散了，人员下放到各个地方。

赵越：我还查到了一份中国建筑研究室1953年的工作计划，不知是不是刘老写的。其中第一条就是培养师资，而非其他工作，因为当时极缺建筑史人才。计划在南工1953级毕业生内挑选2人培养，课程也列出了，不知为何没有实施，仅在1955年刘老招收了4名研究生，那他们的课程是如何安排的，有没有参与研究室的工作呢？

潘谷西：好像不是1955年，应该是1954年。他们4人是1953年同济毕业的，派到哈尔滨去学俄语，准备派出国参加苏联专家的什么工作。学了一年以后又中止了，就转到南工了，他们一共来了5个人，其中4个读刘先生的研究生，还有一个当助教，叫许以诚。这4位研究生是章明、胡思永、邵俊仪和乐卫忠，他们读了3年，1957年毕业的。课程方面我没管，不太清楚，都是刘先生安排的。1954年他们进来以后有一个考察，到山东、北京、承德、山西考察古建筑，这对于他们、我们、研究室的人都是很重要的，因为古代建筑的知识要通过实践，实物的考察来认知，而且都是刘先生讲解，等于把我们直接带入了古代建筑的领域，这十分重要。大概有一个多月，比任何讲座都重要，因为他亲自讲，（我们）亲自看到实物。

赵越：您还记得他具体怎么讲的么？

潘谷西：到了一个地方以后，先讲建筑的特点，宋代的唐代的元代的，它的特点是什么，再讲细部，我们那时候主要是讲木结构方面的，讲解之后我们就自己看，自己画，拍照，停留一段时间体会这些东西。像到五台山，从太原出发坐火车到了一个小村庄，蒋村，下来以后雇了牛车走了一天，基本上两天才到了佛光寺，已经下午三四点了，刘先生就带我们看看，讲讲，然后我们自己看看，晚上就住在庙里，第二天天不亮就走，当时是夏天。所以我们在那儿看的时间也就两三个小时，但是进去出来要走三四天。然后就去应县什么的。那时候因为刘先生名气也大了，到了山西，文化局会派车，一般人还没有这个条件，我记得到应县去他们派了一辆卡车，把我们都装了进去。

赵越：这次参加考察的主要就是他的研究生、研究室的人，还有？

潘谷西：还有一些教师，还有同济大学陈从周和另一个人。许以诚也去了，他们五个人，我一个，研究室有十来个人，一共二十来个人吧。

赵越：刘老本来主要是针对研究室的人的吗？

潘谷西：对，主要是他的研究生和研究室的人，我呢，那时候和沈佩瑜老师两个人带本科生去北京积水潭医院工地实习，实习完后才参加到刘先生的考察里，所以我没有去山东，直接从北京加入的。

赵越：接下来我想主要了解一下苏州园林的研究，现在大家都十分好奇刘老为何能在当时将住宅和园林作为首要的研究对象，刘老有提过吗？

潘谷西：记不起来了，他没有明确讲过，因为我平时没在研究室，这个应该问张步骞，他们是相处最多的，他一开始就来了，应该最了解情况。

赵越：我看过别人对他的访谈以及当时华东建筑设计公司经理金瓯卜的回忆，说当时是为了发展民族形式，刘老提出了研究住宅和园林，因为这两种类型的手法变化较多，不似官式建筑那样规则。

潘谷西：从办研究室的目的来讲，还是符合这个宗旨的。华东建筑设计公司为什么要办这个研究室，因为当时学习苏联，一边倒，建筑上也要学习苏联，苏联当时盛行的是古典主义，所谓《民族的形式，社会主义的内容》，刘秀峰的这篇文章是纲领性的。在这种政治形势下，才出现了"民族的形式，社会主义的内容"这样的纲领性口号，民族形式还放在前面。这对各方面都有影响，华东建筑设计公司可能也是在这个影响下考虑到民族形式的问题，但是上海没有这个条件，就近就想到了刘敦桢先生，他是营造学社的两个台柱之一。他们是从实用的角度解决实际问题，不是学术问题。

（二）对民居和园林的研究

赵越：1953 年开始的园林调查是单独的，还是作为住宅的一部分开展的？

潘谷西：分开的，而且两方面的人也是分开的。

赵越：好像研究室的人都在做住宅调查，园林调查是哪些人在做呢？

潘谷西：园林调查，拍照是朱鸣泉啊，收集资料主要是郭湖生。戚德耀、张仲一他们是搞住宅的。我那时候对研究室并不十分关心，主要精力都在系里，我这教学秘书每年要安排教学任务，还有经费问题，所以我的重头都在系里，还有些行政事务，另外还有设计教学任务，所以研究室的事情我都不大考虑。

赵越：那么园林研究从 1953 年到 1964 年一直没有间断过吗？

潘谷西：基本没有间断过，朱鸣泉几乎一直都在做这个。

赵越：您和刘先觉老师编的《江南园林图录》，前言中提到是 1963 年带本科生测绘的成果，这些测绘和研究室的苏州古典园林研究有关吗？

潘谷西：1963 年之前好像也有的，好几届了。我都记不清楚了。这肯定是有影响的，我们这个工作都是教学，是从教学的角度来做的，（学生的）测绘实习也是（教师的）教学实习。测绘住宅园林都有，但以园林为主。二年级暑假就安排学生做测绘实习，因为我们觉得测绘是从图纸到实物，从实物到图纸，这样一个反复，能将空间概念具体地建立起来，测绘什么东西并不重要，重要的是这个过程，把平面变成立体的空间，空间变成立体的这个转换。为什么我们选园林呢，也是因为我们参加了刘先生的园林研究，也比较了解了，所以自然就往这方面去做。但我们选择的是比较偏重建筑的，而非叠山、花木等，所以我们选的都是庭院。

赵越：我也注意到对庭院的关注似乎是出于建筑学的眼光，是出于设计的现实意义？

潘谷西：是的，建筑组合，室内外空间组合这个方面，当然也涉及很多细部，但我们主要考虑的是空间组合。庭院——我们中国古代建筑一个非常完整的单元，一个细胞，宫殿、庙宇、住宅、园林都是由此组合而来，这是最基本的组合。所以我们选择这个来做，室内外空间都可以结合起来考虑。

赵越：当时都是从"组合"方面思考的吗？大量的住宅调查报告也是从平面原型出发，讲它的一些组合，比如两个三合院拼合成 H 形平面。设计上也习惯于这样思考吗？

潘谷西：这是搞建筑最基本的思考，不用讲都是这样思考的，也就是说就算他不讲，他也是这么想的。空间组合嘛，我们从上学就开始，现代建筑的理念就是空间的组合。所以 1940 年代这个概念就已经很强烈地建立起来了，我们 1940 年代（我是 1947 年上大学的），当时《现代建筑》的杂志，我们每一期都看的，什么 *Forum*、*Record*，这些欧美的杂志，所以我们当时的建筑思想跟世界主流的思想是完全一致的。

赵越：嗯，通过当时的一些报纸杂志可以看出 1930、1940 年代的中国建筑师们所关心的问题和观念与西方也没有脱节，大概还是 1960年代后期以后才渐渐脱离的。

潘谷西：1940 年代现代建筑流行的时候，我们的建筑思想跟世界主流的思想是完全一致的。所以苏联这一套东西我们开始都是不太接受的，特别是杨先生他们，不接受的。

赵越：您将园林的概念扩展为理景的概念，是否在当时就已开始思考？我注意到您的一篇论文《中国古代城市绿化初探》，当时关于城市绿化的问题似乎提得也较多。

潘谷西：这个，人的思想都是慢慢形成的，看到了什么就慢慢想起来了，因为进入这一个点以后，你必然是要扩展来去看。说实话，我开始完全不欣赏苏州园林，因为我学的时候，就像刚才讲的，我们接受的是现代建筑的概念，空间啊这些，很简洁，Bauhaus, Le Corbusier 的这些概念。导致我到苏州园林一看，又拥挤又繁琐，感觉没什么吸引人的地方，总之就是不喜欢，一开始的印象，特别是狮子林，我是很讨厌它的。我是用现代建筑的眼光去看古典园林，所以没有好感。后来逐步进去以后，觉得中国古典园林的很多观念、手法和现代建筑很不一样，它有一个特别的东西，慢慢进去以后才感到它的特点，才钻进去了。钻进去以后再往外看，然后才看到什么城市绿化啊、风景点风景区啊，扩展来看才发现原来这个领域里的很多问题是有内在联系的。所以我提炼出了一个概念"理景"，这些所有范围，大的小的，大的到城市绿化、风景点风景区，中间的园林，再小一点庭院，最小的盆景，我们要处理的关键问题就是理景。实际上最终的目的是精神需求，物质上的当然也有，物质是享受，但最终还是精神上的。这里贯彻了很多中国人的美学观、世界观，这些特有的东西，跟古代文人的诗情画意都可以结合起来。

赵越：您还参与了《中国古代建筑史》第一稿的编写（1959 年 8 月），而后就退出了，是因为教学任务繁忙吗？

潘谷西：其实我也没参加什么工作，写了一段，后来好像也没用到。

赵越：哦，是因为刘老在《中国古代建筑史的编辑经过》中列出的第一稿编写人员包括您、郭湖生老师、张驭寰老师和邵俊仪老师。

潘谷西：提到我了是吧，其实那个稿子主要还是郭湖生做的。

赵越：据我所知当时也没有已出版的很好的《中国建筑史》，所以我们比较好奇第一稿是如何编写的呢，一开始提纲如何拟定？材料如何找的呢？

潘谷西：这个书的起因你们知道吗？是苏联要编建筑百科全书，要求中国写一个建筑史，这个任务首先是落在北京了，但是梁思成先生太忙，所以他请刘先生来做。于是刘先生就开始做了，一开始也有个收集资料的过程，发现一些新的古建筑，这个项目也有部分人在做，发现了比如福建的宋代建筑等。所以他这方面也收集了一些资料，但是编建筑史完全靠自己的资料肯定不够，过去现成的资料，比如营造学社的资料，也要用的。在过去研究的基础上来写，这个工作还是郭湖生在做。

赵越：那么就您知道的，在这个任务下来之前，刘老自己有意愿写一本《中国建筑史》么？

潘谷西：他没有表示过。

赵越：因为梁老似乎一直致力于中国人自己写建筑史这件事，1944年就写过一本《中国建筑史》，而刘老则没有看出来这种意图。

潘谷西：没有，他是从住宅园林开始的。

赵越：我们从中国建筑研究室 1953 年的工作计划来看，还是想要进行全国普查的，只是从住宅园林开始。这么来说，研究室还是以调查、掌握史料为目的的，是否还是可以看作营造学社的延续？

潘谷西：从掌握史料开始，他不是后来写了《中国住宅概说》吗？

从研究方法来说，过去不是也有本《中国建筑史》吗？乐嘉藻的，那时候完全是文人的研究方法，从文献上做的，不是根据史实来做的。我们的史实就是建筑物，实物是主要的根据，我看过乐嘉藻的，没什么意思。这里，实证的研究，根据实证来说话，这种研究方法是西方传过来的。非常强调实物的研究，根据实物提炼出观念和结论，梁刘都是从这个路子走过来的，所以是调查研究，根据实物讲话。史料里虽然也有实物的记录，但加上了个人的想法，所以你需要分辨史料中的实物资料是否可靠，中国的文人写作往往不可靠。而且史料记载的深入程度很多时候是不够的，或太浅或流于表面。所以根据实物讲话是最好的。他们（梁刘）开辟出了这个道路，以后我们就都这样了。中国文人讲"天下文章一大抄"，抄来抄去就没意思，没发展了。

赵越：您后来的研究方向似乎主要是园林和《法式》，对《法式》的兴趣是什么时候产生的呢？

潘谷西：我的研究其实是这样，自己也没有一个宏伟的目标，因为我们作为教师来讲，也没有力量做这个工作，不像研究室有这么多人，有经费、设备。刘先生还有一个照相室，请了朱家宝，朱家宝的照片（刘先生）不满意就撕掉，不给大家看的，所以他出来的照片质量都是非常好的。这种条件我们是没有的，我们只能根据自己的力量，在教学之外的时间来做，所以结合教学，这是我们重要的一条道路。教学测绘是我们重要的一个项目，所以测绘江南园林，思考了庭院；测绘曲阜孔庙，后来孔庙也成为我们的一个项目。我招收研究生以后，要讲《营造法式》，结合研究生教学，我就比较深入地去研究《营造法式》，就有了这个研究项目，所以我研究都是结合教学的，没有脱离教学去做，不然以我一个人的力量是不可能的。招收研究生以后，研究生帮我画一些图，所以《营造法式》这个研究能够做成。像曲阜孔庙，也是几届本科生和一届大专生测绘，完成的成果。不像研究室可以单独考虑一个什么项目，经费、人力、时间都没有。

（三）1950 年代的建筑系

赵越：您还记得当时学院本科生教学在什么地方，图书室在什么地方，老师们都在什么地方吗？

潘谷西：1952 年院系调整以后我们搬到了中山院，从平房里搬过去的。我上学的时候，一二年级在大平房里，一年级还在前工院，后来才搬到中山院，三层砖木结构的房子，一九一几年建的，就在现在中山院的位置上，但建筑现在没有了，建筑系这三个字是用板锯了以后涂了红漆放上去的。

赵越：搬到中山院以后，整个建筑系都在里面了吗？

潘谷西：是的，二、三楼东西两边都是大教室，一楼西边是木工厂，一个实习工厂，有车床啊，钻床啊。我们系的办公室在二楼，楼梯上去就是，二楼中间的小房间都是教研组。我就在这个办公室办公，和杨先生，还有一个行政秘书在一起。

赵越：那会儿杨老（杨廷宝教授）和童老（童寯教授）与研究室关系密切吗？我们看到有资料说童老喜欢去研究室的图书室看书。

潘谷西：童老也去，他喜欢看书。

赵越：童老以前也写了《江南园林志》，那么在做苏州园林的期间，他有没有提出一些指导？

潘谷西：没有，他研究这个是在抗战之前了，后来就没有了。我不知道刘先生是否会请他给大家讲，不太清楚，因为我也不常去研究室，特别是搬到新的系馆以后。他们研究室不在中山院，在生物馆（现中大院），1952 年院系调整后，教工俱乐部在生物馆。研究室在一楼西边靠南边，后来一直都在那边。但是暗室在中山院。

赵越：建筑系是什么时候搬入生物馆（现中大院）的呢？

潘谷西：记不清了，应该是 1959、1960 年了，因为反右派的时候，还在中山院。

四、刘先觉先生访谈录

时间：2013 年 5 月 6 日 15：00—17：30

地点：刘先觉宅

访谈对象：刘先觉教授

采访、记录：高钢、胡占芳、邱田

[刘先觉]

刘先觉，1953 年毕业于南京工学院（现东南大学）建筑系，1956 年在清华大学建筑系研究生毕业，师从著名建筑学家梁思成教授。1956 年回南京工学院（现东南大学）工作至今，曾参与中国建筑历史研究室南京分室《苏州古典园林》一书的工作。主要著作包括《现代建筑理论》、《中国近代建筑总览 (南京篇)》、《外国近现代建筑史》、《苏州古典园林》等。

[访谈简介]

本访谈主要分为三个部分：第一部分回忆刘敦桢教授著《苏州古典园林》一书的写作工程；第二部分讲述刘先觉先生接替刘敦桢教授开展外国建筑史教学的情况；第三部分谈及刘先觉先生眼中的刘敦桢教授。

（一）关于《苏州古典园林》

胡占芳：刘老师，我们主要想了解一下《苏州古典园林》这本书的写作过程是怎样开展的，整个研究计划是如何安排的。重点想知道当时的一些工作方法和测绘过程。

刘先觉：好，我主要也就是在这一方面跟着刘老做了不少事情，其他方面我也没有跟着去做。因为当时对中国建筑历史研究室的分工很细，比如说你是做哪一方面的，其他方面就不太清楚。他们当时有古建筑调查，比如说民居、园林，还有建筑史的研究，都分得很细。我就是主要做苏州园林方面的研究，其他的我没有参与。其实过去中国近代建筑我做了很长时间，但是最后分工的时候我也没有做那一方面的研究。他们做完了以后，让我参加集体讨论，具体我也没有详细地做中国建筑历史研究室的工作。

苏州园林是这个样子的，开始很早。从1953年开始，刘老先生就已经开始研究苏州古典园林。那个时候最早关于苏州园林的稿子，应该是当时《南京工学院学报》出的一个单行本，就是刘敦桢先生自己写的。当时那个本子是白封面的，题目叫做《苏州的园林》，不是《苏州古典园林》，当时也很薄。那一本，我想，总共也不过两三万字吧，很薄的。但是那一本书里面关于以后要研究内容的提纲基本上全都有了。所以这本书虽然薄，但它是提纲性的，也是反映了刘老先生当时是怎么想的，或是以后怎么展开的这样一个过程。

《苏州的园林》这本书基本上是现在《苏州古典园林》的一个详细提纲。所以，当时刊出以后，他认为还很不错，这样研究下去就可以研究得很深入，各方面可以做得很细。特别是打破了过去我们一般学建筑的人研究园林的局限：不研究植物。过去学建筑的人是不会研究植物的，他们不懂，所以也就不去研究，这是很大的局限。另外，学建筑的人对假山、水池也不研究。实际上，过去建筑界或者研究园林的人，主要是第一研究园林史，第二研究园林的布局以及园林里面建筑的分布，还有就是空间的组合。而那几个方面（植物、假山、水池等）都是缺门，所以刘老在提纲里面就把这几部分加了进去，比较全面。这是刘老在1953年学术报告会上提出来的，他当时在这方面还是很全面的。过去人家对园林中间的假山不大懂，水池也不大懂，特别是对植物更不懂。而这以后，刘老就拓宽了很大的领域。现在，我们建筑学院很多老师还有这样的局限，他们有时候一讲园林就是空间，就是布局，不会讲植物跟建筑的关系，山石跟建筑的关系，这都是有一定局限的。由此可见，刘老拓展了园林的研究范畴。

我是1953年暑假毕业后去清华的，之后一段时间不在南工，那时中国建筑历史研究室刚成立没多久。1956年，我离开南工三年后又回来了。回来后，刘老先生就对我讲，让我一方面把教学任务完成，他过去既教中建史又教外建史，后来潘老师接了他的中建史，他说我在清华也辅导过学生学习外建史，就把外建史交给我了。另一方面是科研，让我跟着他搞苏州古典园林。这就是他当时分配给我的任务。他分配的任务很具体，苏州古典园林很大，那么多项目，一个人研究不了，他让我研究苏州古典园林中的建筑。《苏州古典园林》书中的建筑一章，主要是我做的调研和研究。所以，当时分工就是这样定下来的。

另外，其他人的工作，比如说布局是主要交给潘谷西老师研究的。山石这方面，刘老先生说我们研究不了，他自己写，自己研究。所以《苏州古典园林》里面山石这部分是他自己亲笔动手写的。过去中国有很多造园的大家都是以假山闻名，像张南垣、石涛等。叠石有很多花样，他说我们搞不清楚，要考古，只能他自己写。因此，这部分完全是他自己动手写的，不是我们写了他修改的。水池，他说学问不大，我们可以承担。后来叶菊华研究水池，她除了研究水池外，还要画图。另外，植物方面主要是找设计院的老总沈国尧研究。他那时起了个头，花很多时间去研究苏州园林的植物。但是，因为当时他在设计院工作，不能把全部时间花在上面，所以有的时候我也协助做一些植物的研究。因此，除了做苏州园林的建筑研究外，我还帮着做一些植物的研究，因为沈总没时间。绪论部分主要讲的是历史发展的过程，这部分是刘老先生自己研究，自己写的。《苏州古典园林》里还有很多实例，从拙政园、留园，再到其他小园子，共有十几个实例，这部分主要是乐卫忠做的。乐卫忠在退休前是上海园林设计院的院长，他和章明是同班同学，都在上海。当时，乐卫忠在我们教研室和我们待了很长时间，他比章明待的时间长，研究苏州园林的时间也长，章明在这儿研究的时间并不长。乐卫忠主管实例部分，不过实例很多，他一个人管不过来，就分一些给其他人，比如分给郭湖生老师一些。

当时，苏州园林的工作是这样分配的，但画图不是我们这些人，我们是搞研究、写文章的。真正的图全部是建筑研究室的人画的，不是我们测，也不是我们画的。因为这不是一般测测、画画就行的。苏州园林很大，而且又不是方方正正的，是曲曲弯弯的，不容易测出来，很费时间。就像测地形、测等高线一样，很费事。而过去在这之前，只有示意图，没有准确的平面图，准确的平面图是从刘老先生手里开始有的。所以他一个研究室差不多有七八个人专门做测绘图。这个测绘图绝对不是我们想象的测图书馆、中大院那么简单，非常复杂。当时都要用经纬仪测，你们测量有没有用过？

胡占芳：有。刘老师，我想知道当时的经纬仪是什么样子的？还用到大的卷尺吗？

刘先觉：经纬仪是可以测平面，又可以测高度的。当时用经纬仪，是要求最严格的仪器，非常准确，不是一般的测绘图。测量单栋建筑的时候再用卷尺，测假山水池不能拿皮尺测，都要用经纬仪来测。我想说的是，园林测绘不像测房子那么简单，是非常复杂的。而且当时刘老先生要求很高，你们是想象不到的，我们过去画图，树都是作为配景随便画一画的，但他要求所有树木都要测准确高度。树形必须如实画出，树冠的高度要拿经纬仪测，要求十分精确。而且图必须画冬景，不许画夏景。夏天树的叶子可高可低，冬天落叶后就可区分出常绿树还是落叶树。所以，你们看《苏州古典园林》里面的图，有叶子的就是常绿树，没叶子的就是落叶树，分得很清楚的。树是会长高的，但没问题，至少测的时候，它的树干直径都是要准确的。譬如说，我们当时画树干，不是随便画的，树的位置必须准确，树的直径必须准确，高度必须准确，形状必须准确，他都是这样要求的。所以，苏州园林的测绘不是一般画画草图，要求是很精确的。

当时刘老先生要求的画图标准是什么呢？是《弗莱彻建筑史》。《弗莱彻建筑史》上的图有多么准确，我们就要画到多么准确。画不到这种程度，刘老先生就不要我们来见他。我们说，画一栋房子容易，但画总图是非常困难的，尤其是大的苏州园林，像拙政园、留园等，总图摊开差不多有三米长，再小就画不起来了。这么大的硫酸图，画坏一点儿，就拿刀去刮、去修、去弄。所以要求是很严的，标准是国际一流。要求准确，绝对准确无误，人家不能挑任何毛病。调研必须实事求是，不能有任何想象，是怎样就是怎样，不能夸大，也不能缩小。所以，当时苏州园林的调研测绘是按照科学来做的，不是当艺术品来做的。这就是我们当时的体会。我回来以后，从头到尾跟着刘老先生做苏州古典园林，他去世以后，我把这本书送到北京，最后我在那里看着他们把这本书印出来的。在《苏州古典园林》这本书的编写过程中，我从头到尾经历了整个全过程。

胡占芳：从 1953 年到 1956 年，刘老先生在园林方面有什么进展？是 1956 年才真正开始苏州园林测绘的，还是 1953 年就已经启动了？

刘先觉：1953 年到 1956 年，我不在南京，所以我不敢说他在园林方面做了些什么。但据我了解，应该没有太多的工作。因为那时的工作重点是古建筑调查。园林方面要么不铺开，铺开后要花很多人力。而且那时候詹永伟、叶菊华都还没有毕业，他们毕业很晚，是 1959 年毕业的，因此当时研究室人手还不够。那时候，我没有回来，郭老师也没有回来，只有潘老师一个人，但他还要教中建史，所以不太可能把苏州园林全面铺开。只是说去调查研究一下，看看有哪些地方需要修护。真正展开，据我了解，是 1956 年开始分配任务的。

高钢：1961 年 12 月份的时候，刘老让您和叶菊华、戚德耀老师等人一起去杭州、上海调研真山水，这有什么目的吗？当时具体去过哪些地方？

刘先觉：就是让大家去看。园林造园的主要目的是做咫尺山林，中国的园林就是做咫尺山林，做小的东西，在房子里面象征着外面。怎么象征法，就让我们去看真山真水，然后再回来看看园林里的假山假水，让我们有点体会。主要就在杭州、苏州周边一带，太湖周围和西湖周围这一带地区。因为当时苏州园林造园的大家们，他们也主要活动在江浙一带，他们也没有跑到很远的地方去。

高钢：测绘是从哪一年开始，哪一年结束的？

刘先觉：测绘哪一年开始我不敢说，研究是 1956 年开始的。测绘是不是更早我不知道，在 1953 年到 1956 年之间是不是已经测绘了，这我不太清楚。

胡占芳：刘老师，您负责的建筑这部分内容是如何展开的？研究思路是怎样的？又如何安排学生来协助你们工作的？

刘先觉：好，我告诉你，你这个思路要完全改过来。当时，苏州古典园林的研究是不要学生的。参与研究的全都是教师，大学生毕业以后，还要经过培训才能研究。现在我们找一批学生帮忙做测绘，当时是根本不行的。都要有经验的工作人员去测绘、去做、去研究，跟现在不一样。

另外，当时研究的情况怎么样？如何开始的？这是很值得注意的问题。最初的时候，刘老先生把我们这一批人先带到苏州，大概花了三四天的时间，主要是在拙政园、留园、网师园三个园林里面看。刘老先生一面走一面仔细地给我们讲解：园林为什么是这样布置的，这样布置有什么特点。他先带我们熟悉整个环境，了解布局的总体特征，边走边具体讲一路的房子、植物、假山。当时除了三个大园子外，还看了环秀山庄。他带我们去的时候说，环秀山庄不给我们讲，我们就会搞不清楚。环秀山庄是清朝乾隆年间著名叠石大师戈裕良做的。

刘老先生第一步，就是亲自带我们到苏州园林，一面看，一面讲它的特点，讲它的来历，讲它的全部做法。让我们先入门，然后再进一步深入。后来，他又给我们推荐了两个人，苏州当地两个有名望的学者，按照当时的讲法就是著名的士绅。一个叫汪星伯，另一个叫方正，他让我们去请教这两位先生。他说汪星伯老先生年纪很大了，对苏州园林从典故到建筑都非常清楚，所以可以请他给我们仔细讲解，可以把一些问题搞清楚。方正对苏州园林里的植物非常了解，清楚植物的特性。我先访问了汪星伯先生，然后又和乐卫忠一起去找方正先生。方先生也带着我们在苏州园林里走了几次。所以，我现在对苏州园林里石头、树木、植被的位置非常清楚，都能背出来。汪星伯先生何许人也？他是清华大学教授汪坦先生的父亲。方正先生也是当时研究苏州园林植物首屈一指的专家。

胡占芳：我想了解一下汪星伯老先生和方正先生的情况，他们在苏州从事什么工作？为什么会对苏州园林如此了解？

刘先觉：他们都是园林管理处的工作人员。汪老先生是苏州园林管理处的副处长，方正先生是苏州园林管理处园林科的科长，他们本身就是管这方面的。

我在《苏州古典园林》里写的东西，大部分是我自己写的，刘老先生在词句上稍微修改了一下。其中很多内容基本上都是按照汪星伯先生的解释来写的，我可不敢自己去杜撰。举一个例子，譬如说"轩"这个字是什么意思呢？苏州园林里有好多这一类叫"轩"的房子。轩是一种小型的、不太正规的厅堂。另外，还可以是一种构造的名字，天花也叫轩，譬如说茶壶档轩、船篷轩，所以这就很容易混淆，一个字是两用的。这都是根据方老先生当时的解释来写的。还有"楼"与"阁"怎么区分？

原则上说，正面两边窗子通长开，侧面两边只开小窗，不开长窗的叫"楼"，而且一般都是两、三层的房子。"阁"一般四边窗子是一样的，而且多半是对称的，如八角、六角、圆形的。但是，"阁"也有多种解释，在陆地上是这么解释的，在水边叫"水阁"的时候又是另一种解释了。比如，网师园水边的"濯缨水阁"是一层的，在水榭的位置，也可以叫"阁"。这些东西，如果没有人当面解释，光靠自己摸索的话，是很难弄清楚的。其实，园林里面是有细分的，厅、堂、轩、榭、楼、馆，都有不同的含义。但每一种含义又不固定，可以灵活变化。

胡占芳：我还想了解一下苏州园林里的建筑，《苏州古典园林》突破以往的研究，把山石、植物、水池等列入研究范畴。那在布局和建筑方面有没有新的见解呢？

刘先觉：布局方面原则上还是按照《园冶》的套路来写的。我研究西方园林，特别是意大利的园林，他们的布局原则和中国是正相反的，但各有千秋。所以，有的时候也不能说中国的造园放之世界都是好的。中西方的园林，大家看起来都觉得很好。西方为什么不像中国？中国为什么不像西方？因为它们各有特色。

譬如说中国的园林，很讲究一点，就是基本上要比较封闭，要层层展开，就像一幅画卷似的，不要一览无余。这是中国人的特点：切忌一览无余。西方正好相反，首先要来个鸟瞰，然后再仔仔细细地去看，和中国正相反。中国园林要先从下往上慢慢走，比如去看雪香云蔚亭，是不走平路的，要慢慢爬到山上去看。我们都是由下往上去看，他们都是由上往下去看。他们是规则式的，我们是自然式的。但是跟英国的自然式又不一样，英国的自然式是大山大水，我们是咫尺山林，把那些东西做得像个盆景似的。所以，各个国家的文化不同，做出来的效果也不一样。

还有，中国的植物配置很讲究象征性。外国不讲究，外国的植物就是看形象，植物是什么形状的，配在这里是什么效果。中国强调植物的象征意义，譬如说，厅堂前面的院子一定要种玉兰和牡丹。牡丹代表富贵，玉兰象征玉堂，叫玉堂富贵。所以，大多数庭院里种的都是这些，都是有象征性的，不种这个就不行。有的会种点桂花，象征着富贵，但更多时候种牡丹，因为在中国历史上牡丹是"花王"，芍药是"花相"。芍药、牡丹很相像，不容易分清楚。但如果学过它们的英文名字的话，就根本不会忘记了。牡丹的英文名字叫 peony，芍药是 herbaceous peony。什么意思呢，因为我过去带过很多留学生，带他们到苏州园林去，跟他们讲布局，跟他们讲植物，用英文讲这些植物的名字。herbaceous peony 是植物形的牡丹，牡丹是木本，wooden peony。

高钢：是您自己自愿研究植物的，还是刘老安排的？刘老在这方面指导过您吗？

刘先觉：他希望是这样，因为植物原本是让沈国尧做的，做了一半没时间做，就搁下来了。后来叶菊华去做，也没时间，最后我接手做。所以，植物这一部分有好几个人做过。但是，他们都没有深入下去。我后来因为跟汪星伯先生和方正先生学，才把这些东西都弄清楚，并记录下来。植物这方面，刘老先生没有指导我，他说这方面还是让我们请教汪、方二位先生。

记植物名称就像背外文单词，不常用时间长就会忘。我当时因为一是感兴趣，二是当时一天到晚都在园林里面。每次一个月或半个月，对它们都很熟悉，不是抽象的，而是很具象的。另外，还有将近十年时间都带外国留学生参观苏州园林，不仅讲中文还讲英文，更增加了印象。有的外国留学生说，好多植物连他们都不知道英文名字叫什么。

胡占芳：您刚才讲了苏州园林理论研究的内容，我想问问测绘制图方面的情况，这两方面又是如何统筹的？

刘先觉：那就是一天到晚泡在那儿，不像现在测绘，去一下，画个草图就跑掉。我们在里面一待就是一个月、两个月，住在那儿。不上课的时候，假期也待在那儿。甚至有的时候下雪天也要去，因为刘老先生要求苏州园林是四季有景。下雪天，刘老先生打个电话来跟我说："刘先觉，你明天有空到苏州去一趟，拍一点儿雪景。"那就得去，那时候不像现在，没什么讨价还价的。那时候就是"觉指向哪里，我就打到哪里"，绝对服从，没什么话说。所以，那时候的事情也比较好做，对老师们也比较听从，要怎么做我们就怎么做。而且觉得这样做自己也能长见识、长学问。

苏州园林大概分两块，一个是理论研究，一个是制图。制图方面要求也很严，平面有两三米长，立面也要有两三米长，有的时候一棵树画坏了，或者刀片刮的次数多了，刘老先生说不行，就要重画一张。他讲重画一张容易得很，但人家可能已经画了三天了。所以有的时候刘老先生一走，画图的人就把笔一丢，说："哎哟，我真不想干喽。"但是讲归讲，过十分钟以后还是拿起笔来再画。或者有的图是由三四张纸拼起来的，就把中间画坏那张拿下来重画，不像现在可以在电脑上重新打一张，那时候都要一点一点描起来，很辛苦的。

高钢：怎么一个程序，定期要与他讨论吗？如何检验最后的成果？

刘先觉：这个大概是要经过一个阶段吧，可能是三四个月，有一次小的总结会。你把你写的稿子之类的东西让他看一看，看这个路子对不对。然后，他认为基本上这个路子行，就再深入，再细致去做。如果认为这个路子不对，或者哪些部分要补充。因为他细到什么，细到一个漏窗，漏窗有多少种，有多少花样，最后它怎么做成的，他都要讲到。

高钢：三四个月开一次会，平时的小会多不多啊？

刘先觉：平时小会不太多，就是互相之间交流交流。跟他也不怎么讲，如果有些什么问题才跟他请教请教。

高钢：你们出去考察的时候，他还经常去吗？

刘先觉：噢，有好几次他也待在那儿。比如说，我们初稿完成以后。苏州古典园林应该总共有四稿，第一稿叫《苏州的园林》。然后，1956年年底或1957年年初，完成了初稿，初稿是油印本。油印本是用来征求意见的，还没有这么详细。

高钢：向谁征求意见？

刘先觉：国内，也不是所有的学校，比如说你认为向哪些人征求意见。比如说，苏州那些名人雅士，请他们提提意见。北京也要送一些，北京就是建筑科学研究院，清华，还有同济，这几个地方。其他也没有送。

胡占芳：第二稿叫什么名字呢？

刘先觉：那已经改名叫《苏州古典园林》了。但是1956年年底、1957年年初出了一稿，出了一个本子。最后大概到1966年就完成了一个大本子，是一份打印稿。然后提了很多意见。第二稿出来以后，也就是1959、1960年，叶菊华他们都已经毕业了嘛，我们一起都到苏州去。所有人都去，在苏州租了一个旅馆，很多人在那儿。然后在那儿待了有整整两个礼拜的时间。大家就是根据这个稿子，大约在1960年左右吧，可能是春天吧，拿着这个稿子，再拿着人家提的意见，很多人的意见，然后再对着园林，各个人分的工，再去看看有什么好修改的。然后刘老先生再提一些意见，再记下来。记下来以后就重写一遍，这就是第三稿。第三稿应该在文化大革命前完成的，大概是 1966 年左右。这个稿子系里还有，能够看到。

高钢：第一稿完成以后，准备写第二稿的时候，刘老有没有带领大家到苏州看看？

刘先觉：带着我们去的，先入门啊，然后再去弄啊。第一稿《苏州的园林》是刘老先生自己一个人弄的，准备写第二稿的时候就加入了很多人，然后刘老先生带着大家先走了一圈。第二稿提了意见以后，再带着大家走了一圈，然后就完成第三稿。第三稿完成了以后，又发出去让大家提意见，没有来得及全部改完，就到了文化大革命，就搁置了。

高钢：您还记得提的意见主要集中在哪些方面？

刘先觉：那个当时提的意见，现在看来都是不可取的。第三稿提的意见是不太可取的，都是阶级性、阶级斗争这些东西。就是说你站在什么立场上，所以后来真正在成书的时候，那一段还是没有改。

高钢：刘老对提出的意见有什么回应吗？

刘先觉：他只是讲你们好好考虑啊，人家提这么多意见。那个时候文化大革命刚开始，谁敢讲什么？谁也不敢讲，也不敢讲好，也不敢讲不好。其实他心里是不同意的，但是他不敢讲，我们大家也没有敢讲。那就是说搁下来了，反正文化大革命什么都不搞了。好在没有把它给烧掉。这一点是最大的幸运。没有把苏州园林的稿子烧了，也没有把所有的照片给毁了，把它封存起来了。然后就到文化大革命的后期，到了 1977 年、1978 年的时候。那时候就不能不提杨永生这个人，还是很有魄力的。他当时是建工出版社的副总编辑，主管建筑这一摊。他这个人很有魄力。他就讲这个已经研究了这么长的时间，他也知道这么多杰出的成果，怎么就不能出呢？怎么就阶级斗争一句话把它给抹杀了呢？不行，这一定要出。所以后来苏州就开了会嘛，就让把所有人找来，来看看这本书要不要出。后来在那次会上，大家才提出来这本书还是要出。不要太左，我们不要去为那些富人歌功颂德，但是我们要实事求是。这个话我觉得是很重要的，它是怎么样就怎么样。我们不去评它，但是我们要把实际情况讲出来。一切评论都是由后人来定的。

高钢：最后出版是在第几稿的基础上完成的？

刘先觉：最后一稿改动还是很大的。刘老先生已经不在了。大概1978年才完成的。那时还是费了很大劲的。各方面大大小小都有改动。分工大概就是这样分工的，最后稿子是三堂会审，他们有总编，有具体一个很严格的编辑，一个老编辑。我们具体写的人，比如说我们有两三个人，就是一句句读下来，他一句句抠，你这句话什么意思，为什么要这么写。这样子来定的，真是逐字逐句地来定论的，不是像现在随便写的。他们到南京来，面对面地审稿。很认真，很认真，就像抠字典一样，所以说，那真是一部经典。一字一句都不能随便动的，包括标点符号。大家提的意见当中，如果是具体的事实，具体的问题，遗漏或不完善，这个是需要补的。这个大家认为是需要的。至于阶级斗争这些观点的问题不太考虑。

胡占芳：当时在审稿的时候，出版社来了三个人，学校出了几个人？三稿改四稿的时候变动比较大，这些工作主要是三位老师来做吗？还是还有其他人协助？

刘先觉：出版社来了两个人，学校主要是潘老师、郭老师和我。我们也就两三个人，他们也是两三个人。这不是说要重新再加工一次嘛。那个时候刘老先生不在了，潘先生主持，也把我们一班人马全都拉到苏州去。潘老师自己去，我去，乐卫忠、刘叙杰去的，叶菊华也去的。詹永伟没去，他没有写，他参加画图。我们都在那里，在那里写、改。因为在苏州改，写得对不对，可以马上去看啊。

高钢：叶菊华老师在她的记述中说，她从1973年10月份到1974年的10月份到南工来参加修改工作，是这个时间吗？

刘先觉：1973年到1974年啊？成稿没有那么早。我忘了，他们当时都分出去了，都不在研究室了。詹永伟没有参加写作。叶菊华是参加的。1973年到1974年，我想应该没有那么早吧，那时候文化大革命还很乱呢。我看看，哦，1975年12月召开苏州古典园林审稿会，上面写的。在审稿会之前就应该写出来了。1975年10月份第四稿就应该写出来了。大概是1975年完成的。1979年已经印出来了。1974年她走了，不代表这件事情就完成了，我们还在那儿做。她来了一阵子就走了。

当时大家还是很怕的，编这些东西是不是有问题，"封资修"，但是出什么问题大家来承担。1978、1979 年的时候"极左思潮"就慢慢好一点了,一般不太会再扣帽子了。

高钢:您从清华毕业回来以后,对研究室的情况有什么了解吗?

刘先觉:每天都从那边走过,但我也不去管它。我从清华毕业,一回来就参加苏州古典园林的工作,苏州古典园林的工作也是从那时起正式开始的。我那时是刘老师要回来的,刘老先生跟梁思成是老同事,打个电话、写封信就要回来了。

(二)关于外国建筑史教学

胡占芳:您在清华主要做哪方面的研究呢?

刘先觉:两方面,一个是中国近代,另外对西方也有研究。后来辅导外国建筑史的教学,中国古代建筑史也参与。开头的时候,大概一年半主要研究中国古典的东西,例如《洛阳伽蓝记》、《水经注》等。当时,研究中建史必须要看的书都要去看看。当时到清华读书,具体方向没有定,就是建筑史。按梁思成先生的说法,中建史、外建史都要搞,不然就会很片面。最后写论文的时候有分工。我觉得梁先生是属于开拓性的,他让你们做研究生的题目并不是说,我在这方面擅长就叫你做这方面的研究,我觉得要你去开拓,他认为中国古典的东西研究很多了,西方古典的东西也研究很多了,近现代研究的人很少。我们那时候正好是两个人嘛,你就研究中国近代,你就研究西方近代,叫梁有松的。后来他到上海园林设计院做总工,乐卫忠是院长,一个等于是刘敦桢的学生,一个是梁思成的学生。所以后来他们在上海搞了一个大观园嘛,搞得还是,一般讲不太出格吧。因为他们毕竟还是有这个基础的。在他们两个人的掌管之下,不会太出格。

胡占芳:您回来以后接替刘老的外国建筑史教学,是沿用刘老的讲义,还是自己写讲义?

刘先觉:我回来以后,上课的内容基本上没有用他过去的教材,而是传承了清华的一套。这边原则上都是按照《弗莱彻建筑史》,按照风格史来讲,讲到近代就讲到四个大师为止了。稍微讲几句就完了。清华讲的要稍微多一点，因为梁思成先生后来又到美国去了嘛，他把一些最新的美国现代的图案，现代的建筑理论的要点带回来，比如说当时美国的现代艺术博物馆，他对现代艺术这个概念，都是一些抽象的概念，比如说对空间的概念，space 的概念，对思维的概念，thought 的概念，对质感的概念，texture 的概念，还有对色彩的概念，color 的概念，都有一些新的解释对后来的影响很大的。这个当时南工是不讲的，而且他们讲了以后呢，不仅在历史里讲，还在设计里讲，因此学生可以向天、向地、向树等等要灵感。已经基本上和国外有一点同步了。比如说，给学生发一个题目时，他不是在绘图室里想方案，他不，他跟你跑到房子外头，看看天啊，看看云彩啊，看看树木啊，你问他 What are you looking for?（找什么东西啊？）I'm looking for the thought（寻找灵感）。当时有很多画是梁思成带回来的，带回来的画大概有两个 0 号图纸的大小，他等于说是用画图解释的嘛，本来他应该是 12 张的，我原来都应该拍过，后来找不到了，因为几次搬家，找不到了。现在记得几个东西，影响比较深刻，比如说，thought 一个大字，下面有个解释 Thought is everywhere。中文怎么翻呢，梁思成先生说，灵感处处皆有，就看你怎么去寻找，你也可以上云彩里去找，不断变化，抽象的嘛；可以从树去找到一个什么灵感，地下图案又能找到一些灵感。还有比如说 space, Space is nothing。他中文解释就是空间就是虚无。就是说，你要找寻找空间呢，必须要有实体来配合，没有实体就没有空间，是这样一个概念。像这类东西就灌输到现代建筑的教育里头去，就不像过去古典主义教育，就是一定要把图画得多细，讲到空间的教育、思维的教育，这就是把现代的东西加进来了。所以我来了以后，一方面基本素材还是用《弗莱彻建筑史》，但是古代的增加了。后来苏联出了两本古代的建筑史，这是很大的书。苏联的更大，蓝的是俄文的建筑通史，这边是城市建设史，他们在讲建筑的时候，加入了城市，加入了建筑群，加入了规划，加入了建筑跟周围环境的关系。这方面，过去欧美人是不讲的。苏联把这些东西加进去，我们也学了他这个，当时不是要学习苏联嘛。具体的东西我们还是用的，把苏联那一部分东西加进来，另外要加进来现在的部分。现代部分过去讲的要少，后来我们就找来这本，*Space, Time and Architecture*，白皮的，也很厚，七八百页的内容，里面现代建筑的内容都有了，这本书也是过去哈佛大学建筑系的教材。我们在国内用也是理所当然的，哈佛能作为教材，我们不能作为教材吗？当然我们不可能用那么多，选中间的一部分。所以，我来了以后没有把刘老先生的讲义拿来照搬，他也没有留给我，我只听过他的课，他并没有把他的手稿交给我，但是我知道他是怎么一个教法的，而且我们还加了一些新的东西。

（三）关于刘敦桢教授

高钢：刚才讲到梁老，您对刘老在治学、研究方面有什么印象吗？

刘先觉：我把四位建筑大师做了比较，而且写成文了。以后你们可以去看。如果你问到，我可以讲一下。刘敦桢和梁思成这两个人的性格不一样，但是都是治学很严谨的，没有好坏之分，而只是各有千秋。刘敦桢先生最主要的印象是严谨，梁先生最主要的特点是开拓，他是不断开拓新的东西，这给我的印象很深。刘老先生不轻易下结论，有一次，他带我们很多学生到一个地方，具体记不清楚了，看到一个古建筑，他说你们不要走近，就在房子周围一看，你们判断这个房子是什么时候的。大家就讲，这个大概是宋朝的吧，还有人讲大概是明初的，明代初年的，有的人讲是清初的，什么话都有。然后他就在那边笑，我们就问刘老，你说是什么时候的。这是最近的，就是说这是仿的。仿古建筑，你不能完全从它的形制来判断，你按照宋法式，按照明朝清代的法式就来判断，因为它是仿的，仿的可以和原来一样，这不能看。他说你要判断一座建筑到底是什么时候的，第一要看周围的碑记，因为碑记记载，还有是有没有纸质的记录，这就说明当时有什么样的房子，是要有一个碑记或记录，这要查。第二要看梁上有什么题记，古代上梁的时候会有时间的记录，这个你要去看。然后再要去看上头真正的建筑有没有换过，是不是原来的，也就是说写的东西也可能是造假啊，要看看符不符合。然后你再来断定建筑是什么时候的，这样就比较可靠。所以我说，刘老先生定一项东西非常的严谨。梁先生是不断开拓的，他还劝你不断研究新的东西。

高钢：刘老是不是也会开拓一些领域呢？比如说他对印度建筑史的研究，还有戚德耀先生还说刘老 1959 年的时候还打算去西藏考察的。

刘先觉：是的，他曾经想过继续研究敦煌、研究西藏、研究印度。为了去印度，曾经让吕国刚专门到南大去学外文，学英语，而且他自己还准备了印度建筑的讲稿，准备去。后来因为文化大革命就搁置了。他研究东西的开拓是在他同类的基础上横向地发展。梁思成是竖向的，没有的东西他要搞。两个人的方法不是完全一样。刘老先生敦煌也没有去成，我跟郭老师都去过敦煌，他没有去过。当时他最想去的还是敦煌，但是没有去成，很遗憾。后来文化大革命都做不成事情了。他当时讲，研究过苏州园林以后就要去研究敦煌，后来"文化大革命"了，这些事情就都搁下来了。

五、刘叙杰先生访谈录

时间：2013 年 4 月 3 日 9：30—12：00

4 月 10 日 15：30—18：00

4 月 18 日 15：30—18：30

地点：刘叙杰宅

采访对象：刘叙杰

采访、记录、摄影：季秋，张宇

[刘叙杰]

刘叙杰，我国著名建筑史学家、建筑教育家刘敦桢之子，东南大学教授，著名古建园林专家、建筑学家，中国建筑学会中国史学会副会长、中国文物学会传统建筑及园林委员会副会长、中国圆明园学会学术委员。著作包括《中国古代建筑史》、《东南大学建筑系理论与创作丛书》等。

[访谈简介]

本访谈主要谈论了刘敦桢教授的几个重要的生活状况，真实反映了一位近代建筑师在时代变迁的过程中个人的变化。第一个是"日本的影响"，在学术问题以外更侧重对个人的影响。第二个是"故土与家族状况"，包括首次披露的情况。第三个是"健康状况"，刘敦桢教授除青少年时期在日本通过健身强体增强了较弱的体质之外，一生中常出现身体状态不是太好的情况，也一定程度影响了他的工作状态。第四个是"收入与住房状况"，是从前较少提及的线索。经济状况能一定程度上反映生活水准。如果收入过低，会严重影响健康和工作状态，同时也是职业或者社会地位的体现。除此之外，本访谈也谈论了 1950 年代开始的苏州古典园林测绘的一些细节情况。

（一）日本的影响

1.1 语言与藏书

季秋：先讲日本的影响。刘老在日本从高中到大学，待了八年半到九年的时间。应该算是比较重要的成长期，是性格和习惯成型的关键时期，很多习惯甚至于影响终身。请问日本对他有些什么影响？您说他日语非常好，1966年时他还有陪同日本的访问团的照片。同时也涉及语言问题，他用中文的白话和文言写作，也大量阅读日语文献，并进行翻译。我们现在很少会写文言，如果既看又写，文言的水准会高一些。请问他有没有选用的原则，比如什么时候他会用文言文，什么时候会用白话文？

刘叙杰：你看他的一些文章，特别是发表在《月刊》上的一些早期文章，其中稍微有些文言，也不能特别文言，虽然他是会写的。但是作为报告，是给别人看的，写的如果太（文言），人家可能不是那么容易接受。但在中国早期的1930年代，一般知识分子写文章，因为受传统教育的影响，总要带一点（文言）。如果拿鲁迅来说，也是这样的。但是基本上还是白话为主。

季秋：说到鲁迅，他写白话的小说，而写《中国小说史略》的时候，却是用文言的。是否他觉得研究性的文章，他就会（用文言文写），或者心理会这样认为。

刘叙杰：我觉得是（考虑到阅读的受众），写小说是给大家看的，下里巴人，比如《阿Q正传》，是给大家看的，所以当然就要用白话。《中国小说史略》看的人的层次可能不同。另外如果他引用一些古代的东西，用白话可能不太说得清楚，比如诗词小说啊，说不定用半文半白的方式表达得会更好一些。所以你看，我父亲在最开头他发表的那些文章里面，也没有多少文言，基本上都是白话文。你看翻译的日本的那两篇，都是白话的呀。另外他最早的一篇，关于佛教对中国建筑的影响的也是白话的。他写的稍微有点文（言）的就是《大壮室笔记》，这里面他引用的都是一些古籍中间的内容，所以相对来说，也可能文（言）比较多一点。但我个人来看，好像他基本都没什么文言的。营造学社成立（的报告中），也有一些半文半白，当时就是这样的情况。你要说全用文言写，的确比较难。比如说童老让我帮他写江南园林的跋，他要求写 500 字，而且全用文言，那我当然就很头疼，但是老师的命令，还是得写，后来我大概写了两篇文章都是用文言的。一篇是这个，还有一篇是关于瞻园，他们当时要写一个碑记，也是用文言，也是 500 字。

季秋：现在就放在瞻园里面么？

刘叙杰：没有。本来是放在瞻园里头的，后来不知道怎么，他们也没刻，没刻就算了。好像在学校出版的《纪念建筑系 70 周年》上关于瞻园的部分，附在后面了。我就是顺便一说，这种机会很少，就我看我父亲好像没有写过专门是文言的。如果你要给别人看，别人要懂，必须要通俗一些。

季秋：他有没有用日文写的文章？

刘叙杰：据我所知没有。他用不着用日文写，当时他也没有接到任务。他写文章主要是研究中国建筑，可以把它翻译成日文，但当时没有这方面的需求。

季秋：他在编《中国古代建筑史》的时候，参考书目里共有书目 658 种，其中日文 105 种，英文 24 种。这些参考文献就是他一个人读的吗？其他有没有谁也比较精通日文的，在这个组里面。

刘叙杰：大概没有。而且他引用日文的参考书也不是这个时候才开始的。研究中国古代建筑，最早是外国人开始的，包括英、法、德、日各国学者。他们的文章，我父亲肯定是看了，而且很受他们的影响。现在我们系里，还有好多珍藏的正版书籍，包括法国的绝版资料。日本学者也照了很多照片。这些已有研究对中国研究者来说，是很好的参考。

季秋：他当时是怎么买到这些书的呢？

刘叙杰：我们系的书都是通过国外或者通过国内书店买的。他自己也有很多，但是抗日战争都丢在北京，毁于战火。我们离开北京的时候，只带了几件行李。其他东西都丢在北京了，以为很短的时间就会回去了。当时在北京的藏书数量我不太清楚。

1.2　饮食习惯

季秋：他在日本待了这么多年，是不是有些饮食习惯是偏日本化的？

刘叙杰：没有，他反而对日本的饮食特不感兴趣。他特别不爱吃鱼，在那儿吃得太多，所以后来我们家很少吃鱼，除了过年请客才有鱼，其他根本很少吃鱼，他吃腻了。

季秋：那吃什么，吃湖南菜、湘菜？

刘叙杰：不是的。我们家很不讲究。我父亲离开家乡时间长，比较随遇而安。我母亲喜欢吃点儿辣的，但是要将就他的话，就不能吃辣的。我母亲后来很会做菜，但不是传统的湘菜。

季秋：在南京待的时间很长，烧的是南京菜吗？

刘叙杰：那也不是。我母亲原本是大家庭出来的，并不会做饭。在北京的时候，家里有三个小孩，连我父亲母亲一共五个人，还有大师傅，一个车夫。三个小孩每人有一个阿姨管着我们，有没有别的阿姨就不知道了。反正我母亲什么家务这种活儿都不会去干的。她真正会做饭、做衣服、打毛衣都是在抗日战争中逼出来的。

季秋：大师傅烧什么你们就吃什么吗？

刘叙杰：那当然，没有选择。现在的年轻人这方面比较讲究吧，我们是一点儿讲究也没有。那个时候小孩不像现在那么开放，不会和父亲母亲顶嘴。

季秋：抗战的时候，你们就是到哪里就在哪里接受点教育么？

刘叙杰：对，1937 年抗战，1938 年春天我们到云南，我记得还是春天的时候，我妈妈饭还不会煮，开水也不知道怎么烧，也不会做菜。隔壁邻居很好心，手把手教她。

1.3　工作习惯

季秋：那其他方面有没有受到日本的影响？

刘叙杰：我觉得最重要的就是日本人勤奋的工作精神，还有日本对古建筑的保护工作对他的影响很大。他当时求学的东京工业大学，具备日本的学习英、德的传统，对于建筑技术结构和设计一样重视。所以后来他到中央大学教书，结构和测量都可以教，施工也没有问题。他在系里当了救火队，谁要不来教课，他就去顶。我父亲在营造学社时期的调查，也曾根据他们的路子，做了一些参考。

季秋：他后来有没有去日本交流过？

刘叙杰：没有。在北京时期他很忙，后来 1937 年后打仗了，及至 1946 年回南京，就开始搞校舍的建设。文昌桥的学生宿舍、教工宿舍，包括丁家桥的建筑，都是他设计建造的。后来解放了，就更不可能去日本交流了。

刘叙杰：父亲在日本期间经历两件意外，从事变得更加谨慎。一事是大学时代与同学们骑自行车远游，骑了一辆向后刹车的自行车，下坡遇到车刹车失灵，几乎冲下悬崖，幸而反应快双手合抱住了路边的树，同时两腿夹紧，也保住了自行车；另一事是打算在海边游泳，看到前面的日本人跳水后不再浮起，原来被水中石头撞伤脑袋，急忙救人，也深感庆幸。

（二）故土与家族状况

2.1 名字、身高与口音

季秋：请问刘老名字的由来？

刘叙杰：按照辈分，我父亲是敦字辈，我是叙字辈。第三个字他这辈全是木字边，我的杰字中的四点水是火的意思。我堂哥叫叙炎，还有一个叫叙灿，也是火字旁。

季秋：您的子女还会按照这个来么？还有家谱留存吗？

刘叙杰：不，我的子女就不按这个来了。我儿子叫刘琦。按辈分来说，他中间应该加一个念字。我回去（家乡）以后他们告诉我，他们在修家谱了，向我们要了资料，我们也列在家谱里了，应该说有了。具体情况我不知道。

季秋：刘老的字"士能"是什么由来？

刘叙杰：是他自己取的。为什么取这个我不知道。

季秋：他在日本的时候叫什么名字呢？

刘叙杰：那时候叫刘敦桢吧。还是原来的名字。当时中国人就是中国的名字。

季秋：全部写汉字是吧，然后读音也是按照中文来的么？

刘叙杰：那我就不知道了，那应该也是按照中文来。因为人家一看"刘"字就知道根本不是日本人。下面的"敦桢"两个字，日本根本没有，"敦"字说不定能找到，但是"桢"字就根本没有。而且这三个字的名字日本人也不太多。

季秋：有没有别名之类的？

刘叙杰：有一个，"大壮室主人"。来历他和我说过，我忘了，是古书里头的，不是住的地方。

季秋：您父亲有多高？

刘叙杰：和我差不多吧，一米七五七六的样子，老了总要缩一点儿。

季秋：因为我们从来没有见过他，没有什么直观的印象，所以问问这个。他平时说话有口音什么的么？

刘叙杰：好像有点儿湖南口音吧，一般也听不出来。普通话比我们的普通话又差一点。以后要是找到他的录音的话，就知道了。如果要是找照片的话，在1960年中国文化代表团去印度，他照了很多照片，后来尼克鲁还接见了他，很隆重了。当时《人民画报》准备出一个特刊，宣扬中印友好的专刊，所以他们把所有的照片都交给了新华社。当时也有个规定，在国外的照片必须要送上面去审查。后来中印边境打仗，所以这个特刊就没了，照片也没有发回来。不管是私人还是工作照片，包括他自己照的古建筑照片都没了。如果到北京新华社找，可能有一部分资料可以用的，包括知道他在国外的一些活动。

2.2　婚姻

季秋：请谈一下您母亲的情况。

刘叙杰：我母亲陈敬生于 1902 年，比父亲小 5 岁，籍贯湖南长沙，中学就读于教会学校，与杨开慧是校友。母亲是一位大家闺秀，会填词作画，擅长英语，新中国成立后自学俄语到可以教书的程度。1937 年年底，母亲曾在湖南新宁老家教了半年书，做英文老师，管束堂哥们，至今他们都记忆犹新。母亲的祖父，也就是我的曾外祖陈文伟是长沙商会会长，湖南著名的实业家，也有人说他是当时湖南省的首富。他曾创办长沙电灯股份有限公司，也曾投资铁路、煤矿。曾外祖父是一位富有的洋派人士，也非常开通，当时家用全进口的德国西门子电器和暖水汀，住宅在中餐厅之外有西餐厅。由于母亲两岁时她的母亲去世，曾外祖非常怜爱母亲幼年丧母，所以把她养在身边。这位长辈对母亲的影响是很大的。由于母亲就读教会学校，她信仰基督教，但不严格进行宗教礼拜。她非常热心，曾有一次把在街上迷路的外国人领回家。她在原板桥新村的宿舍里，也帮助照看中大家属的小孩和五保户。

季秋：他们两位当时是怎么认识的?

刘叙杰：在父亲于湖南大学教书期间，他们通过相亲相识，后来在长沙结婚。当时很有多达官贵人、富家子弟想追求母亲，但她唯独看中了父亲这个教书匠，觉得他很上进。后来父亲决定去北京参加营造学社的研究工作时，亲戚朋友纷纷反对，只有母亲支持他，认为南京的生活过于安逸，去北京可以让父亲有所追求。

季秋：您父母亲认识的时候，他为什么会到湖南大学去呢?

刘叙杰：他在湖南大学教土木系的工民建，不是真正的建筑学。那时军阀混战，南京的时局很紧张。湖南大学邀请他去教了一年书。南京安定了之后，湖南大学的合同到期，他当然也就回来了。

季秋：为什么他和您母亲订婚了 5 年之后才结婚呢? 当时两个人年龄都很大了。

刘叙杰：这个我就没有去研究了，他们也没有告诉我。我估计可能是两地分开，不像现在方便。当时是比较保守的，女孩一般没有人陪同不能出门。我母亲 23 岁订婚，过了 5 年到 28 岁才结婚。可能他们对于这个事情不像一般人这么着急吧，想先把有些事情弄一弄。我母亲那个时候也在念书，我父亲在南京工作，可能还是想多干点儿活。

2.3 家族、老宅与祖坟

季秋：您父亲有没有兄弟姐妹？

刘叙杰：他有两位兄长，大哥比他大 10 岁，二哥比他大 2 岁。大哥是同盟会成员，长兄如父，在辛亥革命之前就带 2 个弟弟离开新宁家乡，去长沙学习。父亲在长沙就读楚怡学校的小学。这是当时较为先进的一贯制工业学校，也有中学部。父亲是一位爱国者，小时候的私塾教育深受儒家中庸之道的影响，亦是一位规矩的人，性格内向，读书用功，成绩优异，故而后来考上官费留学日本。他的二哥性格外向，后来参军，去了保定军官学校。父亲曾多次谈到这位早逝的长兄，说他带他们去长沙求学，对他们影响很大。

季秋：您曾谈到新宁的刘家老宅以及您母亲和父亲第一次在陈家见面，众多亲戚里相看姑爷，都是在老宅的氛围里面发生的。当时人们和传统民居之间的联系比现在要深远得多。我们都在新式住宅中长大，很少有人在传统民居中生活过，对传统住宅也缺乏了解，住宅要住在里面才能明白它各方面的情况。

刘叙杰：我们现在的生活氛围和从前可不一样，社会、生活条件和环境都不一样，现在接触的都是一些新的东西，以前都是比较传统的。

季秋：我还看到你们抗战时期回新宁老家的时候祭扫了祖墓。这个墓就在当地是吧。现在还会去么？

刘叙杰：现在没有人去扫墓了，很多墓都没有了，比如说我们家乡当了大官的刘坤一等人的墓的坟都平掉了，只剩下两个石头的供桌。

季秋：你们现在清明的时候还会去南京刘老的墓么？

刘叙杰：那当然每年都去，前段时间刚去。

（三）健康状况

3.1 运动习惯

季秋：您父亲是否有长期的运动习惯？

刘叙杰：父亲少年时到日本后，在正则学校补习日语。他高中就留日，住日本人家里，语言过关很快，但身体不好，一次过年聚餐时曾吃面过量吃到到胃出血。他自己说当时像豆芽菜，很瘦弱了，当然抵抗力差，后来从事各项运动，如游泳和足球，身体才好起来。他回来以后还是很爱踢足球的，虽然在 1927 年之后在中大教书之后还跑去上海踢球。40 岁后减少运动，体质下降，同时因为抽烟和肺气肿，进一步导致身体变差。

季秋：为什么去上海踢球呢，南京不能踢吗？

刘叙杰：南京没有啊。当时比较好的比赛都在那边，南京根本就没有。

季秋：他只是去上海看球队的比赛吗？

刘叙杰：他自己也踢球。他当然不是有名的队员。我母亲说他曾被人一脚踢到胸上面，皮肉去掉一大块，后来慢慢才没有去了。他到北京之后的运动就是走路出去搞调查，那个时候身体还是很好的，因为老晒太阳老走路。搞垮了的时候就是抗日战争，抗战之后经济条件非常恶劣，经济来源就没有。我们到四川的时候很惨。那时，他生病没有被子，就把所有夏天的衣服都盖在身上。

季秋：回中央大学教书之后是不是稍微好一点？

刘叙杰：稍微好一点，也好不到哪去。当时是工作量很大，收入很低。营养不好，休息也不好，所以之后每况愈下。

季秋：从回到南京到新中国成立前的身体状况如何？就是 1946 年到 1949 年的时候。

刘叙杰：还算可以吧，主要他长期抽烟有点儿肺气肿。看书、走路、吃饭都还行，睡觉也还好，也没有什么其他的高血压或者是其他的疾病。由于工作关系，活动越来越少。后来可能说长期用脑，而且吃过饭睡一会儿就上楼，一直工作到很晚，再加上没有什么体育方面的锻炼，所以说可能有点神经衰弱。

3.2　生活作息

季秋：我看到刘致平老师的女儿在回忆录里写的一段说当时的刘老的一些衣着，有一段小标题是"准确的上班铃"，说是在李庄每天早上8点钟上班的时候，会出现一个拿手杖的年长学者，穿着一件蓝色中式长衫，洗得十分干净，有点发白，胸前佩戴一枚三角形营造学社的徽章。您印象里在李庄是这样的吗？

刘叙杰：徽章我倒记不清楚了，那时候他已经用不着配徽章了，因为大家都认识他。当时我们家住的村子离学社大概有五百公尺，那是我们第三次搬家了，离学社很近。

季秋：这段回忆录里还说，当时人称他为"大刘工"，小刘工应该是刘致平吧。

刘叙杰：对。叫"二刘工"。

季秋：然后还说他总是很准点，8点钟肯定到那里。

刘叙杰：他绝对是这样的，他所有的上班包括后来的上班，一定是准时的，所以研究室底下谁也不敢迟到。因为他自己首先比较准时，所以他才能要求别人。

季秋：那是不是生活得很有规律？

刘叙杰：基本上是这样。晚上他睡觉应该还是在12点钟之前吧。我觉得他们做的事情是很不容易的，而且做了的确很多事情。

季秋：其实集中做研究也没有太多年。

刘叙杰：从1953年开始搞民居，1955—1956年园林，然后编史，到文化大革命1967年，没几年。1953到1967也不过14年。而且这事都是很要紧的，具有影响力和深度。

季秋：这段时间也比前两段时间更长，牵涉的人力也更多。营造学社的时候规模较小。

刘叙杰：他在研究民居的时候加上点外援，包括各地的毕业同学，加起来也不过20个人左右。但是毕业了的人也不是专门搞的，也就抽点儿时间帮帮忙。到后来研究室搞苏州园林的时候，除了研究室的十几、二十个人，还有系里面很多老师参加，学生帮助调查。编史的时候就更不错了，动用全国的力量，所有高校还有搞建筑史的都派一些精英参加。还有一些考古学界的学者也大力支持，所以动员的人士也很多。

季秋：刘老本来就是一个比较公正的领导，所以大家也比较服气。

刘叙杰：我想也是这样。因为他自己要以身作则。他要求不要迟到，文章要写得严谨，不能随便下结论，他自己这样做。再加上他对年轻人比较尊重，比如当时傅熹年、王世仁，他们现在回忆起来，我父亲对他们都是很看重的，主要也是他们努力工作，有一定才华。

（四）收入与住房情况

4.1　经济状况

季秋：小时候从家乡到长沙去这段时间，是他大哥供应他的生活费吗？

刘叙杰：对，家里可能也提供一点。因为大哥再怎么样也不是很有钱，也不是做生意的。当时那些学校也不都是公立学校吧。

季秋：您知不知道他在日本的时候大概每个月有多少奖学金什么的？

刘叙杰：不知道。他当时应该说是有，因为是公派的，公派的肯定有助学金的，反正吃饭这些钱应该是够的。

季秋：他刚回国的时候创办苏州工专是不是需要启动经费？

刘叙杰：这个就不知道了，和他没关系，当时最重要的是柳士英在操办，他们几个都是在苏州，知道我父亲在上海，所以一说就合作了。

季秋：在上海事务所的时候收入高吗？

刘叙杰：这个就不知道了。

季秋：我们再系统说一下他收入情况吧。您上次和我说他在1932年去北京之前，在南京教书和做建筑师的收入有500多元，去了北京之后直至抗战前从200多涨到了500多。[1]

刘叙杰：是的，开头大概只有200多元。

季秋：在北京，住五进的院子的时候，是不是收入高了很多？

刘叙杰：对，朱老也看业绩的。要是没有干出什么，也不会涨工资。

1　注：根据陈明远的《文化人的经济生活》（文汇出版社，2005 年版）调查，根据大米、猪肉、白糖、植物油、食盐、棉布等当年有记载的市场价格对照，提出了币值的对比：1926—1936 年 1 块钱约合 2004 年的 30~35 元人民币。即刘敦桢 200 多元的收入约合 2004 年时的 6000~7000 多元，500 多元的收入约合 15000~17500 多元。

虽然我父亲还是文献主任，但是物质待遇不一样。营造学社中还有别的工作人员，一般都是兼职，他们的工作做的也和梁先生和刘先生不一样。他刚去的时候职务就是文献部主任了。《建筑会刊》在他还没去之前就把他名字放上去了。当时就是看到他发表的一些论文才把他请去的。特别是《大壮室笔记》，还有日本的两篇文章，朱先生的眼光是很锐利的，他自己就是个文人，一看就知道你学识的深度。这个我们也有体会，你一看别人的文章就知道这个人到底是下工夫了没有。收入到 1937 年就是到顶了嘛。以后的话，虽然数量还是这个数量，但是货币就贬值了。

季秋：从抗战开始一直到回南京这段时间，经济状况都不太好是吧？

刘叙杰：每况愈下。在李庄的时候是最差的。到重庆了又稍微好一点。李庄的时候，一个经济来源是英庚款，还有一个靠朱老先生到外面向有钱人募捐，因为它是个私立的行政机构。朱老先生虽然自己有钱，但是要维持一个营造学社恐怕也力不从心吧。

季秋：当时朱老先生也在李庄么？

刘叙杰：不是，他在北京。他老先生一大家的人，他去后方干吗。打到北京没有巷战，打到附近我们中国军队就撤退了。

季秋：这些学者退到后方主要是为了调查吗？

刘叙杰：为了不当亡国奴。当时全国对日本人是非常痛恨的，而且北京的学者事先签过抗日宣言，签了名的话日本人当然找你算账了。你还不跑么，趁他还没顾得上的时候，赶紧跑啊。据说日本人进城之后没多久我们就溜号了，否则再晚就跑不了。日本人曾想让朱老先生搞维持，他就说我年纪老了做不了，他们拿他也没办法。要是刘先生、梁先生在的话就倒霉了，要是不合作就要吃大苦头了。

季秋：相当于朱老先生在北京筹钱养着后方的营造学社吗？

刘叙杰：后来就养不起来了，朱先生的钱已经过不来了。先是靠英庚款，后来越来越不行了。当时只好找国民政府去，梁先生因为有梁启超先生的背景，而且是留美的，与国民政府里很多人是同学，所以在李庄的时候，梁先生很大的时间是要去搞经费。经费也不是说一次都给你，也不是每年都给你，还要每年都去申请，都是麻烦透了。当时国民政府也是很困难。大量人口从外地逃到四川去，很多人都是军职人员或者教师，都不会种田，等着吃饭，所以当时政府负担非常重，能够把后方撑下来真的很不容易。主要是靠四川省，贵州根本就是一塌糊涂，自己都无法维持，所以大部分人都在四川。梁先生当时经常跑重庆去官府，希望搞点儿资助、临时性的补助，因为营造学社不是政府机关，只是私人的一个学术单位。要么就是搞一点合作，合写西南调查报告，还给点儿钱。到后来都不行了，就停顿了，也不出去调查，开头还在家里整理调查资料，到后来就揭不开锅了，我父亲只好去重庆，可以减少一些负担。

季秋：在重庆的时候能有多少收入啊，那个时候可能高校里头也很穷。

刘叙杰：就是很穷，就是勉强维持。在重庆的时候，第一学期我考上南开中学，但是后来念了一个学期念不起了，太贵了，因为是私立学校，后来就赶快转到中大的附属中学。好处第一是吃饭不要钱，当时所有公立的学校，包括中学、大学，学生的伙食都是政府提供，这就给家庭省了很多，而且暑假的时候还可以把多余的钱退出来带回家去。公教人员工资很低，所以要补贴，还有外地去的学生，河南等的流亡学生，他们没有收入，当时为了抗日，当然要收留他们。

季秋：当时您父亲在学校里教书也是管伙食管住宿的了？

刘叙杰：管住宿，但是不管吃饭。吃饭你有自己工资。学生包括中学生大学生都是这样（吃饭不要钱）。一直到解放之前我们还是这样。到抗日战争我们回到南京，我是南师附中的，我们吃饭都不要钱，也不要交学费，住校也不要钱。我们都住校。在三牌楼，还挺远的。一礼拜回去一次，我和我妹妹都这样。所以这就给公教人员解决不少（问题）。住宿问题也解决了，反正大学里头也是这样的。

季秋：教会学校的话也是这样的么？

刘叙杰：没有，教会学校是私立学校。但是没有什么教会学校，特别是到后方去，在成都华西坝有几个教会学校，其他没什么教会学校。所有的中学都是这样的，比如说宜宾中学，还是属于公家的。学生自己买铅笔、本子，没有教科书，大学也没有教科书，就抄笔记。

季秋：编史就是为了编教材么？

刘叙杰：那是后来的时候，开头的时候上课都是我父亲的讲稿，他们就抄笔记，这个习惯一直到新中国成立以后也是这样的。我当时抄笔记，都是没有教科书的。唯一的教科书就是大学一年级的物理和微积分，是英文的，一代传一代。

季秋：这和国外现在的情况还是很像的。

刘叙杰：是啊，他们就是学着国外的。现在这种情况反而没了。

季秋：你也不记得 1943 年到 1949 年刘老的收入是多少了。

刘叙杰：这个我不知道，但是你到学校去查应该能查到。到南京大学去查，这儿查不到。南京大学有中央大学的底子，查当时教授的工资是多少。

季秋：当时教授就是一档是吧，不会像现在分级？

刘叙杰：没有，只有教授和副教授两档。至于教授的工资是不是有级别我就不知道了。当时我父亲当系主任好像也没有加工资啊。现在来说就是白干。当时他们机构非常简单，没有助手、秘书，就是临时的有个助教来帮忙。院长就在我们系馆老馆的一楼的一个房间里面，他有一个秘书，好像姓杨。就一直在老图书馆这里。

季秋：现在的中大院是系馆么？

刘叙杰：不是，我们原来是在中山院，已经拆掉了。现在就是五四楼对面的大楼。南大门进来右手边。

季秋：叶菊华老师说他们画图是在中大院里面。

刘叙杰：那是后来才搬的。

季秋：他们这个研究室也搬过房间是吧。这个中山院像是和现在新图书馆同时建造的。

刘叙杰：恩，差不多，是后来的。

季秋：您曾说到您母亲的收入，解放之后她在中学教英语，月薪是79 块钱。

刘叙杰：75 块，当时开头也没那么多，后来工作还不错就涨上去了，是 1950 年代的时候的事情了。她也没干几年，一共加起来也就 5 年左右吧。我父亲最后升了一级教授的时候大概 300 多块吧，那时候很高了，原来大概有 100 来块钱的样子吧。这个可以去查一下，这个我们学校有。

季秋：您刚开始工作的时候大概有多少钱？

刘叙杰：助教工资 53 块 5，搞到后来升到 59 块。

4.2 住房情况

季秋：《中国住宅概说》里面，有两个平面写了您父亲自己调查的。一个是您老家的住宅，还有一个是北京很大的院子。

刘叙杰：我觉得不是。因为这个平面还是我画出来的。他在《中国住宅概说》里面的一些平面都必须要测绘，当时他就是想测绘（北京老宅）也是不行的，中央领导人住在里面，你别想进去（测绘），不可能的。

季秋：可不可能住的时候测过？

刘叙杰：没有，绝对没有。当时时局紧张，朱社长就给他们分配任务，就说还是全面推进，搞点调查。当时他们营造学社可以出去的人连十个都不到，一般都是六七个，分成两个队出去搞调查。当时幸亏他们出去搞调查，华北那几个省，河北河南山东山西陕西，要不（是）他们那几年他们抓紧时间搞的话就糟糕了，所以他们当时主要是搞调查。

季秋：新宁的宅子是谁帮他一起测的，就他一个人测的么？

刘叙杰：那可能是他自己。具体怎么样我还不知道，当时我还小得很，他自然不会让我帮他忙。他测的时候我也不知道，我也不知道他在忙什么。后来是看到他发表的文章，我一看，这不是我们老家么。

季秋：我还看了历年住过的一些地方，包括刚才说的在昆明、李庄、重庆，战争年代总是住得不太好。您也说（他）一生都没有购买或者建造过住宅。战后在南京没有建造住宅，一直住在石婆婆庵的学校宿舍里是什么原因呢？

刘叙杰：没钱。另外他也从来没想过、追求过这个。从前比较有钱的时候，他好像也没有想过。他做建筑师的时候收入不错，在南京的那些朋友，比如像卢凤章都有房子。自己是建筑师，如果要造个小房子，是很容易的。后来时间也很快就过了，从 1927 年到 1934、1935 年，到北京去了，当时也是事业刚开始。后来条件好了，他也没有造房子，那时候空房子多的是，所以选了个很大的住宅，租就是了。当时北平的生活水平比南方还要低。就是说 100 块在这儿算 100，它那儿可能算 120。

季秋：好像当时说北平的房子也很便宜，所以就租啊。

刘叙杰：当时梁先生也是租的房子。梁先生的房子我没去过，杨先生的房子我去过，印象很深。我们离开北平的时候，我们是三家合起来一起跑的，就是杨先生、梁先生和我们家。

季秋：杨老在北平的房子和他在南京的房子不一样？

刘叙杰：那时候他是租了一个民宅，大概有三进的样子吧，也不是很大的。

季秋：就是南京的故居算是唯一一栋他自己盖的住宅。

刘叙杰：对，童先生也在南京有私宅。之前因为抗战他也没有可能去盖住宅。抗战的时候杨先生在重庆倒是有一座私宅在歌乐山，他自己造的比较简易，就是木头搭搭。当时我在南开念一学期，有次长途赛跑跑到歌乐山，回来的时候看到杨先生，就和他打了招呼。另外梁先生在昆明也自己造了一栋房子。

季秋：他们还是比较喜欢造房子。

刘叙杰：一般也能租房子，他住在乡下就拿竹子搭搭。当时昆明也挺暖和的，我们在那边基本上没有碰过雪。是拿竹子还是砖头砌的我就（不记得了）。当时基本上都是这样的，比如说当时住在附近的卞之琳，还有到台湾去的搞考古的李济。

季秋：就是您说的"中央博物院"和"中央研究院"的那些人？

刘叙杰：对，他们都是留美的。我记得赵元任租了个房子，卞之琳和李济都是自己盖的房子。找人盖比较简易，拿砖头搭搭。不是很讲究的住宅。

季秋：很多建筑师有自己的住宅，也会借此表现一些设计理念，所以您家这种情况不是特别常见。

刘叙杰：像杨老和童先生呢，我想是表现了一些自己的建筑理念。因为是比较正规的自己设计的住宅，而且还建成了。不像之前讲的梁先生营造的房子，是比较简易的。

季秋：我觉得可能和那段时间家里面，您母亲1946年到1949年身体不太好有关。杨老家的房子是1946年10月份开始造的。

刘叙杰：肯定是1946年造的，因为1945年我妈在重庆呢。

季秋：那就是1946年10月份一直造到1947年春节就搬进去了。那段时间如果你们家里面很忙，又要照顾病人和照顾小孩，没有这个时间精力，可能觉得住在宿舍里也挺好的。

刘叙杰：不是告诉你没钱么，因为我们那时候完全靠教书的收入，我父亲没有设计的收入。不像杨先生和童先生，他们是两个大的建筑事务所的顶梁柱，而且是长期的。所以他们收入肯定是不错的，别说造一栋，多造几栋也没问题。我父亲经济条件是不行的，另外也没在这方面动脑筋，如果他动脑筋要想办法增加自己的收入。他不是很想，所以当时学校有宿舍我们也就（住了）。

季秋：战后的住房情况是什么样的？

刘叙杰：在碑亭巷旁边有个叫石婆婆庵那边的三层楼，父亲把阁楼当成书房。

季秋：那个房子也是租的么？

刘叙杰：那是学校的宿舍。给我们一个单元，但是那地方是个并列的，旁边一家就是房主人。我也不知道算是租的还是怎么，反正就把那一半给我们住了。楼下是客厅，二楼就是母亲和我住的，三楼上还有一个厕所，就是他住的。现在这个房子还在。

季秋：是像独栋或者联排这样的房子么，三层的是吧？

刘叙杰：也不是联排，两个单元合在一起的，是原有的旧房子，不是我们自己造的。利用原来的民居吧。

季秋：刘老就一直住到去世是吧？

刘叙杰：是的。

季秋：然后你们就搬出来了么？

刘叙杰：我们就搬到这儿来了，我们是 1979 年搬过来。

季秋：说到他这些战后的作品，我在南京市档案馆里看到了刘老的建筑师开业申请。

刘叙杰：那就更好了。因为我知道他起码有参加过两个建筑事务所吧。一个就是上海的华海，一个就是这儿的宁海。就是他和卢教授，他最好的好朋友，他们俩合作的。

季秋：就是只开过这两段是吧，后来就没有？包括在战后都是以学校工程处出面的？

刘叙杰：对对，是的。但是也就解放前 1948 年做过一个南京图书馆吧。现在看起来很小，在当时来说就算是一个像样的东西了。当时华盖和基泰修的 AB 大楼，那个就算是南京很大的工程了。抗战那时候一个是很穷，另一个是没有需要这么大的规模。就包括像上海的国际大厦，也就那么大。你说当时就没钱么，是有钱的，可能当时就没那个需求。

季秋：您知道他们从前这种事务所会如何保管作品档案的吗？

刘叙杰：现在就算是华盖的资料也都没了。他们那种小事务所，时间也不长，肯定就没了。

季秋：有没有想过把他的设计作品出一个小小的集子什么？

刘叙杰：他设计作品留下的不多了，像中山陵的亭子，还有两个人合作的，为富商或者官员设计的一些住宅。所以现在淮海路有没有他设计的住宅，现在就很难说了。也没有图纸、档案。我听他跟我说在北极阁上面，他们还做过一些，但是后来日本人打南京的时候都炸毁了。当时还有气象台、宿舍、单位在上面。

（五）关于苏州园林测绘细节

季秋：还要再问您一个比较细节的问题。从《苏州的园林》到《苏州古典园林》从 200 多个园林的目录里面挑出了 15 个做细致的研究，当时有没有挑选的原则呢？

刘叙杰：这个我不太清楚，因为搞具体的策划我不太清楚。我带学生测绘了虎丘，还有狮子林。都是个把月的测绘实习。学生一般是二年级的，是测绘实习，曾经叫认识实习，也许是三年级吧，我记不太清楚了。利用暑假去的。有时候自己还去，也有时候带学生去。因为我这几次印象比较深刻一点。

季秋：这种测绘对图有什么标准的要求么？

刘叙杰：我们主要是测一个草图，就是尺寸要准确。最后成图大概不是我们成，就是研究室的。

季秋：还会有人去补测么？

刘叙杰：那当然，就是发现问题他就要去测。

季秋：就基本上二年级的本科生做一些前期的准备工作。

刘叙杰：我想复查是肯定要去复查的。因为个人绘出来的图也不一致么，对线条要求很严格，比如画树叶子，都要画得很精准，哪一棵树，什么种类，叶子是什么样子的。

季秋：您带他们测绘是哪一年，还是持续了很多年？

刘叙杰：记不太清楚了，我觉得 1957、1958 年吧，可能后面还有，具体哪一年我记不太清楚了。浙大的普清华，现在都是教授了，就是我带他们去的，是文化大革命前带他们去的。

季秋：1960 年代初是吧。

刘叙杰：是的。

季秋：当时本科生测绘实习是不是主要去测园林了，因为量很大了。

刘叙杰：那几年基本上都是去测园林。因为开头是认识实习，之后是去上海看民用和工业的建筑。

季秋：还有刘老从前拍照都是自己拍的么？

刘叙杰：很多是（自己）拍的，也有很多是其他人拍的，就像很多时候他们当时基本上都是守在园子里头了。比如说要拍一个下雪下雨的，春夏秋冬啊，都有人等着，等着月光阳光啊，比如说藤子、影子，比如说树影子照在墙上啊，都要等着的，而且要等一个很好的角度。所以基本上都要人在那里蹲点。

季秋：好像都像专业摄影师，专业摄影师会候着比较好的时候。

刘叙杰：也不是说要求那么专业吧，反正你就是要按照要求，春夏秋冬什么时候了，你得给我拍下来，有时候拍要拍好多次拍好多张，当时拍了好几万张照片，后来他选了这么一点点。

季秋：选了当中最好的，其实也和摄影师挑选的比例差不多吧。

刘叙杰：当然这本书最后出来吧，也不是他，他已经去世了，是我们几个人后来帮他编的，当然我们也是尽力选好的，但是是不是如他所愿这也很难说。

季秋：刘老画画么？

刘叙杰：不画。

季秋：不像童老和杨老那样？

刘叙杰：他这方面应该说比童老和杨老要欠缺很多，他动笔的水平不高，我很坦率地说。他写文章很厉害，但是绘画的程度远不及童老和杨老。他也能画，毕竟是学了建筑四年出来的，他们当时都是拿铅笔画的，没有电脑、照相机、录像机，干什么事情都得画画。他这方面没有他们天才。那童先生可以说是天才，你看他的水彩画太棒了。杨先生也画得很好，但是他比较正规一些，就是浪漫色彩好像不如童先生。

六、张驭寰先生访谈录

时间：2013 年 4 月 1 日 14：30—16：30
地点：张驭寰宅
采访对象：张驭寰
采访、记录：赵越，周觅

[张驭寰]

张驭寰，男，1926 年 9 月生，中国古代建筑史专家。1957 年毕业于东北大学工学院建筑系。1956 年至 1958 年期间担任著名建筑学家梁思成教授的助手，协助他创办中国科学院与清华大学合办的"中国古代建筑理论与历史研究室"。张驭寰多年一直从事中国古代建筑史与古代建筑的研究工作，对中国寺院建筑、塔、元代木构、城池做过大量的实地考察，有着深入的研究。现为中国科学院自然科学研究所研究员。

[访谈简介]

此次张驭寰先生访谈主要涉及中国建筑研究室 1950、1960 年代相关具体工作情况，主要包括：与北京建筑历史与理论研究室合并过程、相互关系，张先生具体承担的工作等内容。并对其在南京的主要工作：《中国古代建筑史》的编写过程及实地调查、写作模式等进行了解。此外，在采访过程中略谈及与刘敦桢教授相处的情况。总的来说，张先生尤其强调实地调研工作在建筑史研究学习中的重要作用。

注：因间隔时间过久，张驭寰先生对部分事件记忆不甚清晰、准确。

（一）中国建筑研究室相关

1.1 南京分室与北京总室合并过程

赵越：1956 年至 1958 年期间，您担任梁思成先生的助手，协助他创办中国科学院与清华大学合办的"中国建筑理论与历史研究室"。1958 年 6 月该机构与南京刘老领导的中国建筑研究室合并，我们想了解一下合并的过程？为什么合并呢？

张驭寰：先开始是梁先生创办的建筑历史研究室，我那时候帮助梁先生当助手，后来这个研究室就发展起来，人数就多了，南京刘敦桢先生他也创办一个历史研究室，南京北京合起来，北京总室，南京分室，这种状态。因为当时我是北京总室的，后来刘敦桢先生当时创办了南京分室，他请我去南京，在南京分室工作过一段时间，总室和分室我都待过。

151

1.2 南京分室、北京总室的关系

赵越：南京这边每年都要到北京汇报工作，都是些什么内容，您还有印象么？是这一年的工作计划还是怎样的？

张驭寰：对，一年的工作计划完成得怎么样，有多少人，做了多少专题，考察了多少地方。南京也这样，每年去，常年去。南京分室先成立的，是南京工人局拿钱，后来跟北京同意了，同意北京拿钱。

赵越：当时是北京这边找的刘老么？

张驭寰：这边儿找的。

1.3 在总室负责的工作

赵越：您当时在北京总室是属于哪个组的呢？

张驭寰：原来是总室古代组的。原来梁思成梁先生活着的时候，我是他的助手，所以重点（研究）古代史。因为当时郭沫若活着，郭沫若他说外国都研究中国古代史，中国自己也应该有。是以才建议科学院技术科学部主任，请他指导，所以就调来了。原来我不是科学院的，当时给我调出来参加梁先生的建筑历史研究室。成立以后，梁先生亲自指导。

赵越：是梁先生对编史的工作提供了些指导么？

张驭寰：亲自指导，一直到现在你看梁先生文集里有。

1.4 民居研究

赵越：您也去考察了浙江民居么？

张驭寰：去了。浙江去的也比较详细。

赵越：这个吉林民居您是什么时候开始调研的呢？

张驭寰：大学毕业开始。

赵越：您是几几年大学毕业的？

张驭寰：东北大学，1955 年。

赵越：这个也是在梁先生的那个研究室的时候开始调查的，是么？

张驭寰：对。他说驭寰同志你是第一个，我老家是吉林。

（二）在南京的工作

赵越：您大概是什么时间去的南京呢？

张驭寰：1958、1959、1960 三年。

2.1 编史经历

赵越：您在南京分室都干了些什么事呢？

张驭寰：在南京分室的时候，主要是帮助刘先生写建筑史，北京建筑研究室创办以后也帮着梁先生成立建筑历史研究室，后来到南京的时候，去了三次，一次半年多，刘先生他说，张驭寰同志来了很不容易，现在开始帮我写史。有四个人，我、郭湖生等等四人开始写史。工作很长时间，差不多一年半。一到学期假日，就到城里去玩去。原来有二十多个人，一起玩着就熟了。当时就是这么个情况。

赵越：您每次在那儿待的时间还蛮长的。

张驭寰：很长。在南京有两次、三次，一次住半年多。我住在南京梅庵招待所。每次在那儿住，招待所的人都熟了，有个好朋友，叫郭湖生，年龄跟我一样大。现在已经去世了。郭湖生放假，请我到家里吃饭。这人不错，挺好，我们俩越来越好。前一段通电话，现在，去世了，可惜了。

赵越：您当时工作是在当时的建筑学院里面么？

张驭寰：是的。

赵越：我们还把当时出版的书带过来了，就是《中国古代建筑史》1980年出版的第一版的那个。

张驭寰：就是这个书，对对。

赵越：当时编史的时候，它的写作模式是什么样的呢？

张驭寰：第一，因为大家都不熟，派三两个人去南京考察，举例说中山陵，去的时候就看，回来就写。

赵越：是刘老带队么？

张驭寰：个别时候在，不是每次都在。有时间他就去，刘先生当时年龄大了。

赵越：他当时对编写，或者是绘图有什么具体要求么？有没有统一地给大家讲一讲呢？

张驭寰：有，去调查回来，必须得交图。交正视图，图自己画。画完了给他看，交给他。

赵越：编建筑史的整个框架系统是怎么确定的呢？

张驭寰：原来总室有框架，根据总室框架。总室框架怎么来的，根据大家讨论定稿，梁先生提初步意见，大伙讨论，讨论完了确定。后来又到南京，在南京又讨论。做得很细致。

赵越：就是经过了两次的讨论，第一次在北京讨论过一次，后来又去南京讨论过一次么？

张驭寰：一次不止。不怕花钱，不怕调查，不调查不行。

赵越：我们也注意到您参与了第一稿到第三稿的编写，是么？您在南京期间主要是在编这个建筑史，是么？但是我们注意到，刘老在通信中提到，前两稿主要出版了那一本建筑简史后来？

张驭寰：对对，当时一稿、二稿编的。

赵越：当时编这个是做教学用书呢，还是跟三史的编写有关？

张驭寰：也不是专门用，在社会上通用的。编这个书，不仅仅在大学，在社会上也用。

赵越：您能具体给我们说一下您编写了哪些部分么？画的图什么的？具体给我们说说干了什么事情呢，在这个过程中？

张驭寰：收集资料。我先在北京，后来到内蒙古去的。在内蒙古编三史，还一个是内蒙古建筑历史，当时找的是内蒙古科学技术委员会主任，我们请他挂帅，请他领导。

2.2 外出调研

赵越：您当时编史过程中，如果有什么不足的地方，也是要安排出去调研什么的吗？

张驭寰：对对。当时我和郭湖生分头，郭湖生是南方的，就调研南方的。因为我是北方人就（调研）北方的。他调研南方，也请我去，北方他来得很少。

赵越：你们一起去调研了哪些地方？

张驭寰：一开始到北京，完了到曲阜，山东曲阜，完了到石家庄，然后回去，最后到南京，以北方为主。后来到了南京以后，以南京为主，搞南方的。福州，厦门，泉州，漳州，善州会馆。当时全国考察，我们自己定点考察，你不考察不亲眼看，得不到东西。所以你们现在应该好好地参观、考察，调查、研究、看书。你不看书也不行，自己收集资料，自己画图。

赵越：您刚刚开始编史的时候资料都是什么地方来的呢？

张驭寰：资料都是当时当地来的，拍照、测绘。当时走了70万公里，基本全国有名的都到了。你不考察不行，你不考察，自己在家里看书不行。自己考察，收获很大。

赵越：您比较有印象或者比较有趣的是哪一次调查呢？

张驭寰：不是这一次比较有意义，那一次很有收获。每一次都很有收获。因为很新鲜，古建筑当时很多都存在，都可以看到，现在好多都拆掉了。

赵越：当时你们是怎么确定去哪里调查呢？

张驭寰：大伙讨论，大伙提意见，综合定的。不是一个人定的。一起讨论看哪儿需要看。

赵越：我看刘老的信中有说你们在编史过程中，还有去山西考察，很长时间，是么？

张驭寰：对对，记不住了，很长时间，各地都有。从南京到上海，到福建到广州。跑的地方很多。经费充足。

赵越：您有哪个地方印象比较深么？或者是具体的考察的古建筑？

张驭寰：举个例子，去五台山，线路很多，黄山五台山峨眉山，四大名山。住上 20 天，上去住，天天看天天看，看完了，画图。深入地看、考察，时间长。

赵越：这么些地方都是在编史的过程中去的么？

张驭寰：大部分都是。当时看好了以后，就开始测绘画图。洪洞县有广胜寺，广胜寺去了 20 次。吃饭困难，当时带着白薯吃。放下架子，就开始干。要想干就得彻底，不然就研究不出什么成果。

赵越：这是你们调研过程中现场画的么？

张驭寰：有的是现场画的，有的是回南京画的。

2.3 学术影响

赵越：您觉得您当时的这段工作对您以后的建筑研究有什么影响呢？

张驭寰：影响很大。第一，对中国古建筑有个全盘的了解。第二，走哪看哪，可以看。不是看完就走了，而是测绘。到南京看孔庙、鼓楼，测绘。每个都这样测绘。到福建也是这样。要出差考察，光坐在房间里不行。必须得多跑路，多看，像你们年轻人更需要多看。必须大部分时间拿来考察，你不考察，不认识，详细情况不了解。

2.4　与刘敦桢教授相处细节

赵越：您还记得哪些有关刘老的细节么？

张驭寰：那太多了，每年刘先生给我写信：第一，希望你来南京；第二，希望来南京考察；第三，到南京接着写史。就住在梅庵招待所。

赵越：您还保留着来往的信件么？

张驭寰：没有了，找不到了。

赵越：您当时在南京编史有没有发生什么事情您印象特别深刻？就是和刘老来往、工作的过程中？

张驭寰：到刘先生家里看（书），家里三层楼，一、二、三层楼都上去看过。

七、戚德耀先生访谈录

时间：2013 年 3 月 29 日 9：00—12：00

3 月 31 日 9：30—12：20

地点：戚德耀宅

采访对象：戚德耀

采访、记录、摄影：胡占芳、高钢

[戚德耀]

戚德耀，1921 年生，曾任南京工学院中国建筑研究室成员、江苏省文化厅古建筑专家组组长、江苏省文物专家组组长。

[访谈简介]

本访谈主要围绕戚德耀先生在中国建筑研究室工作期间参与的工作展开，从侧面真实反映了当年研究室的研究面貌。其中主要包含了六方面的内容：（1）戚德耀先生加入中国建筑研究室；（2）1954 年浙东住宅调查与研究；（3）保国寺的发现与测绘工作；（4）苏州园林的调查与研究工作；（5）巩县宋陵调查；（6）建筑史的编制工作。

（一）加入中国建筑研究室

1.1 工作室成员回忆

胡占芳：戚老师，现在，在南京的研究室成员大概都还有谁？

戚德耀：现在，在南京的，就是我、方长源、张步骞、叶菊华了。其中，我、方长源、张步骞三个人是稍早一些进入研究室的。

胡占芳：戚老师，我们很想了解一下，当时研究室里成员的情况。您给我们讲讲他们每个人的情况吧。

咸德耀：对方长源来讲，他是有些缺憾了。进了研究室之后，没有学多少时光，就跟我们到杭州去了。到了杭州去以后，大概待了一年吧，就把他下放了。

胡占芳：下放了？

咸德耀：嗯，下放到博物院去了。去南京博物院了。所以呢，他在研究室待的年数，不算多。

胡占芳：别人的情况怎样？

咸德耀：窦学智是个很能干的人，很可惜，被打成了反革命。他的悟性很高，古建筑搞得很好，而且素描画得也很好。我是很佩服他的。他因为参加了一个画社，据说是一个国民党的什么组织画社，后来就成了个问题。

张仲一，他是搞装修的。他原来是上海外国设计事务所的，搞室内装修的，所以他的图案设计，绘制得很好，徽州的彩画就是他画的。

叶菊华、吕国刚、金启英和詹永伟，是当时学校留下的四名研究生，大概是 1955 年吧。当时组织上认为他们应该成为夫妻的，其实也是了解不够吧。吕国刚同金启英是夫妻，詹永伟和叶菊华是要好的同事。朱家宝在照相室，专门负责照片的工作。

胡占芳：咸老师，南京这边的研究室成员，我们大致有些了解了。北京那边，具体有哪些成员，您现在大概还能记得起来吗？

咸德耀：现在来讲，王其明是其中一个。

高钢：王其明，就是做民居的，做民居研究的那位老师？

咸德耀：嗯，对的。王其明嘛，她是梁先生（梁思成先生）的研究生。还有傅熹年、杨鸿勋等，这些人都是原来的班子里的，他们都是北京清华出来的。能想起来的就是这些人吧，他们现在都还健在，身体还很不错。

高钢：咸老师，上海的章明，您认识吗？

咸德耀：认识认识。章明是刘先生的研究生。

高钢：当时您在研究室的时候，她在不在？

咸德耀：在，在的。一起出差的。

高钢：她有没有参与研究室的事情？

咸德耀：参与了。1955 年暑假的时候，一起去山西考察古建筑。如去五台山、佛光寺、南禅寺等。那次古建筑考察陈从周先生也去了。当时包括章明在内,总共去了有四个研究生。一个是乐卫忠,一个是邵俊仪,还有一个是胡思永。他们是从东北哈工大过来的,据说是从同济毕业的,到哈工大学习俄语,后来就又转到南工来了。

胡占芳：工作室还有别的其他人呢?

戚德耀：傅高杰,仿宋字写得很好。

胡占芳：标注、图名都是傅老师来负责了?

戚德耀：嗯,嗯。后来,张先生,张至刚的《营造法源》,傅高杰也参与了一些。李先生,李剑晨,配色彩图,水彩的颜色。

胡占芳：傅老师,后来去哪里了?

戚德耀：据我所知,去苏州了。现在不太清楚他的情况了。

高钢：戚老师,当时华东设计院来这边的人,一共有多少人呀?

戚德耀：到1954年的时候有十几个了,这些都是华东院派过来的,以后就没有派了。以后就是北京派来的了。最早的是张步骞、张仲一。我同朱鸣泉一块来的;我们报到的第二天,杜修均来报到的。

我们来这边的时候正好是假期。刘先生带他们前一批来的人,窦学智、张步骞、张仲一,还有潘谷西出去考察了,去北京、西安等。我们刚来了,我们来的时候还碰到刘先生,刘先生还没出去,那么我们三个人,就委托跟杨先生了,杨廷宝,杨老。几天后,杨老通知我们,随他到白下路清真寺(净觉寺)参观实习。学习古建筑的第一课,是杨先生给我上的。杨先生告诉我们,古建筑怎样测绘;我们测绘的时候,杨先生在一边画钢笔画。杨先生用钢笔画的"邦克楼",效果比实物尚多神态,我们非常地佩服,杨先生素描的根底那真是好。

胡占芳：戚老师,杨老怎么给你们讲测绘的?

戚德耀：清真寺是伊斯兰教了,伊斯兰教,所有的纹样没有动物的,都是植物纹样。杨先生先给我们讲清真寺(净觉寺)的历史沿革和建筑特点,他要我们把净觉寺的建筑平面测绘下来,包括各殿宇的建筑布局。这就是我们暑期实习的作业了。杨先生,教给我们测绘古建筑平面布局的基本要素,告诉我们测绘时,要注重轴线关系,注意中轴线(即坐中)与柱轴线的关系。中国古建筑很讲究中轴对称,一条中轴线,两边是对称的。在理清楚这些的基础上,测量柱与柱之间的间距,柱距量好后,再量檐口出檐的深度。

胡占芳：大概测了几天？

戚德耀：记不太清楚了，我们量了几天的。测绘中，刚开始许多尺寸给漏测了，绘图中发现尺寸对不上了，来来回回地跑了好几趟，补测、纠错。由于我们刚接触古建筑，对古建筑不了解，画不好，最后也是草草地交了差。

1.2　中国建筑研究室的创建背景

胡占芳：戚老师，您给我们讲讲当时中国建筑研究室成立的情况吧？

戚德耀：好多人都讲过研究室，好多人也都写过一些文字。不过，没有从具体的例子上讲出来。我这边有本资料，可以拿出来作为证据吧，可以更形象地说明一下当时的情况。这本资料，是当时在上海华东院工作的时候，公司发给我们的参考资料。

胡占芳：嗯。戚老师，具体是什么参考资料呢，方便拿给我们看看吗？

戚德耀：可以，可以的。这本参考资料，我一共收集起来了 15 张，少了一张，大概是第 8 张吧。这是在华东设计院工作的时候，他们发的。每张图纸后面都有一个图章，图章内写有"华东建筑工程局设计公司"。这些参考资料之所以珍贵，珍贵在这个图章上了。这个图章的意思是：图权属于公司所有，仅供内部参考。

胡占芳：戚老师，当时为什么要印发这本图集呢，是不是当时华东院想搞民族形式的设计，每位员工手里就发了这样一份参考资料？

戚德耀：嗯，当时的建筑设计行业，"民族形式"的设计风格是流行风尚。但是，公司大部分的技术人员都是从西方建筑教育背景下培养出来的，对民族传统建筑知道的很少。另外，工作中可供参考的"民族形式"这方面资料图集，也很少。总的来说，当时的建筑设计是跟不上建设的形式需求的。怎么办呢，公司为了解决当时面临的困难，首先，组织人员搜集古建筑方面的素材供设计"民族形式"建筑时参考；再就是，安排资料室工作人员收集一些建国前已建成的"中西结合式"建筑案例资料。从搜集到的资料档案中选用大样图，作为仿古建筑设计的辅助参考资料，绘制编辑成了这部参考资料，分发给每个技术人员。所以我认为这个图纸可以当做华东院的当时需求的证明了。

高钢：这大概是什么时候的事情？

戚德耀：1953年的事了。就是仿民族形式，当时不做民族形式就是违背了当时的社会潮流。我们做事情，工作就是这个样，你不做这个事情，最终做不出来，就会被淘汰。当时，华东院的员工都是搞西洋的东西的，那这个东西怎么办呢？就是先把一些原来的东西，搜集起来，给大家参考。

胡占芳：戚老师，这份资料很好地反映了当时设计院对古建筑知识的需求，同时，也从侧面反映了中国建筑研究室成立的背景。接下来，华东院是怎样和南工院来谈合作事宜的呢？

戚德耀：根据当时国家建设的发展需求，华东院出于未来发展的考虑，最终决定与南京工学院合作，目的是为了整理我国各地民间建筑的优秀传统经验，供日后建筑设计时的佐证和参考。

事也凑巧，南京工学院建筑系刘敦桢教授，多年来搜集了大批古建筑方面的资料，拟扩充内容后著书出版，因缺乏经费和整理资料的人手，正时待机会。就这样，中建室，在南京工学院成立了。协议约定：公司出人员和中建室的全部经费，南工院负责培训技术人员、提供办公场所和人员住宿。在刘敦桢教授主持下，研究室人员负责整理原有的古建筑资料，搜集传统民居、古典园林等素材为著书增添内容。因此，中建室是在新中国建筑理论和实践双重需求的背景下创建而成的。

高钢：戚老师，我有个问题，当时华东院为什么跟南工院合作，没有跟上海的同济大学合作呢？

戚德耀：嗯。当时，同济大学是陈从周，陈老，陈先生在。南工院当时有三位权威教授，一位是刘老，他是研究古建筑的权威；再就是，杨先生、童先生。说起陈先生，当时，陈先生资格是很老的，他是在圣约翰大学教过书，教过建筑系的。但不是正规的教授。当时的教授级别不是像我们现在这样。一般来讲，要去国外留学过的；没有留学过的，很少考虑被升为教授级别。所以当时的陈从周先生不是教授级别，就是老师级别。所以我们当时称呼陈先生为"先生"，没有称他"教授"。陈先生被称为教授是后几年的事了，大概是六几年之后吧。当时，南工院的刘先生、杨先生、童先生都是从国外回来的，是三位权威级教授。

当时有两个情况，上海华东院领导没直接讲过，但从他们的口音中可以透露出来，一个社会需要民族形式，华东院受到这个影响要做民族形式的设计，民族形式是主要的了，要搞民族形式就要懂得民族建筑，民族建筑哪个来搞？陈先生不是侧重搞这方面的，他是偏文学的。所以呢他没有介入。那么，刘先生是搞建筑的，是研究古建筑方面的权威，是以前营造学社的台柱子，也是搞教育的，搞了这么久，研究方面又有这么多成果。正好，那个时候最需要的是权威人物，摆在第一位的就是刘先生了。再就是，杨先生、童先生也在。这是一个方面了。再一个方面，刘先生有几个要好的朋友都在设计院，这些老先生都与刘先生有非常密切的关系。他们的牵线，也起到了一些作用。大概是这样子的，不是无因由的。当然具体情况不是很了解了，只是这些情况，也是我的理解吧，没有人跟我讲过。当时签订合同的时候，是杨先生、童先生、刘先生一起签的。刘、杨两位先生都参与的，童先生也参与的。当时的中国建筑研究室是由他们三个人来领导，具体的事情由刘先生来负责。

你刚才提到的对，为什么旁边就有很近的同济不去，要跑到南京来呢，大概就是我上面说的吧；北京就更远了，包括需求也好，关系也好，北京就不方便了，最后就是这样了，华东院与南工院合作成立了中国建筑研究室，刘先生担任室主任。

胡占芳：研究室刚成立后，在与华东院合作的那两年，大家工作的热情度很高，也出了很多研究成果。

戚德耀：原来，确实是，在中建室，1953年、1954年那个时候，热度很高，花钱也好，人也好。国外来宾，来参观南工院的话，没有不来研究室的。当时，研究室的测绘工具纬度仪、水准仪是最先进的，所有的东西都是最先进的，台子、图板、绘图工具，铅笔是维纳斯的，一般的不用，胶卷是国外进口的，相机等都是高级的，华东院在这方面大力地支持，花的钱也不少。买书也是，当时买了很多的好书。这些书，一部分书留在院里面，院里面图书馆里，还是留了一部分书的。有一部分拿到北京那边去了。

胡占芳："大屋顶"批判以后，好像情况就不是这样了。

戚德耀：后来，为什么慢慢地淡了呢，一个是有些关于民族形式的书出来了，再一个是"大屋顶"遭到了批判。梁思成先生的"大屋顶"，遭到了毛泽东的批判，一下子这个热度就降下去了。热度降下去以后，华东院就没有这么多心思关注研究室了，摆在那也没办法，置之不理。后来合同到期了，南工院结束了与华东建筑设计公司的合作关系。接下来，与北京那边谈妥了合作事宜，就是这样了。我们这一批年轻人呢，从上海过来。来的时候没有讲明是留在南京的，若是知道留在南京，好多人不会来的，因为留恋上海。我还是挺好的。关于中国建筑研究室当时的情况，我写了一篇东西，《往事回忆：1953—1954 年》。

胡占芳：戚老师，您是不是在文章中对中国建筑研究室的成立的背景做了一个回顾。您老写的这篇文章发表了吗？

戚德耀：嗯，是一个回顾了。没有，还没有发表，放在那里了。

1.3　加入中国建筑研究室

胡占芳：戚老师，您当时是自己要求来中国建筑研究室的，还是分配过来的？

戚德耀：我是自己要求来的，当时，觉得这是一个很好的学习机会；不是分配过来的。我感觉自己比较适合，各方面条件也合适。当时我也没成家，在上海和南京还不是一样。我所有的条件都符合调动的要求。

胡占芳：戚老，您当时是 1953 年的几月份来南京的？

戚德耀：7 月份。当时是我和朱鸣泉一块坐夜车来到南京的，来研究室这边报到。

胡占芳：戚老，在您来中国建筑研究室之前，在华东院工作了多久？

戚德耀：大概半年时间吧，在华东院，我进入的是医卫设计室。当时的华东建筑设计公司有医卫设计室、住宅设计室、工业设计室，还有公共建筑等。

高钢：当时是怎么进去的？

戚德耀：考进去的，当时有考试。当时，政府号召知识分子归队从事本行工作。为了响应政府的号召，我从工会组织回归到建设系统。"归队"要考试，它是有考核的。考核之后，我就进了华东建筑设计公司。就是这样了。

胡占芳：当时，华东院是怎样划分级别的？

咸德耀：当时，根据你的申报来定。在这方面，我有些吃亏，因为我不是设计院的人，我是归队考进来的；当时设计院的人，可以自己去谈级别。到我们研究室来的，有几个是一级工程师，张仲一是，具体还有谁是我不是很了解了。

胡占芳：来到研究室后，工资待遇怎样算？

咸德耀：当时我们的待遇非常好。3 毛钱／（天·人），9 元／（月·人），外出补助津贴。从全国的工资级别来看，当时，广州是最高的，上海仅次于广州，北京属于三级了，南京大概是四级的样子了，属于比较低的。所以我们当时是拿着上海的工资到南京来用，这边还有津贴，当时这方面的待遇非常优越。到了 1954 年年底以后，华东建筑设计公司与南工合同满了，解除合同后，待遇有了些变动。

胡占芳：您在中国建筑研究室一共待了多少年？

咸德耀：我在中国建筑研究室待了有 12 年，从成立到解散的整个过程中没有离开过。最迟从研究室出来的还不是我，是叶菊华，一共快 14 年了吧。从成立以后到解散没离开过，一直在你们系里面，中间的事情很多，遗忘的也太多了。六十年了，零零碎碎的，这么一聊，有些东西都回忆起来了。我们这一代运动太多。

胡占芳：研究室解散后，大家都被分配到哪里工作了？

咸德耀：有去了省里的，有分到厅里的，有到苏州的，还有五七干校等。张步骞和叶菊华走得稍晚些，因当时的社会，分配工作会考虑家庭成分、历史成分等。

1.4 在中国建筑研究室学习状况

胡占芳：咸老师，刚进入研究室的学习、工作状况是怎样的？

咸德耀：总的来说，是一边学习，一边工作。新学期开始，我们先以旁听生身份听课了，除了设计课外其他科目都要旁听，刘先生说，你们都是设计院来的，设计课不用听。当时重点学习中国建筑史、西方建筑史，还有素描，每节课都必须做笔记，笔记要整理的，以备考查。期终，考核达到 3 学分以上才能算合格。

高钢：中建史是刘老讲，那西建史是谁讲的？

戚德耀：也是刘老讲的。

现在回忆起来，最苦的是学习古建筑的名称。我们进来的时候，他已经开始上课了，相当于我们是插班进来的。刘老讲清代的建筑是怎么回事，宋代的建筑是怎么回事；古建名称方面，有宋代的名称、清代的名称。当时，我们都听不懂，笔记也记不下来。课后，大家相互地对笔记，对好笔记之后，晚上大家看《营造法式》，看《中国营造学社汇刊》，每天晚上都弄到很晚，大概都 12 点钟左右吧。这个时候大家相互的交流很重要，只是靠一个人的力量是不行。这段经历对我后来搞名称很有启发。

在弄这些名称的时候，我是想让后来的人，多了解一些这方面的知识。那时候我们太苦了。学古建，很多同志是为名称困住了，学不下去。古建名称是攻关，这一关过了，再就是各个朝代的建筑变迁。了解清楚每个朝代的特征，比方说斗栱的特征、蚂蚱头的特征等等（反映了一个时代的特征），古建筑就入门了。我们那会儿，刚上来，都是新人，对这些都不了解。比方说，一个斗栱，大斗、小斗，出跳，每一跳，怎么样，一个个的来弄懂，也想尽办法来理解。当时系里也做了些模型（摆在展览室供大家研究、观看），我们也看模型。

胡占芳：当年上课的笔记有没有保留下来？

戚德耀：没有了，没了。不知道张步骞会不会有一点，不知道叶菊华有没有保留下一点印度史的笔记了。

胡占芳：除了上课外，刚开始您主要负责哪些工作呢？

戚德耀：我一进来之后呢，刘老分配给我的工作是整理一大批没有名称的古建筑老照片，分析查阅每一张照片是哪里的，然后确定照片上建筑的具体名称。这批照片是哪里来的呢，是营造学社留下来，是刘老从北京复印来的，但这些资料后面没有名称。当时，研究室需要资料，刘老去北京复印了一大批资料，其中包括这些照片。

首先根据老照片的建筑风貌、基本特点，判断建筑所在地区；然后查阅有关书刊及中建室收藏的照片资料，特别是，在营造学社出版的刊物中找出接近老照片风貌的图片仔细核对。能找到名称的尽量找到名称；

没找得到名称的，进行分类。

整个工作做下来，确定照片名称的占到40%左右了，能确定所在地而不能定名称者占了40%，无法确定者约占照片总量的20%。

查明名称的照片，经刘先生审定后就编号归入中建室资料室，一部分照片被1953年内部刊行的《中国建筑史参考图》录用了。这项核查老照片的工作，看起来简单，但对于刚入古建筑行业的我来讲，困难确实很大。你想，我一个完全不懂得古建的人，又没有去过这些地方。我势必得仔细看，仔细对照。我搞这个工作，后来我深刻地感受到，这个工作对我以后的工作非常有好处，使我的视野开阔了，对古建筑的分类有了较深的认识。

胡占芳：这项工作对后面的研究工作有很大的帮助。

戚德耀：从表面上看，这是一件无聊的事。但是真正工作起来以后呢，能学习很多东西。这项工作让我认识到中国古建筑类别的丰富性，一些很有特色的古建筑吸引着我，促使自己产生进一步学好古建筑知识的愿望。在详细反复观看老照片的过程中，也自然地学到一些识别、比较、分类等工作方法，这对以后工作上掌握一定技能具有实际效用。再就是从照片上学到老一辈在摄影中讲究的框景、构图的方法和技巧等。工作中不断提高对古建筑的认知，而且也渐渐地改进观念，明确了工作目标，的确是值得回顾的事情。

胡占芳：您这边有没有一些老照片，比方说在研究室工作的，或者出去考察调研的？

戚德耀：调研的，你们也看到了，没有。为什么没有呢，研究室有个规定，不许拍私人照片，拿多少胶卷出去，就要有多少胶卷还（回）。废片也要上交。

高钢：当时胶卷很珍贵。

戚德耀：嗯。有个情况是可以拍的，以人做比例，那是可以的。如果说不是这样规定的话，我们出去后，摄影的范围太广了，那用胶卷的数量就控制不了了。所以说这个规定的初衷是好的，也有一点不好就是，现在这个纪念性的东西太少了。所以这个事情想起来，要"怪"到刘老了。现在这些纪念性的东西要得很多，都没有留存。至少是我经手的没有，在其他人经手可能也不一定。他们后来问我，我不知道。

胡占芳：接待外宾就是在研究室了？

戚德耀：嗯，他们来参观，来看我们绘的图、我们的研究成果等等。

胡占芳：当时大家是怎样一个合作状况？

戚德耀：当时大家的思想都非常好，思想很单纯，纯洁得很。研究室的每个人会负责一个专题，研究室有一个很好的工作氛围，当大家出去调研时，除了调研自己的研究对象外，别的类型也会记录、拍照、测绘；回到工作室后再提供（给）专门负责这个专题的人。比方说，大家出去，搜集到的一些住宅的数据、资料就交给我了。当时，杜修均负责"经幢"这一块。我们提供给他在浙江（包括慈城的、杭州的）发现的一些"经幢"的资料，包括一些测绘的草图、拍的照片，他收集起来，再绘制正式的测绘图。没有什么我的，你的，这一点大家做得很好。那时，大家头脑中都一个想法，所有的东西都是公家的，不是我自己的。

胡占芳：当时刘老打算派学生去印度考察，您对这块了解吗？

戚德耀：当时，刘老打算派吕国刚去印度。吕国刚是刘先生重点培养的研究生，先派他在南大学习外语，学了大概一年的时间吧，后来也没能去成，有些可惜。这种没能实现的计划在研究室是有的。1954年的时候，计划去西藏，到拉萨进行调查。一个人500块钱，我们都准备好了，刘先生带头。后来因为时局原因，没有去成。那时候的500块钱是很多的。我到现在还没有去过，现在回忆起来很可惜。

胡占芳：研究室这些年的研究成果很多了。

戚德耀：这些年研究室搞的，感觉有成就的是，《中国住宅概说》和《苏州古典园林》。后几年的工作主要放在建筑史的编史问题上了。刘先生最开始的研究重点是调查民居，从他的讲话、调查的内容，培养的人员来讲，都是做的民居。后来出了《中国住宅概说》，刘老的目的不仅仅是中国住宅概说，他想搞中国住宅史的。

（二）1954年浙东住宅调查工作回忆

胡占芳：戚老师，当年各地住宅调查是怎样启动的？

戚德耀：1954年暑假那会，刘先生让全室人员分成三个组去外地做实习性调查，分别是浙江东部、福建和安徽南部。

胡占芳：当年调查的目标是什么？

戚德耀：当时确定的调查目标是以民居调查为主，顺带发现一些好的老的古建筑，搜集这些调查对象的资料，包括测绘、拍照等。各地的"名胜古迹"，这些多数已经被前人调研过，并多次发表了这方面的论述或介绍，这些主要是学习，在学习的基础上对照实物提出想法。

高钢：这是刘老给你们定的，还是？

戚德耀：定的。这是刘先生定的，调查以民居为主，好的古建筑也都要收集。

高钢：为什么给你们定民居呢？

戚德耀：当时，刘先生要出版的《中国住宅概说》这本书还没有出来，为他这本书收集历史资料是一方面吧。从他这本书上看出来，一些实例是我们当时在研究室的时候外出调研收集的资料。

胡占芳：出去调查前做了哪些计划和准备工作？

戚德耀：翻阅要调查的地方的有关报刊、书籍、志书类，摘抄记录当地调查对象的相关情况，主要是一些名胜古迹、历史上特有的事件、名人居住情况等，这些能够查到一些；好些查不到的，就是到当地的文教科去问了。再就是，做好调查计划了，包括出差的地点、日期安排、需要的经费，出差需要携带的物品。

胡占芳：当时准备的时间很长不？

戚德耀：还好。当我们知道自己去哪里调研了，马上去收集相关的文献资料。我就去收集浙江的文献资料了，杭州、绍兴、宁波。首先是了解调查当地的地理、气候条件这些情况，再就是历史情况、水源之类的这些概况，我们统统要去了解整理。而且要去查找一些名胜古迹的资料，这些名胜古迹有注解过的，我们要去看，看好之后，收集来，以备后面更深入的研究。然后呢，在这个查找资料的基础上定出个计划来，我们具体要到哪些地方，要待几天，需要多少钱，都要分配好。

胡占芳：前期准备工作做得很充分。

戚德耀：嗯。当时，刘先生有个条件，钱不能带多，这个是刘先生的制度。钱带多了，他说对你们有危险。那么，怎么办呢，钱带的少，不够怎么办。刘先生给我们这样规定的，比方说，我在计划书上，计划几月几号到绍兴；到了绍兴，到绍兴政府那边去取。研究室在你到那边之前，已经帮你把钱汇到文教科了。那时候是文化教育科，教育和文化在一起，我们都叫"文教科"。到一个新的目的地，你先到文教科报到，钱已汇到那里，你就可以拿到下一段的调研费用了。这样做呢，一方面是保证了大家的安全，一方面是保证了在外调研经费的稳定。

胡占芳：浙东住宅调查主要去了哪些地方？

戚德耀：我们三个人，窦学智、方长源和我，主要去了浙江的杭州、绍兴、宁波这三个地方。在最后一个地点发现了保国寺。我这边大致整理了一个当年调查的流程表格（见此节后附表），也写了些文字。

胡占芳：这个流程很重要，非常地有价值。您老现在怎样看待这个调查流程？

戚德耀：在这里，我为什么提出这个流程呢，也是近段时间陆陆续续整理出来的。我想，这个流程反映了一些问题。一个反映了我们的组织问题，要调查什么东西，在这里面可以反映出来；还有刘先生指导研究室的主要的思想在这里面；他的研究方法是什么，在这里面也可以反映出来。当时，要什么，不要什么，重点在哪里以及研究的方法、动机都在这个里面。通过这样一个形式，反映了研究室当时的调研工作是怎么做的，我们是怎么进行的。

胡占芳：噢，这个很宝贵。您关于浙东民居及古建筑调查的文章发表了没？

戚德耀：也还没有，放在那里了。

胡占芳：我们期待着看到您老的文章。当年，浙东民居调查由您、窦学智老师、方长源老师一块，那当时你们三个人是怎样分工的呢？

戚德耀：那时候的分工，窦偏重于古建筑调查及文献收集了；我偏重于民居资料的调查和摄影工作；方长源负责外出事务、财务并协助测绘调查了。大概就是这个样子了。

胡占芳：每一个调研的对象要拿到哪些测绘成果才算合格，要画哪些图？

戚德耀：大概是平面、立面和剖面图，有些会画透视图；再就是拍照。

胡占芳：当时你们测绘的时候，随身带稿纸，还有带速写本不？

戚德耀：稿纸，当时都用稿纸。

胡占芳：有没有留下来当年画过的图？

戚德耀：已经很少了，很少的几张了。

胡占芳：你们调查出发时都带了哪些物品？

戚德耀：出去时，东西都带齐。带好介绍信，当时的介绍信是南工院的介绍信。工具方面，有皮尺，100米的皮尺，这个是少不了的；钢卷尺、照相机，还有拓片。拓片，这个我们都会带。因为，好多的雕刻，都画不起来，要用拓片去描。另外，我们都会随身带一些"滴滴涕"。每个人都带着一大包东西了。

胡占芳：就带一份学校的介绍信就管用？

戚德耀：嗯。那个时代的介绍信，支持力很强。有介绍信，会得到很好的支持。不像现在。到了当地政府之后，我们拿出随身所带的介绍信，说明来意，及要工作的内容。他们听了后，会马上介绍到相关单位，一般会先介绍到市里面，市里面再具体介绍给文教科，文教科再安排具体的人，协助安排我们的吃住以及一些调查对象的陪同等。那时候，介绍信是我们在公关方面的一根线。

胡占芳：怎么还会带"滴滴涕"？

戚德耀：杀虫用。当时的条件没有现在这么好，我们当时出去后，到处是虱子，你别看是绍兴、宁波这些城市，好大的宾馆、高级的宾馆里面，床上也是有虱子。穿着毛线类的衣服，就糟糕了，不得了了。还有臭虫、跳蚤。我们必定要带一些"滴滴涕"咯。我自己带了一块大的白布。（笑）我不能讲是为了保护自己，我说是为了拍照时反光用的。其实就是这样了，晚上睡觉时可以把自己包一下，减少虱子、跳蚤骚扰。

胡占芳：噢，听说，当时研究室对外出调研拍照有一些规定？

戚德耀：外出调研带相机时，你估计需要带多少胶卷，就跟室里申请多少胶卷。然后呢，没用的，如数拿回来。就是空白的也得要空白的；拍坏的，也把拍坏的拿回来。他告诉我们，胶卷不能浪费，拍坏了的，你也有可能用得上。因为你载写文章的时候，有时候会用到这个，你看它是坏了，但有的时候，你也能从中得到很多的信息。还有，刘先生告诉我们，第一次调研时尽量地详细，可以拍照的，不管是好或坏，都得拍，在将来写作上会有用。这个是他明确地告诉你的。这是他的经验。至于，怎么拍，这个他不管了，这个凭个人的悟性了，自己去搞。

胡占芳：当时的条件，调查民居有一个困难就是好多考察对象，您是在书上找不到的，面对这样的情况如何处理？

戚德耀：我们在野外考察方面，就是先调查我们所了解的东西；民居呢，没有办法，我们就是问当地的人，到处找。背着包，背着相机，到处去找。工作方面，大概就是这样一个程序。其实，当时好多人是不晓得民居是什么。当我们跑到慈溪以后，见到当地的一位文教科长，我跟他说，我们是来调查民居的，他说民居是什么，他不知道民居是什么。"民居"这个名称，他不晓得是指什么。

胡占芳：当年研究室出了好多成果，民居这一块是非常重要的一部分了。

戚德耀：嗯。当时的成果还是不少的。当时民居调查一共分了三组，一组是安徽，一组是福建，一组是浙江。到安徽的，后来就出了安徽民居了；到福建去的，后来出了客家住宅；我们浙江的，后来有浙江民居，还有发现了保国寺。

（三）保国寺发现与测绘工作

胡占芳：戚老师，保国寺是什么时候测绘的，当时是由您、窦学智老师、方长源老师三个人一起去测绘的？

戚德耀：嗯，1954 年的时候。我们三个人一起。这次测绘我们是搭脚手架的，不是一般的测绘。

当时认为大殿结构是对称一样的，所以搭了半堂脚手架。现在看来这种观念是不对的，两边并不是完全对称的。从考古的角度来讲，也是不对的，不可以这样认为。这是一方面，还有一些装饰细节比方各种刻线等，两边不会完全一样的。我们当时没有这个想法，就觉得差不多就行了。这是不太正确的一种思路。

当时文教科的同志协助联系搭脚手架的事，架子木是雇人从山上一根根扛上来的，只花了 200 多块钱，这事我记得很清楚。现在搭这样一座架子，恐怕要上万了。我们白天在架子上进行测绘，晚上绘图。梁架的照片也是在架子上拍的。

胡占芳：当时三个人是怎样分工协作的？

戚德耀：窦学智查文献、测绘；方长源测绘细部，并负责后勤工作；我负责摄影、测绘以及外界的联络工作。

胡占芳：当时画了哪些图？

戚德耀：保国寺的总平面图，大殿的平、立、纵横剖面图，还有一些局部构件的详图。对有关的碑刻，进行了文字记录和拓片记录。

胡占芳：保国寺测绘，当时在现场待了半个月；回研究室后是怎样一个后续研究安排，这套测绘图，最终完成大概用了多长时间？

戚德耀：大概两个月吧。我们画图，窦学智写文章，请朱家宝（专门搞摄影的）印照片。最主要的是刘先生在《文物参考资料》上刊登这个消息，向当时的党委报告这个情况。

胡占芳：这套图是不是代表了当时研究室对测绘图的绘制要求？

戚德耀：嗯。

胡占芳：戚老师，当时是怎样断定保国寺大殿是宋代的？

戚德耀：我们到了保国寺，看到大殿后，很兴奋，觉得收获很大。当时在现场，除了观看大殿外，还发现了须弥座式佛台的背面有"崇宁元年"的字样。不过，我们几个人，刚进研究室才学了半年左右，当时不敢断定大殿具体是什么时候的，也不敢说就是北宋留下来的；有一点，我们敢肯定这大殿不是明清之作，感觉可能是元代的吧。也考虑到，宁波靠着上海近，开发程度高，商埠云集，有那么早的建筑是不是不太可能。

回到南京以后，向刘先生汇报了保国寺调研的情况。刘先生详细询问后，非常感兴趣，也非常重视，召集全室同事，要求每一个人在听取对保国寺大殿的情况介绍后发表自己的看法。最后，他要我们赶快重返保国寺，详细测绘全寺，并搭架测绘大殿；特别对具有古制做法的构件应绘制出大样图；收集有关寺与大殿沿革方面的碑铭、文献；要了解清楚寺、殿的方位及周边环境以及气候、水文、地质、地貌等资料。

刘先生是一个非常谨慎的人，他当时只是判断，保国寺大殿是江浙一带珍贵的古建筑，该建筑的年代至迟应在元代。

以后通过测绘调研，根据大殿的特征、构件式样、须弥座式佛台背面的文字、保国寺志、碑文等，确定大殿是宋代的。当时断定，檐口不是宋的。

我非常地佩服刘先生，他做事情很严谨。他当时反复地看照片，从照片上断定檐口是后来的。事实确实如此。

高钢：当时，刘老怎么没有跟您去看呢？

戚德耀：我也有点疑问。可能刘老刚开始关注古建筑，后来碑文、做法、构件的特征，这几个方面断定和验证了。以后北京看了，陈从周也看了，他讲笑话，"小鬼，这个被你们发现啦"。呵呵，我们是走着去的，你们是坐火车的，当然是我们发现了。

胡占芳：戚老师，保国寺是哪年定为国保的？

戚德耀：1957 年开始的。1957 年那会，国家文物局征集第一批全国重点文物保护单位名单，邀请刘先生对江浙皖三省的古建筑进行推荐，当时刘先生就把保国寺列入了推荐名单。1961 年的时候，第一批全国重点文物保护单位被公布。公布后，国家拨了 5000 块钱给保国寺。这5000 块钱，是保证让它不坍不漏。当时的文物政策就是不坍不漏，保持现状。当时国家财政困难得很，就是这样一个情况。当时，在江浙皖三省中，被列为全国重点文物保护单位的江苏最多，特别是苏州。

（四）园林调查与研究工作

胡占芳：苏州园林的测绘工作，大概是哪年开始的，您参与了哪些工作？

戚德耀：1961 年吧。这个工作持续了很长时间。园林这一块，调查的时候，我参与了很多；绘图的时候也参与了很多。后来，《苏州古典园林》这本书里面，装修章节的图几乎都是我画的，如门窗、扶梯、栏杆、罩等，不过书上没有出现过我的名字。（笑）。

胡占芳：当时研究室园林测绘与研究的工作计划是如何启动的？

戚德耀：刘先生对园林的认识，有两方面的情况：一是跟童先生有关，童老最早收集园林的资料；再就是，刘先生在苏州教过书，刘先生在苏州的时候就接触过园林了。刘先生刚开始的时候研究重点是摆在民居这一块的，后来重点转到苏州园林这方面了。

胡占芳：当时哪些人员参加了园林这项工作？

戚德耀：当时研究室所有的人员都参加了，最主要的是朱鸣泉做调研工作。小朱，朱鸣泉。现在大家把朱鸣泉忘掉了，不应该。现在也应该有九十岁了，已故了。

胡占芳：您给我们简单介绍一下朱老师当时的一些情况吧。

戚德耀：他原来是在上海事务所工作的。他哥哥叫朱山泉，是挺有名的一位工程师。后来，华东设计院把这个事务所并进来，就把他们吸收进来了。刘先生很器重他，他们俩的关系很好，我们当时喊他"朱秘书"。

胡占芳：朱鸣泉先生当时主要负责哪一部分工作？

戚德耀：他主要负责园林部分的调查研究工作。比如，当初瞻园，他参与了设计工作；在苏州园林的测绘与研究方面，他也做了好多的工作；还有好多其他与园林相关的工作，不过有些可惜，现在很少提到他的名字了。他后来日子过得很平静。

胡占芳：在《苏州古典园林》这本书里，朱鸣泉老师，也绘制过一些插图？

戚德耀：这里面有些是他画的（指着《苏州古典园林》这本书说）。

胡占芳：您画这样一幅插图得多少天？

戚德耀：得十几天吧。

胡占芳：画得真好。戚老师，这幅罩的插图，当时是怎样测绘下来的？

戚德耀：它的现状是这样摆的，挂在那里。我怎么办呢？我要画。罩子分上下两部分。我在罩子上面部分，用粉笔画上方格子，按照比例画到方格草稿纸上；下面部分直接描到草图纸上；以后再按照比例画到硫酸纸上。罩子往往是透空的，罩子两面的雕刻不一样，两边都要用同样的方法去画。

胡占芳：当时，在测绘现场就是要把草图都尽量画好，画到位。

戚德耀：嗯，底图在那边要画好，画得可以了；画正图，上墨线、做比例，回来画（回到研究室）。在苏州那边，碰到下雨天了，我们就在房间里绘图，遗漏的东西等天好了去现场再补。所有的东西，在现场尽量测绘好，没问题了，再回来（工作室）画正式图。如果测绘不够，就再回去补测（从南京去苏州），刘老在这方面很严谨。我去（苏州）

了好多趟，现在已经记不清了，一不对了，就去了。

胡占芳：当时研究室每个人分到一个测绘对象后，整个绘图的过程是怎样的？

戚德耀：先是现场测绘、拍照，绘制测绘草图；草图定下来以后，根据测绘草图，绘制正式的测绘稿。绘制正规的测绘稿时，先画铅笔稿，铅笔稿无误了，各种关系都交代很好了，再上墨线，上了墨线以后作为正式图。上完墨线后的图拿给刘先生看。刘先生不同意的话，就全部作废了，重新再画。所以花的时间挺多，画得挺辛苦。所以我们当时管这种工作叫"磨洋工"。我们已经司空见惯，没有稀奇了，一条线坏掉嘛就是重画。有些线不细，用刀片刮掉，一条线可以画得很细很细。研究室有一个女同志，刀工很好，刮得很细，非常流利，很难得，很难得。当时的工作是对我们性格上的一种锻炼了。

胡占芳：这本书非常的经典，现在很珍贵了。

戚德耀：（笑），当初的书版毁了，都毁掉了，很可惜。当时大概就印了五千本吧。这是潘先生送我们的。

胡占芳：当时大家在苏州测绘的工作状态是怎样的？

戚德耀：我们那时每天还挺辛苦的。白天去园子测绘时，每个人都背个背包，里面放两个大饼，这就是我们的中午饭了，中午饭就不会单独回来吃了。主要是那会测绘时不时的要爬上爬下，如果爬上去了，爬到房子上面或者高的地方再爬下来多麻烦，多耽误时间。大家就是带个水壶，大饼咬一咬，一吃就行了。测绘一天下来，大家晚上吃得很好。

胡占芳：晚上是大家最轻松的时候了。

戚德耀：嗯，（笑）。这是我们最舒服的时候了，一天下来工作结束了，偶尔会吃点黄酒；苏州有评书了，偶尔也会去听会儿书。一看到画的这些东西，说起苏州当年测绘的事情，我就会想到一个小孩。那是冬天，一个小孩落水了，我下去救了他，当时什么也没想，还穿着我老太婆给我新做的棉裤。现在想起来感觉很欣慰，我要是没有去救他的话，我会内疚的。想想那个"小孩"，也有七十多岁了。

（五）巩县宋陵考察

高钢：当时，河南巩县宋陵的考察几个人去的？

戚德耀：两个人，郭湖生和我。郭湖生负责文字部分，我负责测绘和拍照。

胡占芳：哪年去的？

戚德耀：大概是 1964 年吧。当时为了给《中国古代建筑史》的编写增补这方面的素材。

胡占芳：测绘都是您一个人来完成的？一个人测量数据，会受到很大的局限的。

戚德耀：这时候，我有一套自己的测绘方法。经过了那么多的测绘调研工作，我已形成了一套自己的测绘方法。我出去的时候，随身携带一个大铁钉，一个卷尺，一把钢尺，还有相机。先是拍照和绘制测绘草图，再就是量数据。在量一些大的尺寸时，我就把铁钉插到地上（在那边都是泥土地，铁钉比较容易插），把卷尺一端套在铁钉上，量出大的尺寸；再用钢尺量出较短的距离。我一个人拍照、测绘都可以，（笑），大铁钉很重要。

胡占芳：您就是这样用钢尺和卷尺配合着测绘？

戚德耀：嗯。所以，当时一个人测绘也是常有的事。也不用两个人了。拍照的时候，要把调查对象拍好，拍清晰；四周的环境也要拍好。

胡占芳：戚老师，当时测绘了哪些陵墓？

戚德耀：巩县宋陵有八陵，都测了，如永安陵、永熙陵、永昭陵、永泰陵等。当时画了各个陵墓的平面图，还画了宋陵的分布图。

（六）建筑史编制工作

高钢：戚老师，"建筑三史"工作，是从哪一年开始的？

戚德耀：1958 年。当时，我在玉林，准备接下来去海南的[2]。接到刘先生电报，他说，我在杭州，你快来，快来参加"建筑三史"的编辑

176

2　当时，建筑科学研究院建筑理论及历史研究室水系分室去安徽舒县、广西玉林市协助当地搞"人民公社规划"，由刘祥祯领队，南京分室这边戚德耀参加，其他队员均为北京总室成员。

工作。当天下午，我坐火车返回杭州，与刘老会面。

高钢：1958 年开始的，也就是一年，1959 年要出来？

戚德耀：嗯，作为建国十周年向党的献礼。

胡占芳：戚老师，"建筑三史"的编辑工作大概是怎样一个情况？

戚德耀：我参与的是浙江部分的编辑工作；北京那边派来一个人，就是王其明。当时，王其明和我是浙江，张步骞去的河北，还有一部分人留在江苏。当时是组织各个地方大专院校、文化部门参加搜集和编写当地建筑史，每个地方都是派人去的。

胡占芳：戚老师，当时杭州这边的工作情况怎样？

戚德耀：杭州方面，主要是由刘先生来搭台组织的。没有刘先生搭台，我们这些小兵是胜任不起来的。当时省委动员全省来搞这个事，浙江的建设厅、浙江建筑设计院以及浙江大学土木系都派人员参加了这项工作。编写完成后，全部成果送到北京。再后来呢，有一件事奇怪的很，王其明本来是配合我们的，编完之后，她倒是有署名，我们没有。这个事刘先生心里也应该明白的。

附表　1954 年浙江民居调查日历（调查人：戚德耀）

日期	地点	内容	备注
7.14	杭州	早车抵达杭州办理联系手续，食宿安排妥当后走访当地传统店面及内部装饰，并进行摄影	
7.15	杭州	去灵隐寺，测绘寺平面、调查双塔及建筑细部测绘、拍照	
7.16	杭州	去灵隐寺周边调查民居	
7.17	杭州	调查保俶塔；测绘、摄影西泠印社、三潭印月的九曲桥、平湖秋月、哈同别墅等景点	
7.18	杭州	去闸口调查六和塔与白塔	
7.19	杭州	九溪十八涧及附近民居进行测绘及摄影	
7.20	杭州	去石屋洞及烟霞洞，下午调查摄影杭州店面	
7.21	杭州	调查天宝街胡雪岩故居（含后花园）	
7.22	杭州	测绘汪荘、胡庆余堂药铺	

日期	地点	内容	备注
7.23	杭州	参观孤山博物馆	
7.24	杭州	郊区民居调查	
7.25	萧山	调查古塔、民居的建筑细部	
7.26	绍兴	调查测绘鲁迅故居、老台门（太平天国时期封号）、新台门	
7.27	绍兴	调查兰亭、三味舍、桥梁、塔、亭、会馆等	
7.28	绍兴	调查小皋埠鲁迅外婆家民宅及附近桥梁码头	
7.29	绍兴	调查民居、桥、码头。之后，赴兰亭调研	
7.30	余姚	调查居民、桥、会馆等	
7.31	慈溪	调查清道观、普济寺经幢、民居、桥、码头对部分建筑进行测绘	
8.1	宁波	调查摄影天一阁，测绘天一阁平面及剖面	
8.2	宁波	调查测绘、摄影庆安会馆、天封塔及周边民居	
8.3	宁波	去天童育王塔调查	
8.4	宁波	去灵山保国寺	
8.5	宁波	下午4点，乘轮船去上海	
8.6	上海	清晨5点抵上海，去长江路观音庵探询《保国寺志》之事。下午，搭车返回南京	
8.10	南京	向研究室领导汇报此次出差调查情况	
8.14	南京	乘火车转上海，改坐轮船赴宁波。准备搭脚手架对大殿进行全面测绘、摄影及文献调查等	
8.18	洪塘	组织搭测绘脚手架。住进保国寺（后进东厢楼）进行测绘，直至9月7日完成任务，返回南京	

八、张步骞先生访谈录

时间：2013 年 4 月 11 日 14：00—16：00

地点：张步骞宅

访谈对象：张步骞

采访、记录、摄影：左静楠，王荷池

[张步骞]

张步骞，男，1953 年至 1964 年任中国建筑研究室技术员。后进入南京市勘测设计院（今南京市建筑设计研究有限责任公司）。

[访谈简介]

张步骞先生是最早参与到中国建筑研究室（以下简称研究室）的工作人员之一。从 1953 年研究室成立到 1964 年研究室解散，他跟随刘敦桢教授参与了研究室关于"中国建筑"调研工作的大部分过程，对研究室的各个时期的状况比较了解。另外他个人也在此过程中受益颇多，在研究室的工作经历及技术训练影响了其以后的生活。围绕着中国建筑研究室及张先生自身的研究经历，我们对其进行了简单采访。

（一）到中国建筑研究室之前所受教育及工作经历

左静楠：张老师，我们今天下午的采访主要围绕着三个方面，进研究室之前，在研究室的工作经历以及离开研究室之后又做了哪些工作，这些事情和您在研究室的工作经历有什么关联吗？毕竟您在研究室工作了 12 年。首先是您进研究室之前的工作状况以及教育经历，我们很想知道您在进研究室之前是否有过关于中国古建以及民居方面的知识，还有是否受过系统的建筑学训练。我在有关资料上查的是您曾经供职于华东建筑设计公司也就是现在的华东建筑设计研究院，张老师，您在华东院是主要做什么工作的?

张步骞：我做建筑设计工作，在工厂建筑设计室。

左静楠：之前有没有学过一些建筑方面的知识？我们很想知道您在进研究室之前是否有学习过关于中国古建以及民居方面的知识，还有是否受过系统的建筑学训练。

张步骞：我学土木工程科毕业的。

左静楠：您是哪个学校毕业的呢？

张步骞：我 1949 年上海敬业中学土木工程科毕业的。敬业中学，尊敬的敬，呵呵，我（南京话）也不大好，我是上海人。敬业中学的土木工程科实际是个综合性的，什么都有，建筑啊，给排水啊，都有，但是建筑这块比较重，培养对象就是建筑设计人才。我们的系主任就是建筑设计事务所的，新中国成立前上海有很多建筑设计事务所。所以我土木工程科毕业，毕业后刚好是 1949 年，我生了伤寒症，生了大病以后，错过了考大学的机会。不过那个时候也有规定，工科毕业的不能考大学，所以也没有去考。后来我就到"中央贸易部基本工程建设处华东分处"搞工程管理，所以我 1950 年就工作了。之后国家有了"三反五反运动"，这个工程处里面都是营造厂老板，这些大老板都是大老虎，结果打出来一大堆，因此这个工程处就撤销。撤销后有一部分人就去了上海工程处专门搞施工了，像上海的曹杨新村。还有一部分人去了东北的第一汽车制造厂。工程处里还有个设计部，所以我们设计部就都分到了华东建筑设计公司。那个时候还叫公司，总经理是金瓯卜经理，他解放前是地下党。总建筑师叫赵深。

1953 年年初，金瓯卜、赵深、陈植，这些有名的建筑师都感觉到那个时候（建筑）都是抄苏联的，缺乏民族形式，没有这方面资料，所以他们就想成立中国建筑研究室，就是搞这方面资料的单位。所以1952 年底或者 1953 年初，他们俩（金瓯卜、赵深）乘火车到北京去，中途路过南京下来，到南京工学院，也就是你们现在的东南大学，当时叫南京工学院，和刘敦桢教授商量，刘教授以前是营造学社的，他有这方面的知识和经验，也希望能够成立中国建筑的研究机构，帮助他搜集资料，特别是民居方向的，营造学社都是宫殿寺庙方面的资料，他就希望在民居方面更结合因地制宜，可以古为今用，所以他也需要，刚好设计院也有这方面的需求，当时都是苏联房子，大家想搞民族形式。

左静楠：您到南京工作是你们经理找的您、还是您自己主动提出到南京来的呢？

张步骞：是这样，金经理他们，还有刘教授、杨廷宝教授当时他们就决定成立中国建筑研究室，就拟了个粗犷的协议，由刘教授带（技术人员），由华东建筑设计公司提供人员，提供器物、财政方面的支持。当时就定了这个方向。回去以后，他们两位（金瓯卜、赵深），就在设计公司找（技术人员），当时我年纪轻，比较活跃，而且我原来单位的工会副主席到华东建筑设计公司后担任文教委，我们关系比较融洽，可能当时单位找人，他们就首先想到了我。我当时也想到南京工学院深造，所以领导问我，我也很愿意。然后我就到南京来了。

左静楠：您当时肯定没有想到这一去就把家都安到了南京。

张步骞：（笑）是啊。我到南京来后就到杨老的家里，金经理他们上次只是口头谈妥了，这次我到南京来，就是要具体落实协议。在杨老的家里，我就跟杨老、童老、刘老商量，制定了协议，协议就是起名"南京工学院、华东建筑设计院合办中国建筑研究室"。

（二）在中国建筑研究室的工作经历

2.1 初期的调研与学习古建知识

左静楠：我在采访您之前，查过一些关于您在中国建筑研究室的工作经历，大致拟了份表格。张老师您看一下，下面的问题就是围绕您在工作室的研究经历展开的。您看，1953年开始，您是跟了刘老去北方出差，1954年沿陇海铁路西行，去了河南开封等地调研民居，1954年还去了福建调研土楼，1955年又去了福建的适中区，1958年去湖北调研，1965年去了南京建筑设计院。表格上的时间可能有出入，这些年份中间还有空白，我们边聊边修改，您看您还能回忆起来不能，这就是一个大概的线索。

张步骞：1953年4月我正式到中国建筑研究室来，原来是在筹备嘛，我来往联系，后来正式是到南京工作，同来的还有窦学智、胡占烈等其他四人，窦学智是反革命，后来判了刑，失踪了。后来我见过他（窦学智）爱人，她也找不到。胡占烈呢有精神分裂症，后来他也回了上海。再后来就是戚德耀、傅高杰、朱鸣泉啊陆陆续续地都来了（南京）。张仲一啊他们年纪比较大，现在都90多了。

左静楠：那你们来了后，刘老就带着你们去出差？

张步骞：对，转一转，有些感性认识吧，因为你光在课堂上讲，理解不了。

左静楠：包括测绘方法也是在这个北方考察的差旅中学习的吗？

张步骞：对，包括对斗栱的识别，从唐代、宋代、元代、清代，每个时期都有。唐代佛光寺、清代北京故宫、宋代山西晋祠啊，还有云冈石窟啊，但是没有去西安，我们就到山西，山西还有许多辽代的东西。还有河北的应县木塔、赵州桥。我们一行人从山东曲阜那个孔庙开始，一路上去，山东曲阜完了是河北正定、曹县、应县，之后去了北京，一路上去，山西大同。还去过两次承德避暑山庄、八大庙。有些地方是不让看的。比如北京故宫，刘老第一次带我们去的时候，找了故宫的院长，然后让三个工作人员同时撕封开锁。那个时候好多宫殿都封掉了，因为以前有好多太监，偷了皇帝的宝贝，把东西埋在地下。那个时候刚解放不久，还没有全部整理，好多东西还没有挖出来，所以都被封了起来，管得很严。那一次刘老带我们去，是刘老的面子，我们才能进得去故宫。

左静楠：除了您还有谁一起去了？

张步骞：还有潘谷西，他比我大两岁，还有上海的陈从周。

2.2　河南窑洞住宅

左静楠：1954年您去调研时很重要的发现是河南窑洞住宅，下面我们来谈谈这个经历。

张步骞：1954年的时候是我一个人去的。那个时候刘老师编《中国住宅概说》，编这本书，要补充材料，就派我一个人去。

左静楠：当时您去的时候，刘老有没有给您列好表格，指定您要去调研什么地方？或者指定特定类型的住宅呢？

张步骞：没有，就是要我去采风，打开来去跑，没有定特别严格的路线，就是要我自己去找，主要是民居，补充住宅建筑史的资料。

左静楠：当时派出去采风的除了您还有谁呢？

张步骞：没有了，就我一个人，当时研究室刚刚成立，没有别的（调查人员）。我就沿着陇海铁路向西走。那个时候，年轻人，胆子大，我一个人背两个照相机。那个时候民风很淳朴，一个相机是方的，德国的，Rolflex，是华东院海外归来的人带回来的最好的相机。金经理非常支持这个工作，所以当时院里最好的相机就给了我用。那个时候的副经理，也叫襄理，襄阳的襄，宋襄理到北京开会，到南京火车站停一停，我到南京火车站拿来。我还在寄售商店买了一个德国莱卡的相机，带广扩镜（广角镜）。

左静楠：您那时已经懂一些具体的照相技术了吗？

张步骞：没有，都是慢慢摸索出来的。那个时候我还买了远摄镜，三脚架。我就一个人背着这些东西先到了开封、郑州。晃晃（逛逛）开封的民居。还去了开封下面的巩县，那有宋陵。开封过了去了郑州，到郑州老城里转转。再到巩县，我找到文管会，听他们当地文管会工作人员告诉我巩县有天井院，他们叫天井院。它（天井院）是在平地上，那边不是平原吗，平地挖了一个大坑，然后向四面发展，挖窑洞，它那个窑洞是在地底下的窑洞，上面还是稻田。

左静楠：在你之前有没有人发表过关于窑洞的文章？

张步骞：没有，没有人说过这个事情，天井院我也只是到了当地才听说有这么个东西。我当时就做了测绘，画了平面、剖面，当地的农民很淳朴，陪着我去看，后来还一起合了影。

左静楠：老照片还有没有存下来？

张步骞：刘老管得比较严，我们的胶卷主要是拍建筑用，很少用于拍私人照片，我们胶卷很多，你要都拍风景照就麻烦了。我们出去很少拍私人的东西，这个合影我好像有，等一下我找找。巩县我还到了宋陵，宋陵当时也没有人去，周围也没有人，当时我胆子大，一个人就去了，现在是不敢了。巩县下去到了西安，没有去洛阳。开封还去看了相国寺、繁塔，由于当时的调研任务主要是民居，所以就没有测绘。

左静楠：当时您已经能够独立判别建筑的建造的年代了吗？

张步骞：基本上那个暑假刘老带我们看了一遍之后，这些斗栱的大小啦，斗栱的演变啦，基本上都能辨别了，原来斗栱很大，基本上一个柱子上一个，后来越来越密，到了清朝基本上摆满了斗栱。还有一些朝代的（木构）特征，根据这些基本上能够判别建筑的年代。因为看书讲解，只看书有些概念还是不明白，所以每年建筑系学生暑假都要带出去实地跑一趟古建筑考察。这个对认识古建筑的知识还是很有用的。

2.3 福建永定客家住宅

左静楠：1954 年您还去了福建？

张步骞：是的，那个时候开始了正式调查，分了几个小组分别出去考察，这是 1954 年下半年的事情，调查主要以住宅为主。当时建筑系有个学生，黄金凯，他老家是客家族的，他有张老家的照片，拿给刘老师看，说他老家有这个圆楼、土楼，刘老师很感兴趣，之前大家都没有听说过，他那里很封闭。所以刘老师就派我、胡占烈、朱鸣泉去福建调研，当时福建交通不是很方便，我们就先到江西上饶。坐火车到江西上饶，再转长途汽车，一路过去的。

在上饶转车时，胡占烈拿相机拍照，还被警察当成了可疑分子盘问了许久。上饶是当时的交通枢纽，管得还是很紧的。从上饶，我们坐长途汽车，到泉州、漳州，最后到永定坎寺，坎寺是个镇吧？坎寺也是永定县，我们没有去永定县城，直接到了坎寺，之后长途车也没有了。我们就开始爬山，一路走过去，我们还有很大的行李箱，就雇了当地的老百姓帮我们担箱子，一路走到永定那个地方，到了那边是晚上。那时候刚解放不久，还有土匪，民兵设了暗岗在里头，遇见我们还用手电筒照了很久才放行。

左静楠：您第一眼看到土楼什么感受呢？

张步骞：没想到这么多，有圆的有方的，有一圈的、两圈的、三圈的、五圈的，里面还住着人。底层是吃饭用的，二层是粮仓，三层以上是住人。中间是个大院子，大院子中心有个房子是祠堂，旁边有井，还有养鸡的鸡舍，完全是一个自给自足的世界。为啥会造成这个样子呢？那边土匪多，解放刚不久还有土匪。第二是宗族观念强，那边有时候会发生街斗，所以他们防卫及宗族的观念很强。我们路上碰见个小孩，问他几世公是谁，都可以答得出来。我当时写的报告里提到了这点，他们基本上一个家族一个土楼。土楼底下的墙有1米多厚，越到上面越薄，窗子也下面是很小，越到上面越大。所以他们完全是从防卫出发的，他们关起门来，大门里面有门闩，门上头还有管子可以向下浇开水。

左静楠：你们当时住在里面吗？

张步骞：住在里面，冬暖夏凉的，我们是夏天暑假去的，（土楼）里面很舒服。我们还做了测绘，平面、剖面，没有画村庄的总平面图，就是画了单体，拍了照。工具就只有个皮尺。

左静楠：没有别的东西了吗？

张步骞：没有别的，平板仪啊什么的都没有，30米长的皮尺，一段一段量，先勾个草图，然后再量再写数据。

左静楠：这个方法我们现在还在用。

张步骞：画草图、量尺寸、照相。尺寸包括平面、剖面。《福建土楼》这篇文章中的图基本上是我画的，有两个切开来的图（剖透视）是胡占烈画的。我们当时在那里做的是草图，回到学校后用鸭嘴笔在硫酸纸画正式图。我们出去时间都不长，都是暑假。我们当时还听说有个地方的土楼叫天助楼，在施工时没有下雨，所以叫天助楼，土楼施工的时候怕下雨，它里面最大，有五圈呢。除了圆楼、方楼，还有就是那个"大夫第"，是一种比较平的住宅。中间三四进，两边有围楼，最后是个土楼。我们在那边就是把典型的过过，测绘一下。

2.4　福州华林寺大殿

左静楠：除了土楼，你们在福建当时还发现了两座比较重要的古建筑吧。

张步骞：一个是华林寺（大殿），我们在福州发现的。它在市中心，外面看不出来什么，进去后发现它年代比较久远，因为它外头给别的朝代后建的构件包了一层。进去看了后发现斗栱比较大，后来查了资料，是宋代的，只是外面包了一部分别的朝代的东西。我们回来后又和刘老师核对了下，确定是宋代。我们从福州、泉州、漳州一路走的时候也会注意当地的古建筑、祠堂。到了福州听到当地人讲华林寺（大殿），我们就云文管会查资料。我们一般都是先到当地文管会查资料，然后到现场采风，看了有典型的我们就调查测绘。也有反过来的，先发现典型的建筑，再去文管会查资料。特别是搞民居，我们去查民俗的这些书，福建厦门大学那个时候有很多搞民俗的学者，他们写的当地民俗，我们查了之后就能明白当地风俗习惯，民居的由来。地方志就查古建筑的年代。我们当时副产品还是蛮丰富的。

2.5 甘露庵

左静楠：甘露庵呢？甘露庵是哪一年去的。

张步骞：甘露庵不是这一趟去的，具体哪一年我记不清，一会查一下，好像是 1958 年以后了。

左静楠：甘露庵也是偶然发现的，当时是去寻找别的东西发现。

张步骞：那是 1958 年"建筑史"要编三史，编三史的时候我到了湖北，那个时候（中国）研究室已经归到了建筑科学研究院，它下面有个城乡规划室，规划室要组织一班人到湖北去搞人民公社规划，我就被派到了湖北孢子县去搞人民公社规划。配合搞三史我还到过湖北恩施，那个时候交通不方便，我们就坐小飞机去的，那都是石头建筑。另外我就从武汉、荆州、襄阳、随县到三峡一路上去，还到了老河口，然后到十堰。恩施去的时候是坐飞机，回来的是坐某个首长的汽车，那个时候路很危险的，都是盘山公路。泰宁寺是怎么去的我也忘记了，一会我去查查。

左静楠：好的，甘露庵和华林寺大殿好像不大一样，我看了一下您写的关于甘露庵的文章，里面有照片，甘露庵是一组建筑，蛮壮观的，在石洞当中。

张步骞：是的，它就在山洞里面，底下木头撑起来。它是观音殿啊，大殿啊，厢房什么都有。

左静楠：甘露庵也是宋代的建筑吗？

张步骞：是的，它梁上有字，可以看出建造年代是宋代，另一方面，它的斗栱是有福建特色的，和北方的也不一样。所以从这个呢很难判断。

大殿里面很黑，我们有时候镜头曝光要 15 分钟，拍出来的照片还是蛮清楚的。梁上面的彩画我们曝光要曝光好长时间的。

左静楠：甘露庵为什么能够保留这么长久，山洞中很潮湿，木头建筑应该不容易保存的啊？

张步骞：它是半悬空的，完全是木头撑上来的。所以也不会受潮。甘露庵很可惜，烧掉了，那个时候大家保护的概念还不强。很难得发现山洞中的寺庙。也是偶尔发现，我们成立的初衷也是考察住宅，这份资料拿回来，刘老师也很高兴，古建这块补了空白。

2.6 其他住宅调研过程

左静楠：这之后你们还去了哪里呢？

张步骞：我们从永定出来，没有走原路返回，而是翻了座山去广东了。梅县的土楼没有圆的，是方的，有的是大宅子背后有个方形土楼。多是一条一条的，被叫作围龙屋，三四条拼起来。后来我还写过广东梅县客家土楼，后来解散了，这些资料全部到建筑科学研究院去了，当时解散时，图书归南京工学院，照片和文字资料全部归建筑科学研究院。后来文化大革命了，这些资料都堆在地上没人管，"文革"结束后才被整理出来些。

左静楠：后来你们从广东回来又去了次福建，在 1955 年？

张步骞：后来我们又去了福建适中区（现称为适中镇），适中区每栋楼都有历史记载，我们在县志上可以查到，适中区的房子我们也写了报告做了测绘，但是这份资料被建研院收了去，也没有被发表。湖北农村住宅我也写过一个报告。适中区的房子也基本上是方的，但是它有年代记载。

左静楠：永定的资料刘老收录到《中国住宅概说》里了，适中区的资料没有收录，后来就上交给国家了，对吗？

张步骞：是的，我还写过福建的华侨住宅，也是副产品。

左静楠：您整的资料还是蛮多的。后来您去湖北调研有没有写过关于住宅的文章？

张步骞：我写过一篇《湖北民居》，但是后来牵涉到分家，这些资料都找不到了。

左静楠：刘老的《中国古代建筑史》没有把您当时搜集的"华林寺大殿""甘露庵"等资料收录进去吗？

张步骞：没有收录。

2.7 苏州古建及古典园林调研

左静楠：苏州我看你们还测绘了虎丘和瑞光塔，这批资料收录进去了吗？

张步骞：虎丘塔收录进去了，瑞光塔没有收录，后来在《文物》上发表了。

左静楠：也就是说你们当时搜集的资料还是蛮多的，但是当时来编史的老师还是要筛选一下的，并不是所有的都放进去，也就是说资料库远远大于最后呈现出来的成果。

张步骞：对，当时搜集的东西很多，特别是民居资料。但是编史还是要典型，而且以官方的线为主。编史是全国编的，就在北京的香山饭店，当时聚集了各个省建委派的报告顾问，各个建筑学院的老师，在一起开会、分工。

左静楠：张老师，你们一般暑假出去调研，而不出去调研时就做一些资料的整理工作？

张步骞：对，包括苏州园林资料整理工作。苏州园林我们也去调研了，我、朱鸣泉、傅高杰三个人在苏州待了好长一段时间。连续好几年都要去的。《苏州古典园林》这本书最早的稿子就是我们三个人在整理，到后来刘老要精益求精，不断完善，到最后书里面的这些图都是叶菊华他们画的，最早的照片也是我们拍的。

左静楠：你们那个时候看到的苏州园林和现在有什么不同之处吗？

张步骞：我最后一次去苏州园林，代表建筑设计院去开会，到现在也有十几年了，那个时候变化不大，就是"拙政园"旁边盖了个"东园"。

左静楠：刚解放的时候，经过那么多年的战乱，苏州园林当时状况怎么样呢？

张步骞：当时耦园里面是个纺织厂，没有开放。拙政园当时开放了，艺圃里面是破破烂烂的，有好多小园子是我们当时发现的。苏州比较多的文人雅士，退休后搞的住宅都造小园子，他们的艺术造诣还是比较高的。现在好多园子（开放了），那个时候苏州只有几个著名的园子（开放），像拙政园、狮子林了。

左静楠：也就是说您从1955年适中区回来后这么一长段时间其实都是在苏州测绘园林，然后1958年后编古代史去了湖北。

张步骞：1955年到1958年在苏州的时间比较长。但是在苏州就是虎丘塔、瑞光寺塔、园林这些工作来做。那个时候虎丘塔刚好要修理，虎丘塔明朝以前就歪了，那个时候虎丘塔就不能上去了，刚好要修理嘛，我们就顺着脚手架爬上去了，里面楼梯什么都没有了。

左静楠：你们那个时候还是全国各地去了蛮多地方的，还是蛮好玩的。

张步骞：是的，北边我们到了义县，义县在东北，已经出关了，义县我们去看奉国寺大殿，出山海关，过锦州到了义县。

（三）中国建筑研究室工作经历的影响及离开后的工作

左静楠：1965年解散后您就去了南京建筑设计院，您之后的工作和您这12年在中国建筑研究室的经历有联系吗？或者说受到了哪些影响？

张步骞：那个时候叫南京勘察设计公司，我之后的工作就和中国建筑研究室的工作不"搭噶"（注：南方方言，指牵连）了。但是在中国建筑研究室养成的工作习惯，严谨态度、调查研究还是在我以后的工作中继承了下来。

左静楠：我看您后来还做了住宅研究，您做住宅研究和之前的民居调查有没有关系？

张步骞：民居嘛，除了就地取材之外就是实用经济。所以在做住宅的时候特别注意实用。所以我那时候设计的住宅有得奖的，南京第一座高层住宅设计就是我主持的，就是那个"锁金村小区"，"锁金村小区"里面大概有四五栋高层住宅都是我主持的，是1982年1983年左右的小区。

左静楠：非常早的小区了。那后来中国建筑研究室解散后你们还有想过要聚一聚啊，或者大伙把没有做完的调研再做一做。

张步骞：没有，从来没有。呵呵，大家都分散了，有的到了江苏省建筑设计院了，像吕国刚、金启英。我去了南京勘察设计院，杜修均是去了省设计院。朱鸣泉和詹永伟是去了苏州园林局，孙宗文是到了省建筑科学研究院里的建筑协会，以前他在西安设计院也画过中国建筑的，他也是自己在搞古建的，主要是搞历史方面的，文献资料方面掌握的比较齐全。戚德耀是到了博物院文管会。

左静楠：您在研究室学到的绘图技术包括手绘、测绘技术以及对建筑的认识对您以后工作有帮助吗？

张步骞：有帮助的，比如说画草图，写仿宋字。刘先生要求很高，傅高杰仿宋字写得好看，结果所有的仿宋字都让他写了。刘先生就是要求太高。《苏州古典园林》这本书都是他去世以后出版的，因为他不断地补充不断地修改，做建筑史也是不断地补充不断地修改，所以《苏州古典园林》最后都是潘谷西帮他完成出版的，他就是不断在修改。刘先生解放后发表的大文章也不多，建筑史都是作为教材，他（对文章）要求很高。

左静楠：我觉得这代老先生他们特别认真。

张步骞：是的，字也好、图也好，包括照片，像苏州园林刘先生讲求光影，漏窗和树枝的影子，树的影子打在墙上什么样，光透过漏窗打在地上什么样，苏州都是白墙黑瓦，树影的变化，日照的变化，他都有要求，不同的时间拍下来。

（四）邮件采访

上次采访时我们留下了若干问题没有解决，张步骞先生事后特意给我们发了电邮解答。

电邮全文如下：

昨晚看了叶菊华先生的访谈，有几点想法，写出来奉上，供参考：

（1）中国建筑研究室 1956 年并入北京的设计总局下的"建筑技术研究所"的。后来中央建筑工程部成立，其下属"建筑技术研究所"扩大成为"建筑工程部建筑科学研究院"。它前面既不冠中国二字后面又多了研究二字，就是为了表明档次不同，所以不能简称为并入"中科院"（中国科学院比科学研究院要高不止一个层次）。在隶属建筑技术研究所期间，中国建筑研究室的名称没有改，工作没有变。但多了一样工作就是：接待外宾，筹备展览。我们曾受命制作中国建筑图片展览，先在南工建筑系内预展，展后由我送往北京汇报，然后由中国建筑代表团带往当时的东欧各国展出。此外，期间还常有东欧等建筑代表团来系访问，关于中国建筑部分除刘教授外，一般的由我接待介绍。中国建筑研究室是在建工部建筑科学研究院成立，体制改革以后，内部成立了"建筑理论及历史研究室"，我们才改名为"建筑理论及历史研究室南京分室"的。

（2）1959 年在北京开的大会，是动员编制中国建筑三史（古代、近代和建筑十年）。不是动员调查民居。我们派出多个小组分赴各省也不是单纯调查民居，而是为建筑三史收集资料，并协助各省编制各省的建筑三史。至少我就是受命赴湖北省配合湖北省科委参与豹子澥人民公社规划，到黄石、沙市、孝感、荆州、郧阳、恩施等地方收集古、近、现代建筑资料，协同编制湖北三史。回来后我还和建筑研究院总室的孙增藩工程师两人对各省报来的材料进行甄选，为《建筑十年》一书编排，并配合印刷厂（在南京）出版。此外作为副产品我还撰写了《湖北农村住宅》一文。

（3）建筑理论与历史研究室的撤销，我认为，应是基于当时的形势，大环境所致。支持研究中国建筑和提倡民族风格的刘秀峰部长被批判，建筑理论与历史研究室"总室"被撤销，"南京分室"焉有不解散之理。不过，当时总室和分室确有矛盾。南工也确实想另立研究室。原因是总室的管理和上海华东建筑设计公司不同：上海是只要成果，全部委托刘老，并不参与管理。而总室则是对分室的工作计划、人员调动都要管，甚至每年全体人员都要到北京集中一段时间。有一些特长的工程师如张仲一（擅长钢笔画），胡东初（工彩画）就被总室调去，我也曾被调总室，参与山西调查组一起赴山西，我撰写的《晋南元代木建筑的梁架结构》

就是这次参与中的副产品。所以南工要自设，也情有可原。但分室撤销与此关系不大。

（4）关于"泰宁甘露庵"。是我1959年第二次去闽西调查适中区土楼建筑时，在招待所偶尔听说附近山洞里有个庵庙，全部用木架建筑，而顺便去看看发现的。它构思巧妙，虽小却全，与福州华林寺大殿构造风格类同，有宋风。后在梁间也发现了南宋题词，得以佐证，回途经过闽南时还采集到海外华侨在当地建造的住宅，红砖带有黑色斜条的清水墙（当地的制砖工艺所致），配以白色石雕，外观中西结合，别有特色。撰写《闽南华侨住宅》一文存档。

（5）顺便更正一下，我说晚上在闽西山区，黑暗中突遇民兵查问是因为当地土匪多，应更正为国民党敌特多。

九、夏振宏先生访谈录

时间：2013 年 4 月 12 日 15：30-18：00

4 月 18 日 15：00—17：00

6 月 3 日 16：00—18：00

地点：南京市市级机关医院门诊楼

东南大学前工院 101 室

采访对象：夏振宏

采访人：曹光霞、王荷池、左静楠

［夏振宏］

夏振宏，1928 年 5 月 4 日生，江苏省泰兴县人，中共党员。现居南京市沙塘园小区。

1958 年由南京工学院总务处以调工作的名义进入中国建筑研究室，担任行政秘书。

1944 年 9 月参加革命。

1945 年 9 月苏中三分区三联专会计班毕业（实际是分区干部学校）。分配到江潮报社任会计。

1945 年 12 月分配到江海早报任会计，（该报社为一分区与苏中区党委合办）并定为排级干部。

1947 年华中新华日报任会计。

1949 年 4 月随军渡江后，任苏南新华印刷厂会计，会计室负责人，财务科长，厂党支部负责人，厂团支部书记，苏南区党委机关团委委员。

1954 年 9 月南京工学院总务处党支部书记（直属院党委，与系总支相等）。

1956 年兼任南京工学院机械厂（现为东南大学专家楼）厂长。

1958 年 9 月任中国建筑研究室秘书。因院长汪海粟案（已平反）受株连贬职，并由政工干部转为业务干部。

1964 年年底研究室解散后，调至江苏省建设厅援外处，负责出国干部的调配政审管理教育工作。

1972 年任中共南京钟山区委政工组副组长，组织部副部长。

1975 年任中共南京下关区委组织部副部长。

1978 年任中共南京市委组织部，借调到审查平反老干部冤案，落实党的政策。

1980 年任中共南京市委统战部干部处长。

1984 年任中共南京市委统战部党支书记。

1988 年离休。享受厅级待遇。

[访谈简介]

本次访谈主要谈论了中国建筑研究室行政工作方面的内容。夏振宏先生于 1958 年 9 月由南京工学院总务处调至研究室，任研究室的行政秘书，协助刘敦桢教授工作。如主持室务会议、每周的政治学习、年初制订工作计划，年终工作总结，对外函收及外出研究人员的联系、经费管理、报销审批。有时还看看研究文稿及印刷校对，有空时参加一些专题研究等。本次访谈以行政方面为切入点，旨在为中国建筑研究室的研究工作提供深入理解的背景。在两次的访谈记录中，主要总结为以下几点：一是研究室历史沿革。中国建筑研究室从 1953 年成立之初到 1965 年年初解散，这其中有过几次更名及隶属关系的调整，其原因和对研究室工作的影响。二是研究室人员的工作安排及研究费用。三是刘敦桢教授对学生的要求及培养方法。四是工作室解散后，各研究人员如何进行工作分配的。除此之外，夏振宏先生还回忆了当时研究室的一些趣事。

（一）研究室历史沿革

1.1 简要回顾

王荷池：夏老师您好！不好意思，在您身体欠安的情况下打扰您。我们是东南大学建筑学院的研究生。2013 年 11 月份将在东南大学建筑学院召开"中国建筑研究室成立 60 周年纪念暨传统民居研究研讨会"，找寻、梳理并传承中国建筑历史研究的脉络，为此我们准备了一系列的活动。以"口述历史"的形式一对一地采访曾经参与过研究室工作的十余位老先生，到时候在大会上将以图书和视频的形式展现。我负责采访您。我查过史料，您当年是刘老的行政秘书吧，那我们聊聊关于研究室行政方面的一些事情。

夏振宏：好的。我年纪有点大了，今年 86 啦，耳朵不是太好，你得说大声点。或者写下来给我看也行的。

王荷池：谢谢夏老师。那我们开始吧！这个中国建筑研究室是怎么成立的呢？比如谁提议的？您先简单地回顾下吧。

夏振宏：这个研究室呢，不晓得是 1953 年还是哪一年，是华东建筑设计公司，想搞建筑方面的研究，最后呢，到南工来了，以后呢，中央建筑科学研究院就跟南工合办研究室。这个研究室来的这帮人呢，是华东建筑设计公司的这帮工程师。大约十几个工程师，这个负责人就是刘敦桢。这是最早的时候。这个刘敦桢呢，我去的时候，他是中国科学院的学部委员，全国人大代表。这个研究室他是主任。把我调去干什么呢，一开始我也不是很清楚。我是 1958 年到研究室的。我已经晓得有这个研究室，因为研究室有个干部到我们总务处啊，去联系工作。我是以调工作的名义由南京工学院总务处调至研究室的。到研究室以后呢，我又不是搞建筑的，我后来嘛是主要为中共服务，搞政治工作的。到了研究室后，说是秘书，秘书就秘书吧，（笑声）具体负责什么工作呢？刘敦桢每年的研究计划，我领着他们开会讨论好了，谁研究什么情况，哪个负责人。过后向刘汇报。还有呢，这个研究情况差不多好了，向他汇报汇报。行政上的事情肯定都是我来管。他已是六十多岁的老人了，他也不管。后来呢，业务上的事也是我来管。我哪会管这些呢，我又不是搞建筑的。这个研究室后来叫建筑理论与历史研究所，所长就是刘敦桢。我去了不久呢，杨廷宝先生原来是系主任，后来当了南京工学院院长了，也是 1958 年，这个系主任就是刘敦桢。刘敦桢与我是一个办公室。后来呢，（研究所）里面安排有两个房间。我和刘敦桢就在里面办公。前面是一个大房间（给工作人员用的）。情况大致是这么个情况。刘敦桢先生很忙。他当时主要搞世界建筑史中国部分，他负责编写。指定这部分的负责人是郭湖生。他修改修改。他业务上主要是这个事情。其他的不大管。他也知道哪个人搞什么研究，这个讨论就由我来弄，文章写好后，有时我看看，建筑我是不太懂，但是搞理论研究呢，当时理论强调思想性、政治性，搞这个我懂啊。（笑声）另外呢，这个文字，有什么大的问题，我虽然不是文笔很好的人，但是我也不是不懂。我1949年、1950年也写了几百篇文章，报纸杂志都登过。后来让我参加研究，当时1959年发生西藏叛乱，从建筑上说明西藏是我们的，不是印度的。就写一个中国建筑期报，这个叫通俗本。我也参加这个研究，我就写写序言。有的文字也帮他们修修改改。还写了一个南京住宅研究，民用住房研究。我参加了这两个研究。其他的没有参加，只是他们写的文章我帮忙看看。刘也放心让我看看。这个研究室的人都有一定水平的。有好几个当时是四十至五十岁的工程师，搞研究工作。比如张仲一。

1.2 "中国建筑研究室"办公地点

王荷池：当时研究室的办公地点在哪里呢？是现在的中大院吗？

夏振宏：以前叫南京工学院。东南大学的名字是后来改的。研究室最初设于当时南京工学院建筑系馆——（旧）"中山院"楼内（一楼东南角）；1958年，建筑系馆迁到（旧）"中山院"楼以北的"中大院"时，研究室也随着迁入了。（以下为结合史料）因当时研究室所在房间在"中大院"楼内的门牌号为"105"，故研究室在南京工学院建筑系内又常简称"105研究室"。目前为中大院102室是院长办公室。南京工学院老图书馆（原国立中央大学图书馆一楼（二楼？））东南角的房间也曾一度作为研究室的办公地点。

1.3 "中国建筑研究室"历史沿革

王荷池：我们查阅了相关的史料，结合已经采访过的研究室的老先生。这个研究室好像改了好几次名的。您知道这是什么原因吗？

夏振宏：我是 1958 年来研究室的，这个研究室 1953 年就成立了。但我知道改过名了，因为我们日常用的信纸上面印的名称改过了。你们可以查查史料。先是和上海的华东院合办，后来与建筑工程部建筑科学研究院合办。

王荷池：改名后对研究室有什么影响？

夏振宏：研究室隶属关系的调整，带来了科研经费支出机构的变更。在中国建筑研究室 1953 年 4 月成立至 1955 年年初，科研经费由其合作单位华东建筑设计公司支出，经此次机构隶属关系的调整，经费的支出改由建筑工程部建筑科学研究院支出。

王荷池：根据有关的史料记载，研究室经过了四次改名？您看看有什么不妥的地方？

夏振宏：好的。研究室经历过几次改名的，刚开始是与华东建筑设计公司合办的，后来又与建筑工程部研究所合办，建筑工程研究所又改名叫建筑工程部建筑科学研究院。

（二）研究室人员的工作安排及研究费用

2.1　工作安排

王荷池：先问下工作安排吧，研究室当时有多少人？刘老怎样给大家安排工作任务呢？时间上有要求吗？

夏振宏：研究室最多时有十七八人。每年年初，研究室会制订一年的研究计划，由刘敦桢教授出题，大家开会讨论，哪些人分一组，研究什么问题，去哪个地方，然后落实到每一个人头上。明确每一个人做什么事情，报告给刘老师同意后，接下来大家就按各自的研究问题去开展工作。去全国各地天南海北地做田野调查，现场测绘。在现场画好草图，回到工作室后再把草图画成正式的图纸。叶菊华主要是负责《苏州古典园林》的画图排版工作和南京的瞻园工程，所以，她相对研究室其他成员来说，出去得比较少。研究室这些人有去云南的，有去福建的，有去湖北的，天南海北去现场调查测绘，画好草图。那时候测量只有皮尺，相机还是挺好的，进口相机。回来后呢，要画成正式的图纸，还要写文章。文章有时候也给我看看，刘先生也放心给我看。那我就看看呗。我是做行政工作的，以前在报社干过，我不是搞建筑的，但文字工作我懂呀！（笑声）

王荷池：刘老对这个研究成果在时间上有要求吗？比如说什么时候必须交图，交文章什么的。

夏振宏：这个没有具体的时间限制。但是那时候我们的成果是很多的，当时 1958 年、1959 年我们去北京开会交流，北京那边的研究室，人数比我们多一倍不止，我们的成果比他们要多很多。

2.2 研究费用

王荷池：你们那个时候一年的总花销有多少啊？

夏振宏：具体的总数没有统计过。我们很节省的，我记得研究室没有买过一包烟，没买过一包茶叶。当时有个事务员陈根绥负责图书的管理、财务的报销，我这里是负责审批报销的条子，我签字同意后，拿到财务去领钱。具体一年多少钱不知道啊，你可以问下财务处的丁康，这个丁康还在，他管我们的账。他现在退休了，离休干部。现在经常去东南大学老干部处，你可以去找找他问问。他新中国成立前参加工作的，财务处有账。这个东西能查得清楚的。

王荷池：好的呀，那时候主要的支出是哪些方面呢？一年支出有一万元吗？

夏振宏：不止不止。反正钱不多，一年几万块钱是要花的。为什么呢？我们十几个人的工资，后来的人比较少，有两个工资高的老工程师后来调走了，一个调到上海设计院去了，像郭湖生的工资不在我们这里，他属于历史教研组。后来撤销了，（他）就回到建筑系了。他当时（1959年时）是 83 块钱。当时有个工程师是 6 级。像戚德耀、张步骞、朱鸣泉、傅高杰，当时都只有七八十块钱，六七十块钱，工资都不怎么高。

王荷池：研究室成员当时的工资标准是怎么样的？是研究室定工资标准还是华东院定呢？

夏振宏：当时工资是根据每人的级别评的，记得叶菊华是 1959 年从进入研究室开始，每个月是 59 元的工资，一直到 1964 年研究室解散，还是这个工资标准。1963 年调整过一次工资，40% 的人可以升工资级别，但最多是月工资标准升涨了 10 元。工资的级别制定是有历史原因的，即进入研究室之前在原单位的工资级别是怎么样的，到研究室后的级别仍然还是原来的级别。

王荷池：出去调研的费用怎么计算呢？当时是您负责联系调研的地点及人员接洽吗？

夏振宏：每年年初开会确定好各人的调研地点后，大家就分头行动了。我负责给他们开介绍信，介绍当地城建部门接洽。他们出去所花的费用也不多。那时候条件很艰苦，工作人员的经费来源只有工资＋车费＋住宿费＋伙食补贴。具体伙食补贴多少，我记不清了。再就是有时相机的胶卷不够了，需要买一点，大家留好发票，回来找我批条子签字，到财务处报销。住宿费和伙食补贴，都按国家规定的标准，大家很辛苦，也没有额外的补贴。但是当时相机倒是挺好的，是从德国进口的，那时大家现场测绘时，都掌握了一些基本的摄像技术。

（三）刘老师对学生的要求及培养方法

3.1　研究室的培养方法

王荷池：研究室这些成员大部分是上海来的，刘老是怎么培养他们的呢？

夏振宏：研究室刚成立之时，大部分是上海那边（华东建筑设计院）派过来的。派过来的这些人，有几个老工程师。工作人员以前都不是从事建筑史研究工作的，刘老就经常讲课培养他们。工作方法采取"一面培养一面工作"的方针。

王荷池：我们查到相关资料的记载，有个《华东建筑设计公司、南京工学院合办中国建筑研究室协议书》，这里面规定：中国建筑研究室技术领导以南京工学院建筑系刘敦桢、童寯、杨廷宝三位教授为主，是这样吧？

夏振宏：实际上负责研究室成员的培养与业务指导工作的是研究室主任刘敦桢教授。

王荷池：您看看《人民南工》校刊上发表过文章，叫《如何培养学生独立思考与独立工作问题召开教师座谈会》。时间在1953年4月底至5月初，即中国建筑研究室刚成立不久。刘老参加了此次座谈会，并结合建筑史学课程提出了一些自己的看法。

以下是摘录的原文：

"我认为要培养同学们具有独立思考和独立工作的能力，师生双方面都有责任，老师要很好地诱导学生，有计划地逐渐培养他们在这方面的兴趣和能力，同学们要尽量独立思考，不要过分依赖先生。先生教课时，除把课程内容有重点地告诉同学们以外，不应该把许多细节通通说明，而应当让同学们有机会考虑一些问题，如果无法解决，再让先生帮助他们解决。我教《建筑史》一课，上学期曾发过两次复习提纲，而第二次提纲内，有一部分启发性的题目，我想好的复习提纲，使同学们通过复习，能抓住课程主要部分，并在这基础上，自己思考其余的问题。"

夏振宏：刘先生也知道这些人（华东公司派来的人）不是做建筑史的。所以呢，也注意培养他们。像安排研究室的人，这帮人啊，去建筑系听课。还有呢，他们有不懂的，刘先生呢也在研究室跟他们讲。还带他们出去考察。我也跟着他们去过几次。

王荷池：这么说来主要有以下几种培养方式：一是安排跟班旁听南京工学院建筑系本科生课程；二是在研究室内的指导与讲课；三是亲自带领或组织、安排外出参观、考察北方重要古建筑；四是从参观、实习性的调查、测绘，到实践性的调查、测绘与相关专题研究；五是协助整理、编辑有关中国建筑史的教学、研究参考资料；六是严格要求研究室成员的学习和研究工作。

王荷池：这个跟班学习是怎么个学习的形式呢？

夏振宏：主要是旁听，跟班旁听建筑系本科生的课程。研究室建室的目的是为了整理我国各地民间建筑的优秀传统经验，供日后建筑设计时的佐证和参考，但调来的人员都没有这方面的工作能力与经验，必须从培训开始，建筑系的一些青年教师像齐康、潘谷西、刘先觉等也配合参加了部分工作。刘先生决定首先安排研究室成员跟班旁听建筑系本科生课程（设计课、绘图课除外），并通过考试等形式进一步巩固所掌握的知识与技能。

王荷池：我们采访过叶菊华老师，她当时是建筑系的学生。

夏振宏：叶菊华当时是南京工学院建筑系本科生，中国建筑史的课代表，她留下来，也有这方面的原因。

王荷池：通过跟班听课学习，研究室成员初步具备了从事建筑史学习和研究工作所必备的基础知识和技能，其所拥有的建筑学知识结构也在一定程度上得到了优化，这为他们日后所将要进行的古建、住宅和园林等的调查、研究活动打下了良好的基础。刘老是位很有远见和思想的老师，对他们的培养也是全方位的。

夏振宏：后来呢，刘先生也在研究室内讲课。一般不集中上课，有不知道的地方，就讲讲。如果遇到什么问题，他们（刘敦桢、童寯、杨廷宝）就给研究室单独开课，刘先生也单独开课，包括后来讲的印度建筑史，就是在研究室里讲的。主要内容就是中国建筑的住宅和园林。

王荷池：刘老当时在建筑系还有授课任务，还要担任研究室的主任，应该很忙啊。那他怎么要求研究室的成果呢？

夏振宏：当时刘先生的精力对研究室很看重的，对工作室成员也是精心培养。郭湖生写文章快，刘先生一般改改他的文章，别的成员的只看看，很少改，有时候也让我看看。刘老师很忙，自己动笔写得不多，主要是改文章。刘老师当时任中国建筑研究室主任、南京工学院历史教研室主任，跟我一起，都是南京工学院工会委员，当时我是系工会的主席。

王荷池：刘老亲自带队出去考察一般是什么时候呢？去得多吗？

夏振宏：一般是暑假的时候带队出去。刘先生有着丰厚的建筑史学识修养，注重史实与史论相并重；带队实地考察、亲身感受古建筑，加深对古建的认识和理解，借此巩固和提高研究人员的古建知识，培养和加强研究人员对古建学习的兴趣。

王荷池：刘老有着长期的建筑史教学实践，在中国营造学社专职从事古建调查、研究工作，注重实地考察古建，并由此逐步将古建认识实习（参观）、古建测绘实习作为每一届建筑学专业本科生在中国建筑史理论课程学习之后所必须参加的综合性实践环节。因此对研究室成员的培养也是这样。正如戚德耀老师所言："最初都是刘先生利用假期亲自带我们去跑，到一个地方他就开始讲课，一边讲课，一边收集资料，一边锻炼我们如何拍照、测绘、理解古典建筑。"后来我们采访张步骞老师也证实了这一点。

夏振宏：是这样的，刘先生很注重实地考察的。1953年夏天，研究室有张步骞、傅高杰、窦学智等3人在刘先生的带领下，北上参观、考察古建，所经计有山东曲阜、北京、山西大同、河北正定等地；同行者有南工建筑系青年教师潘谷西（时任刘敦桢中建史助教）、崔豫章以及同济大学建筑系陈从周，共计7人。1954年夏，刘先生组织、安排，在南工建筑系指导老师的带领下，中国建筑研究室成员窦学智、张仲一、朱鸣泉、曹见宾、方长源、戚德耀、胡占烈、杜修均等8人与建筑系二年级本科生一道，赴山东曲阜作古建筑参观、测绘学习。1955年夏，中国建筑研究室成员张仲一、张步骞、曹见宾、戚德耀、傅高杰、胡占烈、杜修均、方长源、朱鸣泉等人在室主任刘敦桢的率领下，北上参观、考察古建，并注意收集所经各地的民居资料。同行者有青年教师潘谷西，刘先生的4名中建史研究生：乐卫忠、章明（女）、胡思永、邵俊仪，以及同济大学建筑系陈从周、朱保良，共计18人。《人民南工》校刊曾对此次参观、考察活动作过报道。刘先生一般选择暑假出去的。

王荷池：采访张步骞老师时，老先生提供了部分参观、考察照片。

夏振宏：是的哟，这个就是年轻时的张步骞。这几个人是谁？哦，是当地的居民。在室主任刘先生的指导、安排下，通过此前校内的理论学习与校外的考察实践，研究室成员逐步掌握了古建调查、测绘的基本技能，并逐步从前期的参观、实习性的调查、测绘阶段，过渡到此后实践性的调查、测绘与相关专题研究阶段。

王荷池：根据采访张步骞老师回忆：来南京工学院以后，一方面是在学校里进修建筑学专业的全部课程，建筑史由刘先生专门讲授，另一方面，一开头就是帮刘先生搜集资料。根据戚德耀老师的回忆：经过一年多的训练之后，1954年夏，研究室就开始外出进行实践性的调查了。

夏振宏：研究室成员外出调研归来后，即着手整理调研资料，并撰写相关调查报告，对此，刘先生给予指导并亲自审核，并提出修改意见。以中国传统住宅调研为例，研究室成立初期时成员外出所搜集的住宅调查资料，后来部分收入刘先生研究中国传统住宅的阶段性成果——《中国住宅概说》专著。我还为研究室成果《中国建筑通俗本》写过序言。

王荷池：刘老在整理、编辑有关中国建筑史的教学、研究参考资料上对研究室成员有什么要求吗?

夏振宏：刘先生也重视对研究室成员在古建资料的整理、编辑工作方面的能力培养。他曾经给郭湖生说过："现在我的工作是和研究室的同志们，正在改编今春出版的《中国建筑史参考图》，预备明年4、5月间重新出版。它的内容，除了增加相片与图样以外，并要增加说明文字。"

王荷池：我们采访张步骞老师他提到刘老是非常严格的。他说："因为刘敦桢教授的严格要求，不断地精益求精，所以很多作品都是在刘老去世后才发表。"叶菊华老师也说过："对于苏州古典园林的测绘与插图工作，刘先生要求工作室成员把主要石峰和树的高度测下来，再拍下照片。树干的方向、前后和高度都要如实记录下来，必须保持 80% 以上是真实的。另外，所有测绘图中的树必须绘制冬景，细致的程度是要通过树干和树枝能判断出树种，像腊梅、银杏、青桐、榉树、朴树、榆树是能看出来的。"严格要求研究室成员的学习和研究工作不断追求从难从严的高标准和高质量，是刘老在其日常教学、科研工作中一贯坚持并身体力行的重要原则之一。

夏振宏：是这样的。科学、严谨、高标准、高质量，也成为刘先生对所有研究成员平日学习和工作的要求。对于进度要求，刘老师没有严格的规定，大家写好了，给刘老看看，采取不定期的随意检查方式。研究室总共十几人，多数时间都在外面调查。大家出去调查测绘时，由我开介绍信，联系当地部门，去哪里了也找我汇报下。一般坐火车和汽车到当地，到了当地后即租马车或驴车赶往现场调查、测绘，现场绘制草图。回到研究室后，大家赶紧将草图绘制成正式图纸，完善文字。有时也是写文章。

王荷池：北京的"建筑工程部建筑科学研究院建筑理论及历史研究室"由梁老任主任时，南京分室跟他们有联系吗?

夏振宏：一般不向北京汇报，南京分室虽然只有十几个人，但成果比当时北京室的成果还多。在刘先生的具体指导、精心培养与严格要求下，加以南京工学院建筑系诸位老师的协助，中国建筑研究室成员通过数年的努力，多已初步具备了进行建筑史研究工作的基本素质。已训练出了一批具有中国建筑基本知识、能独立进行工作的研究人员，为今后大力开展科学研究，整理和发扬祖国建筑学术的遗产，创造了若干条件。

3.2 工作室解散后，各研究人员的工作去向是如何分配的

王荷池：研究室解散后，这些成员的去向是哪里安排的？

夏振宏：是北京那边的建筑工程部建筑科学研究院安排的，北京派来了一个姓宛的干事，在这边（研究室）待了半个多月，专程负责安排工作室人员的去向问题。

王荷池：这些人员的去向安排，有征求过他们个人的意见吗？

夏振宏：也征询过他们个人意见的。这些人都是搞历史研究的，有些甚至被分到了施工单位去了。后来到新单位后得重新学。但大部分工作人员去了设计院，像张步骞去了南京二院，詹永伟去了苏州园林局。

王荷池：在安排工作去向时，南京分室这边有人协助宛干事吗？

夏振宏：南京这边是我一直协助宛干事，大约安排了半个月，二十多天才弄完。还准备把我分配去当秘书呢，我说我不当秘书了。后来就去了江苏省建设厅援外处，负责出国干部的调配政审管理教育工作。

王荷池：研究室这些工作人员解散后，还有联系吗？

夏振宏：个别私下有联系吧，我一直跟郭湖生联系的。我还劝他，要想开点。郭湖生是大才啊，他人已经走啦。

（四）有关研究室的一些趣闻趣事

王荷池：我们的采访也差不多了，夏老师您回忆下，说说当年的有关刘老、有关研究室的一些趣闻趣事吧。（夏老师看过我们的采访名单后开始讲。）

夏振宏：这个采访名单你们哪里来的呀？对对对，是这些人，你怎么知道的呀？不全不全。

王荷池：这个反面还有的。有些老先生我们已经采访过了。

夏振宏：这个王世仁，（指着采访名单说）是北京的。还有个什么人，他的父亲很有名，大概当过大学校长，记不清了。这个张仲一呢，在上海洋行干过装修，所以他对建筑很懂，他就研究装修方面。这个人的外文很好。梁思成先生说："我的外文不如他。"为什么呢？梁思成让他翻译外文有关建筑方面的文章，梁先生非常满意。梁思成是美国留学生，他的外文不好吗？也是因为这件事呢，给他（张仲一）升了一级工资。还有个什么人，不记得了，我的脑子不行了。我也想不起来啦。孙宗文，这上面没有。这是个有名的老工程师。当时也四十七八岁了。过去是国民党空军。后来我去的时候，他受了处分。他生病休息，他没有好好休息，在家大约写了三百篇论文，结果在杂志上发表了十四篇，有本事吧。结果当时政委说他休息不好好休息，写论文，有资本主义思想。（想）拿稿费。当时拿了八百多元的工资。当时就降了他的工资。降了两级工资，他当时是六级，后来降到八级。还要惩罚他。扣他的工资。我心里明白这种处罚是错误的。他是研究佛教建筑的。工资没办法降，人家要吃饭，就要扣他的工资，我就提出来让不要扣。通知总务处不要扣，他又没干什么坏事，发表论文是好事。后来这事儿就私了了。还有几个，曹金平，身体不好，调回上海设计院了。戚德耀，还有朱鸣泉，还有杜修均。郭湖生。1958 年考研究生。

左静楠：郭湖生老师他去世了。

夏振宏：郭湖生是大才。他与齐康、钟训正是同学。他们 1953 年大学毕业。据齐康讲，他读书的时候，他的三分之一的时间对付功课，其余时间是自己看小说，拉小提琴，出去跳舞。考研究生时，上百人只录取了他一个。建筑设计是杨廷宝出题，建筑历史是刘敦桢出题，外文是外语系出题。本来外语是英文与俄语两门选一门，结果他两门都考。结果两门都考得很好。郭湖生建筑设计很好，建筑规划也懂，历史与理论也行，而且这个人的古文很好，他一个人一个月可以写上万字的文章。这个人脑筋特别灵活。他当时是建筑系一号学生。

曹老师：（注：原东南大学建筑学院古籍书库管理员曹光霞老师，她提供了线索帮助我们找到了夏振宏先生）他人也很好。

夏振宏：我们很多人都喊他郭老，他也答应。实际上他只有二十几岁。

他人品好，不光工作态度也好。他没事就不来，有时有课就来，平时就去图书室借一本书带回家看。刘敦桢很欣赏郭湖生。郭湖生考研究生录取了，但是当时他在系里当讲师。跟他一起毕业的学生，他一毕业就当讲师，结果系里不同意他报考。结果报考没有介绍信。学校没给他介绍信。后来怎么办呢？后来刘敦桢把他调来，通过教育部、冶金部、建工部把他调来当刘的助手。郭湖生一开始是研究建筑中的亭子，他写过有关亭子的初稿。后来中央开建筑历史理论研究会，他上台去讲。因为他看的书多，懂的东西多，郭湖生人很能干。平时待人接物很好，很平易近人。就是有人对他说郭沫若也是郭老，你也是郭老。他说郭老的文章也不见得多好，怎么了不得，我写的文章也不比他差。郭湖生脑筋好，那是大才。这个人已经去世啦。

还有杜修均、戚德耀。还有个后来调到苏州去了，我一时也想不起来了。

王荷池：是詹永伟吗？陆景明？

夏振宏：不是不是。这上面没有。我想不起来了。你们自己回去查下吧。叶菊华、詹永伟、吕国刚、金启英，他们是1959年的毕业生，建筑系毕业留下来的。他们四个大学生。这四个大学生呢，叶菊华业务好，工作态度也好。苏州园林大部分是叶菊华画的。（笑声）1964年研究室撤销后调到南京设计院，以后调到南京市城建委任总工程师，还当过园林局局长，党支书记。金启英和吕国刚是夫妻俩。吕国刚来（研究室）后没参加研究室的工作，当时呢，准备研究西亚建筑，西亚建筑需要懂外语。就把吕送到南大进修外语，所以吕就一直在进修外语。1959年来的，到1964年就撤销了。金启英主要是画图，詹永伟做了些研究工作。这个陆景明原来是同济大学的。他是1949年高中毕业生，后来南下到了福建，进了福建省公安厅当了机要秘书，后来又上大学，后来又去了北京，最后派到我们这里来了。研究室解散后调到苏州去了。刘敦桢当时培养了四个研究生，这四个研究生是乐卫忠、章明、胡思永、邵俊仪。他们都到上海去了，1958年毕业了。三个男同志，一个女同志。有一个还是中共"十三大"代表，叶菊华也是"十三大"代表。这个"十三大"代表全省也没几个。

王荷池：是啊，这个人大代表很少的，他们是怎么成为十三大代表的呢? 有什么特别突出的贡献吗?

夏振宏：一是因为她是刘敦桢的学生，帮刘老画图出书，认为她建筑业务好；二是她做南京秦淮夫子庙一条街设计，就因为这个项目，她出了名了。她后来变了名人，还有她的电视剧。因为出了名当了园林局局长，党支书记，当了城乡建设委员会的总工，中共"十三大"代表。这个研究室的有个章明，大概是上海的那个设计院的，她也是"十三大"代表，研究室出了两个女代表。培养了三个研究生。1958年毕业的。跟我们一样的研究室北京建筑科学院也有历史理论研究室，这个研究室属于建工部。具体隶属关系你们查下史料。

王荷池：那南京的这个研究室呢?

夏振宏：是这个院与东大合办的，不属于建筑系，是建筑系代管，刘敦桢管理。刘代表工学院管这个研究室，不属于建筑系的。刘敦桢是党员，夏振宏、吕国刚、陆景明是党员。行政关系就是这样的。1958—1959年是研究室最好的时候，人不多，不到二十人，但研究成果不差，每年有十几本书，详细我也记不清了，我们经常到北京开会，他们的人数比我们翻倍还不止，我看他们不见得科研很多。我们研究室有两个行政工作人员。还有一个陈根绥,他管行政审核。管出书,图书资料,作品,行政事务，比如谁领出差费，报销出差等，我负责批条子。事务事情还是陈根绥管。我们喊刘敦桢不是主任，是喊刘教授。他也放心我们管。平时一周有半天的政治学习，刘老师一般不参加。后来又调来了一个女同志(注:车秀兰)协助陈根绥。后来傅高杰调到苏州去了。他是工程师。刘先生对张步骞的评价是精明强干，这个人很能干的，了不起。他后来调到南京的一个设计院了。刘先生最欣赏的是郭湖生。他毕业后分配到外地去了，后来刘先生又特地把他调了回来。

十、陆景明先生访谈录

时间：2013 年 3 月 13 日 10：00—11：30

地点：苏州市九龙医院

采访对象：陆景明

采访、记录、摄影：叶茂华，李慧希

[陆景明]

陆景明，1959 年 9 月加入建筑理论与历史研究室南京分室任技术员，1964 年离开南京前往苏州市建筑工程公司任技术员，现居苏州。曾参与苏州古典园林测绘工作。

[访谈简介]

本访谈主要谈论了陆景明先生的个人生平和在建筑理论与历史研究室南京分室的工作经历和生活状况，其中不少线索指向工作室的工作内容和历史变迁，第一个是"北京建筑史大会"，讲述了研究室初期对建筑史研究方向的探索及遇到的困难；第二个是"中国住宅测绘"，讲述了刘敦桢教授对中国住宅研究的思考脉络和对测绘调研的重视以及相应测绘工作的安排；第三个是"研究室的解散"，"文革"时代对研究室的影响和研究室人员的各自去向；除此之外，本访谈也谈论了1950 年代开始的苏州古典园林测绘的一些细节情况和陆先生对刘敦桢教授的工作印象。

（一）北京建筑史大会

会议内容和个人工作

陆景明：我是 1959 年的冬季，快到 1960 年了，去南京分室报到去工作，大概是 10 月份，我记不得了。

李慧希：詹永伟老师和叶菊华老师他们是 9 月份报到，您认识他们吧？

陆景明：哦，我大概比他们稍微迟一点，报到了大概一两个月以后，北京的那个研究室总室要召我们到北京去开会，一个是布置明年（1960年）的任务，另一个么，就是总结 1959 年的工作，北京的研究室的书记刘祥祯，詹永伟有没有跟你们讲？

李慧希：这个没有。

陆景明：我被分配的一个专题是研究北京的卢沟桥，就是 7 月 7 号卢沟桥事变的那个卢沟桥。正要开始工作了，南京工学院建筑系打了北京的加急电报，要我们三个党员回南京去整风，一个是夏振宏——南京分室的秘书，还有我，我也是党员，还有南京工学院毕业的吕国刚，他后来好像在江苏省设计院，你们没有去采访他吧？

李慧希：嗯，目前没联系上。他好像跟他爱人一起的吧？

陆景明：嗯，他的爱人叫金启英。后来我们（研究室）解散了以后他下放到江苏省设计院。这个后面再讲。那么，把我们三个党员紧接着调回去，调回去干什么呢，说是要整风。回南京以后，我才知道，所谓的整风原来是"反右倾机会主义"的批判活动，夏振宏和我被列为了批判对象。大概批判了个把月，那么北京的卢沟桥（专题）我没有搞，因为回到南京了，本来要留在北京（研究）的。

（二）中国住宅测绘

调研工作的分配和工作内容

陆景明：刘敦桢（先生）就分配我出差，我一个，詹永伟一个，还有傅高杰，（我们）三个人一小组，（刘先生）叫我当负责人带队，当时刘敦桢教授要我们去调查，他要写一本中国的住宅，写一本大书，他先写了一本薄薄的书——《中国住宅概述》，然后他想写一本厚的书，把中国住宅建筑要全国范围的调查，要写比较大的这么一本书，有计划的。他安排我们到浙江、江西，还有什么地方来着？詹永伟怎么说？

李慧希：他说是广东，就是江西和广东。

陆景明：到了中途，我那时候，因为反右倾批判我，我非常不服气，为什么呢，我所在单位是北京的研究室，工资也是他们发的，到南京仅仅是去培训的，我想我原单位不批判我，你这个培训单位有什么资格来批判我。不服气！那么当时我窝了一肚子的火，当时年轻气盛，我不买账，（刘敦桢）叫我当小组长，我不太乐意，我就跟詹永伟、傅高杰说，按原计划你们再去研究吧，那么我就跑到海南岛去，找我当年的入党介绍人去诉苦……到海南去我有个打算的，就对海南省琼中黎族苗族自治县的少数民族特色建筑进行调研，还蛮有特色的，拍了很多照片，又把它测绘了一下，写了一个专题叫《海南岛琼中县黎族苗族调查报告》。这个专题结束了后，我也就回南京了，回到南京后，这份专题因为没在刘敦桢的调研计划中内，没有被采用。

李慧希：当时除了您说的测绘资料以外，有没有其他的一些手稿或者图纸有留在向您说的园林管理处等？

陆景明：我刚去工作室，批了我"右倾"以后，出差回来，刘敦桢在编一本《建筑十年——中华人民共和国建国十周年纪念（画册）》这一本书，这是1949年至1959年的现代建筑，里边主要反映新中国成立十周年的建筑的面貌，里边有人民大会堂等。我出差回来以后刘老叫我画图，就画这本书上的图，北京体育场的（图纸）还是我参与画的，画了一些图，跟着就跑印刷厂，印这本书。我唯一参与的（学术工作后来有）出版的就这一本。

（三）研究室的解散

3.1　解散的时代背景

陆景明：研究室撤销了，所有的资料都弄到北京去了。北京的情况匡镇邺了解得比较多。什么时候撤销的呢，就是"文革"前，"四清"运动，把我们研究的东西都说成是"封资修"，都要批判和撤销。那么好了，北京研究室的主任兼书记刘祥祯也（被）批判，一直牵涉到建工部的部长刘秀峰，也被批判。结果研究室就撤销了，那么我们南京分室（的工作人员）就被就地下放至江苏省，北京的（工作人员）就下放到（的地方）就多了，像西藏、新疆等。

（四）关于苏州园林测绘细节和对刘敦桢的印象

李慧希：您当时有过来一起测绘吗？

陆景明：园林测绘参加过的，有参加的。

李慧希：您主要测绘了哪些园子？

陆景明：园林测绘我就是量量皮尺什么的，画图我没有画，主要是詹永伟他们。

李慧希：对对对，詹老师说他画的是建筑部分。

陆景明：对。测绘么我也参加的，都是一个组么，帮忙拉拉皮尺什么的。

李慧希：您对刘老还有什么印象？

陆景明：对《苏州古典园林》，刘敦桢的要求非常高的，他不肯把不成熟的东西拿出来，刘老对政治形势不大敏感，他不知道在这个形势下面要出这本书是非常难的，潘谷西他很着急，他说："刘老先生老要完整完整，现在应该要争取赶快把这本书出来。"那么关于《苏州古典园林》这本书，潘谷西他们几个人一直催刘敦桢，叫他快点出来，否则又是一个死的资料。

十一、詹永伟先生访谈录

时间：2013 年 3 月 13 日 15：30—17：30

5 月 16 日 10：30—11：30

地点：苏州市公园路 255 号

苏州园林和绿化管理局庭院

采访对象：詹永伟

采访、记录、摄影：李慧希，叶茂华

［詹永伟］

詹永伟，男，著名园林专家，苏州市园林和绿化管理局总工程师。

［访谈简介］

本访谈是"中国建筑研究室（下简称研究室）成立 60 周年纪念暨传统住宅研究研讨会"的系列活动之一，旨在记录和梳理中国建筑历史研究的过程，并追忆和怀念刘敦桢教授对中国建筑历史研究的贡献。为此，我们专程两次到访苏州对东南大学校友、研究室的主要成员之一詹永伟先生就其在研究室期间的工作和生活情况做了深入而细致的专题访谈。

在这两次采访中，詹先生与我们分享了他个人在东南大学的学习经历，在研究室的工作经历，和他对刘敦桢教授的回忆等等。具体分为四部分内容：

（1）詹永伟先生进入研究室前的情况；

（2）进入研究室后的工作情况；

（3）对刘敦桢教授的回忆；

（4）研究室的经历对其自身的影响。

（一）进入研究室之前的情况

李慧希：詹老师，您好，非常感谢您接受我们的采访。能不能先谈一下您进入研究室前的情况？大家都知道您当时是在完成了东南大学五年专业学习之后，被院里老师钦点留在母校继续工作的。能不能聊一下当时的情况，对于进入研究室工作，您的心态又是怎样的呢？

詹永伟：我们这一届是南京工学院（建筑学专业）五年制的第一届，有两个班级，每个班上有30人。当时大家对中国的古建筑都不是很感兴趣，都觉得斗栱太复杂了，搞不太清楚。而且普遍对于中国古建筑有些错误的认识，都觉得古建筑过于程式化，屋顶、平面都是一个模式。在1950年代，我们那一辈人都崇拜西方建筑大师，例如密斯·凡·德·罗、赖特、柯布西耶等。到了1958年"大跃进"的时候，也就是在五年级的下半年的时候，系里面给我们分了几个专业方向来完成毕业设计的题目，一个是工业建筑（后来没搞），一个是民用建筑，还有一个是城市规划。当时，还有一部分同学被抽调到北京参加了北京火车站的设计。刘敦桢先生那个时候觉得应该有建筑史方向的毕业论文，就选中了我、叶菊华和吕国刚三位同学来完成"三史"工作。我写的是《江苏建筑技术史》，叶菊华写的是《江苏住宅建筑史》，吕国刚写的是《江苏工业建筑史》。

从我内心来讲，其实并不想做这个题目的，还是想到北京参加北京火车站的设计，当时年轻人都向往去北京参加大项目，所以是抱着一种无可奈何的心情完成了这个毕业论文。我在做《江苏建筑技术史》这个论文的时候，具体指导的老师主要是潘谷西先生，他管的比较多，而且强调这个工作还是很有意义的，以前没人研究过。我记得做论文的那个阶段，先期是查找资料，主要是到外面调查。我认为作为江苏的传统建筑技术，苏州和宜兴是两个重点要考察的地区，因而后来到苏州、宜兴等地搜集资料。

李慧希：当时您写的这个论文大概有多少篇幅？

詹永伟：写了不少呢。写完以后，我是5分，吕国刚也是5分，工业建筑史更难写的，尤其是近代的。最后，系里面还组织了论文答辩，答辩老师有系里的，有省文物厅的，还有江苏省设计院的。因为《江苏建筑技术史》这个题目别人也没有写过，所以大家都认为写得很好，觉得这个是开创性的工作，内容也比较丰富，都给了很高的评价。另外还称赞詹先生具备搞科研的素质。1959年国庆十周年的时候，学校有个科学报告会，我的这个毕业论文也作为参会的学术论文被发表。由于学校推荐，江苏省出版社原本要进行出版，到了隔年，有些原因耽搁了就没有发表出来。当时的毕业论文都是手稿孤本，非常珍贵，一开始是留在系里面了，后来有次聚会我把它拿走了。可惜的是，这个东西现在找不到了，一是怪自己不够重视，另外确实觉得质量也不怎么样。这就是我历史研究初期阶段的一个情况。

（二）进入研究室后的工作情况

2.1 初到研究室的情况

詹永伟：毕业以后，我是9月份才到研究室报到的。我说那时候人都比较单纯。当时工作人员说7月份毕业了，8月下旬就可以报到了，而且报到了还能拿半个月工资。不过我和叶菊华都觉得难为情，不好意思几天工夫拿半个月工资，就这样，我们是拖到9月初才去的。报到以后，我的第一个任务是写了篇论文关于镇江金山寺的。当时刘先生要调查金山寺，就委派我做了相关的调查研究，最后形成了一篇小论文。

2.2 住宅调查

詹永伟：到了1960年，当时刘先生写过一本小册子，叫做《中国住宅概说》，他想继续研究下去把它扩充为一本完整的系统的一本书，就给研究室的成员进行了分组来分头调研住宅。我和傅高杰、陆景明（后独自离队去海南岛考察）是一组，到江西、广东调查，叶菊华和戚德耀主要是皖南、浙江一带，还有一组据我回忆可能是李容淦等人，调查的可能是云南和贵州等地,记得不是太清楚了。我们那组是 3 月 7 号动身的,一直到 6 月初才回来。先到江西,在南昌附近调查,然后到了湖南,在怀化市通道县测绘调研了侗族的住宅。之后一路插到南面,到了广西北部的三江,再往南就是旅游胜地桂林。那个时候我们比较自觉,觉得调查住宅不能多玩,于是在桂林就停留了一天。在桂林我们搭火车去到广州,在广东省我们去了到当时的梅县,叶帅叶剑英的故乡,调查了客家住宅。结束以后北上,又回到了江西,先到了江西南部的定南,然后龙南,一直到了抚州,最后回到南昌。等到回学校整整三个月还过几天。这次调查对象主要就是南昌、江西和广东的住宅。这是研究室第一次比较系统的、完整的乡野调查。主要的任务就是测绘和记录建筑的材料等等。这也是我印象中的第一次跟过的比较大的项目,对我而言意义深刻,影响至今。

2.3　中国古代建筑史的编写工作

李慧希:你们对这次住宅调查进行整理了吗?

詹永伟:住宅调研回来之后,刘先生当时不着急把这个《中国住宅概说》写出来,所以我们只是简单地整理了一下,出了一些调研报告。刘先生那时期最最重要的事情是编写《中国古代建筑史》,由于他是主编,所以任务比较重。在 1960 年国庆前,刘先生到北京开编委会,当时我和叶菊华也被抽调到北京为这本书的编写整理资料和绘制插图,印象中我比叶菊华待的时间长点。有次编委会开会梁思成先生也到的,他也是编委之一,参会的还有一些各个大学搞建筑历史的。那些德高望重的老先生当时都还是年轻人,像同济的喻维国,像西安冶金学院的赵立瀛,哈建工的侯幼彬,还有文化部文物局的陈明达(注:过世了),印象中北京总室的王世仁、杨鸿勋和傅熹年等等都有参加,真是一次高峰论坛,《中国古代建筑史》的出版都离不开他们的功劳。那次开会,我是晚辈,负责做会议记录。那次会议对于我而言印象深刻,而且很受教育。会议主要就是大家讨论,畅所欲言,集思广益。他们几个老先生都是有分工的,大概是按照朝代来分配工作的。梁先生当时负责是起草隋唐的序言,他在会上表达了这么一个意思，他说中国的历史是不断重演的。例如春秋战国的时候是分裂的，之后强大的秦朝很快就统一全国，但也很迅速地就崩溃了，取代而之是汉朝；过了很多年在隋唐的时候历史重演了，分裂的三国两晋南北朝被强大的隋朝统一了，但也很快就崩溃了，取而代之的是唐朝。当时在座的很多人都赞同梁先生的看法，觉得评论得恰到好处。但是也有人马上提出了反对意见，来自北京大学的宿白先生说，梁先生你的这个看法是不对的，他说历史是没有重演的，这只能说是一个规律。话音刚落，梁先生就觉得有点挂不住了，当时低着头，有点脸红了。我当时真是深受感触，觉得这些老先生不仅学问好，他们之间这种不拘小节、坦诚相对的态度也感动了在场的所有人。

我那时在北京住了几个月，主要就是帮助刘先生做《中国古代建筑史》的编写准备工作。在 1961 年初，我被派到呼和浩特测绘席力图召的寺庙。当时正值冬天，那儿零下二十几度，冰天雪地，天寒地冻。我一个南方人第一次去到这么冷的地方，寒冷的感觉至今难以忘怀。从那边回来火车上也非常拥挤，连厕所都去不了，条件十分艰苦。

2.4　苏州古典园林的测绘工作

詹永伟：到了 1961 年年底，刘先生开始集中精力研究苏州古典园林了，基本上研究室全部人员都参与其中。我是负责苏州古典园林建筑的测绘、制图和园林构造方面的文字工作，这个工作一直到 1964 年年底。当时苏州园林的各个平面都是重新测绘的，刘先生觉得他 1956 年那本书上的文章和插图毕竟不是太精确，所以要求研究室成员重新带了经纬仪、水平仪去现场重新测绘。当时平面测绘是由李容淦负责的（中专毕业，听说后来到苏北去了）。那时候，刘先生的要求非常严格，有时候一个冠子要三个月的时间来测绘，就是说不单单整个轮廓要准确，每一块石头的位置、每棵树的位置、高低，都要准确。剖面图刘先生强调一定要画冬景，因为冬景的树干形态更容易掌握，也更容易让大家识别出来树的品种。印象中主要是叶菊华和金启英负责画剖面，我主要画的是园林中的建筑图纸。

李慧希：您当时在苏州测绘测了多久啊？

詹永伟：断断续续的，一直到 1962 还是 1963 年我才回到学校，开始室内作业。（我回忆的时候有点记不清楚了），时间还是比较长的。我那时候也非常愿意来苏州，因为妻子在苏州。之后回到学校，才开始全面的室内作业。一开始大家都非常不适应，不管剖面图、建筑图、窗格都是非常繁琐，屋角的平行曲线多得眼睛都看花了。大家也都没有经验，经常画错，重画，非常辛苦。原本大家都习惯图纸从下面画到上面，往往是下面的基础好画，但是画到上面就复杂了，屋角的曲线或者建筑的窗格线一条没画准，整个图都废了。后来大家都吸取了教训，从上画到下面了，先难后易。我说后来有一天，突然发现画什么曲线，什么窗格，都得心应手了，那天真是高兴死了，见了谁都想笑。大家那个时候都有个体会，画这个图纸就像是长跑，经常是跑到一千多米的时候是最难受的时候，咬咬牙坚持下去突然就轻松了，其实就是一个心态的问题。

李慧希：能谈谈室内作业时候的分工情况吗？期间有哪些有趣的事情发生吗？

詹永伟：室内作业的期间有很多有意思的事情，有个同学叫金启英（吕国刚的夫人，他们现在居住在杭州），她特别会磨笔尖，我们当时画图不单单是鸭嘴笔画的，还有德国的钢笔尖，就是那个笔尖，金女士是特别会磨那个笔尖，所以大家都让她帮忙磨笔尖。还有傅高杰先生，因为仿宋字写得好，所以所有图上的文字都是他写的。书上的这些图，现在看来也真是不容易，所以后人都认为这本书是一本经典，图也是经典的。当然，现当代有人用心画，也可以达到或者超越这个水平，但是现在几乎没人愿意做这么基础的工作了。那个时候虽然经历了大跃进，人也浮躁了一段时间，但是跟现在的浮躁还是有很大的区别，当时整个社会人的思想还是很平稳的，也没有现在这种帮人做做方案赚钱之类的事情，画图也是没有奖金，所以大家都很安心地做这个事情，所以才能画出这样的精彩的图纸来。

李慧希：印象当中您执笔画的苏州园林里面的园子有哪些啊？

詹永伟：我是建筑画得多，园子我没画。拙政园的香洲，还有其他几个，反正画得不好的是我的。吕国刚当时画图很好的。

李慧希：刘老当时对于画建筑有哪些要求？

詹永伟：在室内作业的时候，刘先生对图纸的要求比较高，所以常常会来看画的效果，有时候他来看，觉得不行的时候，他会跟你说怎么修改，应该怎样画，但从来没有很严厉地发脾气，多数以鼓励为主。图纸都是画在硫酸纸上的，刚开始的时候，主要是我、叶菊华和金启英两位女士，吕国刚先生当时在南京大学学习英语，准备研究印度建筑，后来因为 1962 年中印边境战争，关系不好了，他就不去学英语了，也回来画这个图纸了。这个图纸的成功主要是归结为刘先生的严格要求，他不追求出版时间，不像现在有些人几个月的研究成果就赶着出书了。刘先生是不追求这些名利的东西的，他的踏实和严谨才成就了这本经典著作。

（三）对刘敦桢教授的回忆

3.1　对刘敦桢教授做学问的特点总结

李慧希：能谈谈刘老吗？

詹永伟：我感到刘先生做学问有这么几个特点：

（1）是开创系统地、全面地解读中国古建筑历史的领军人物之一。

在 1930 年代，中国营造学社那批老先生就开始调查中国的古建筑，直到抗战爆发，流亡到西南了，也还在调查。他们那时候的调查，往往都是单个的建筑，孤立的，没有把它们整理成一个系统的历史。我觉得刘先生的功绩就是在他们的基础上进一步了，因为他主编的《中国古代建筑史》是一个系统性的、相对全面的介绍，这是他的一个大的功绩，属于开创性的工作。梁先生过去也写过中国古代建筑史，文字相对而言较少，没有这个系统、全面。当然这个不是刘先生一个人的功劳，但是他为主的，起到了关键性作用。

（2）理论联系实践，敢于创新开拓的先行者。

刘先生一直都这么想的，不仅要理论研究，还要联系实践。正好当时南京瞻园要修复，正好让刘先生有用武之地。那时候南京市委书记是彭冲，是一位非常好的领导（"文革"以后是江苏省委书记，再后来是全国人大常委会副委员长），他很尊重刘先生，嘱咐瞻园博物馆的领导说你们都要听刘先生的，刘先生也非常乐意做这个事情，也希望把所学运用到实践中去。修瞻园的时候，我们也都参与了，印象特别深刻的是修缮瞻园路上入口门厅的那个部分。那时候，我、叶菊华，还有金启英，各人做了一个方案，最后挑中了我的。当时选中我的方案的时候我是感到非常的高兴和自豪。刘先生对瞻园的修缮是非常上心的，只要他不在外地，一个礼拜或者隔一段时间总要亲自去一次。（瞻园里面的假山）原来请的是苏州的工匠去堆的，结果没堆好，堆得一塌糊涂，就重新在南京请了一个王师傅（王栖凤），也要四五十岁了，每次刘先生到现场，总是要跟他商量并反复推敲。当时南京园林局有一个叫朱有介的老专家（当时40多岁了），画画画得很好，刘先生也把他请过来一道商量怎么搞。所以，刘先生在工作中是很虚心的，很善于与有学问的先生一起切磋交流，也能礼贤下士，与工匠合作得很好。另外，还有一点，在实践当中，他是非常有创新精神的，当时两个假山之间，厅北面有一片空地，刘先生要求说要做草坪，开始大家都想不通，觉得中国古典园林中多数都是硬铺地，刘先生就说那就太生硬了，有点绿化会有生机勃勃的氛围。当时大家都觉得刘先生很大胆，敢于突破常规。另外，我设计的门厅部分的挂落，刘先生说你一定要简化，不要像传统的万字挂落一样，很复杂，所以现在的挂落很简练，但是效果也非常不错。

前年我回南京，叶菊华带我去看了她以后新造的瞻园二期，那个长窗啊，裙板部分全部不是木板，都是玻璃，目的是为了不遮挡视线，这些都是刘先生当时的意见。从这几点可以看出来，刘先生在理论联系实际当中，是非常敢于大胆创新的。

（3）一直在不断地开拓他的研究范围。

自我到研究室工作，刘先生就一直在准备研究印度的建筑，那时候他自己看了很多资料，他还给我们上课了，讲印度的传统建筑。讲了一段时间，后来没有坚持下去，是因为他太忙了。他还把吕国刚派到南京大学去英语，就是为了以后研究印度建筑打下基础。所以他一直在坚持不断开拓新的研究领域。

（4）关心培养教育下一辈。

我们很有幸，在工作的同时，也一直在接受教育。中国古代建筑史和西方建筑史一开始都是刘先生上的，后来他身体差了，还坚持坐在椅子给我们上课。他那个时候上课，画图画得特别好，平面图因为是对称的，他都是先画一条中轴线，然后慢慢画，虽然线条不是那么挺，但是非常匀称，印象中刘老师的手绘功底是非常棒的！

李慧希：你们那时候上课是在中大院上的课吗？

詹永伟：不，在拆掉的那个，叫中山院。南面的，进大门的右手边。

李慧希：每次你们上课的时间多久啊？

詹永伟：一节课，几十分钟，五十分钟。刘老师每次上一节，按照他的身体，三节是绝对不可能的。

李慧希：当时有布置作业吗？

詹永伟：有没有作业真的记不清楚了。听他课大家真是鸦雀无声，亦是出于对他的尊重，大家都觉得这样的一个教授，德高望重，来给我们上课，真是荣幸啊。

3.2 对刘敦桢教授除工作之外的回忆

李慧希：刘老除了在工作研究方面之外，其他方面例如生活等等方面您有什么印象吗？

詹永伟：在生活上，说实话，我们那时候对他真是如高山仰止。不敢跟他主动说话，（觉得他）真是一个德高望重的人。他平常不苟言笑的，进了研究室的房间，就坐下来埋头开始工作，如果有人抬头看见他，就喊一声刘先生，他也会礼貌地点点头回应。他最大的关心我们是什么事情呢，就是研究室解散分配的问题。因为当时是我们建筑系与建筑科学研究院（建工部的）合办的，经费、编制应该都是建筑科学研究院的，开始建工部要把我们分配到南京的玻璃纤维研究院的，刘先生觉得这个跟专业不对口，他坚持不同意。他当时敢于坚持，也是冒了一定的风险的。他坚持要求按照专业来分配，因此，在南京是大多数，有 5 个人分配到了苏州。我觉得这个（是）刘先生对我们最大的爱护。另外，有一件小事，让我觉得他还是很人性化的，挺关心人。我当时有了孩子以后，刘先生问我，你家生了一个什么啊？我回答女儿。刘先生说那很好啊！我当时觉得他还关心我这个呢，一般他是不苟言笑的，不和你多说话的。

李慧希：当时 5 个人被分配到苏州，除了您以外还有谁呢？

詹永伟：我、戚德耀、陆景明、傅高杰、朱鸣泉（注：已过世）。戚德耀，结了婚，妻子孩子都在南京，还把他分过来。另外三个人，傅高杰妻子也在南京，南京航天航空学院毕业的，也把他分到苏州来了。

刚开始，苏州园林局还不肯收我，因为我家庭成分不好。我一开始不知道，后来才知道的。那时候的制度真是缺乏对人的关怀！当时分配过来的 5 个人，我还是唯一一个大学毕业的，留在刘先生的研究室的。后来为什么收下我呢，是因为当时苏州园林管理处的处长，是个老党员，革命干部，他敢于重视人才，不唯成分论，就把我收下来了。

（四）研究室的经历对其自身的影响

4.1 做人处事方面的影响

李慧希：谈谈在刘老工作室，对您自身最大的影响？

詹永伟：一是，老师严谨的学风，对我们是很大的教育和收获。我们测绘编写《苏州古典园林》，丝毫没有一点浮夸。严谨的学风培养了我们扎实的基本功，比如手绘功夫，都是那时候打下的坚实基础。还有不断追求创新的精神对我影响也很深远。二是，在做人上，老一辈之间的关系和品德让我们很感动。之前，我们就听说当时我们东大最著名的三位老师就是杨廷宝先生、刘敦桢先生和童寯先生。后来评教授，童寯先生是二级，杨先生和刘先生都是一级。据说当时是童先生主动提出来二级就行了。这种高尚的品质现在看来都是非常难得的。

4.2 专业方面的影响

李慧希：《苏州古典园林》那本书，您除了测绘和绘图，有参与部分的文字工作吗？

詹永伟：建筑构造部分是我写的。建筑的前面那部分是刘先觉先生写的，构造部分是我写的。那时候刘先生到苏州，地方领导都很尊重他的。园林里面有些梁架是暴露在外面的，有的亭子是吊平顶的，刘先生说你们现在这次一定要把梁架都搞清楚，全部画出来，让后人了解，知道是怎么建造的。那时,园林部门是很支持的,把瓦掀掉了让我钻进去看。现在就不可能这样了，要文物保护。我记得很清楚，有两个亭子，一个是拙政园的绿漪亭，它是有吊顶的，还有一个是拙政园的扇面亭（与谁同坐轩），它的平面不是扇形嘛，就不知道它的梁架是怎么做的，都拆掉了瓦，我钻进去测绘的。后来第二次，大概测绿漪亭的时候，当时园林修缮队的队长很认真，跑来骂我说，哪有你们这样搞的啊，把瓦都拆掉了？

李慧希：您后来分配到苏州以后，还从事研究工作吗？

詹永伟：也有一些。也是受到刘先生的影响，出了几本书，还跟别人合编了一本书，名叫《苏州民居》。

十二、叶菊华先生访谈录

时间：2013 年 1 月 16 日 14：00—16：30

地点：东南大学中大院 207

访谈对象：叶菊华总工程师

参与者：王建国教授，周琦教授，陈薇教授等

[叶菊华]

叶菊华，女，1936 年 11 月生，江苏南京人。1954 年考入南京工学院建筑系建筑学专业，1959 年毕业后，进入中国建筑研究室工作，并作为当时建筑系主任刘敦桢教授的助手之一，进行中国古建筑调研，现任南京市建委总工程师。

[访谈简介]

本次访谈主要关注了叶菊华先生 1959—1965 年间在中国建筑研究室主要参与的研究活动，包括民居调查、苏州古典园林研究及瞻园修缮与扩建工程。作为最后离开研究室的人员，叶菊华先生对整体情况最为了解，访谈中体现出大量当时实地调研及测绘制图工作的细节，展现了严谨治学的态度。

周琦：叶总，我们学院将于 11 月召开"中国建筑研究室成立 60 周年纪念暨传统民居研究研讨会"，为了更真实地展现历史，我们想通过"口述历史"的形式对曾参与过研究室工作的十余位老先生进行采访，今天从您开始。请问您是怎么进入研究室的呢？

叶菊华：是这样的，我从小就喜爱美术，高考前就倾向在艺术或者建筑方向发展。后来主要是受到苏联电影中女建筑师形象的感染，就选择了建筑。当时全国知名的建筑学府就是清华和南工两家，我最后选了南工作为第一志愿，1954 年成功考入。刚进学校的时候，我被分配到土

木工程大学科中，要进入建筑系还需要再进行一次美术加试，三百多名学生中有超过二百人参加了这次考试。我记得当时的题目是完成一幅"园林中的亭子"图，好像是崔山老师出的题目。因为美术本来就是我擅长的，所以很顺利地考入了建筑系，开始了在建筑学院的正式学习生活。

然后到1958年下半年快毕业的时候，系里找我谈话，让我不做毕业设计，写论文做毕业成果。说是因为我能力发展比较全面，又有一定的分析和文字能力。另外还选了詹永伟和吕国刚，我们三个人分别写江苏近百年住宅发史（叶），江苏近百年技术发展史（詹），江苏近百年工业建筑发展史（吕）。当时系里还提到了我毕业分配的事，说想让我去研究机构，还说"远在天边，近在眼前"。我当时就明白了，不就是楼下刘老他们搞的那个研究室嘛！果然，1959年毕业后我就被分配到中国建筑研究室南京分室工作，同时进入研究室的还有詹永伟和吕国刚以及吕国刚的爱人金启英。

我是1959年8月底正式报到的，没过几天，我们四个人就被刘敦桢先兰请去中大院105（现院长办公室）做工作动员谈话，刘老给吕国刚的研究方向是印度建筑史，并安排他去南大外语系跟班学习了两年半英语，刘老还经常会在研究室给吕国刚一人上课，其他人如果有空也会一起听课。我还把当时记下的笔记和刘老文集做了对照，时间和内容上差不多都是一样的。安排金启英的研究方向是苏州园林，安排我和詹永伟的研究方向是建筑历史。我们进去的时候也没什么建筑历史的教材，都是刘老给我们订的计划，他认为前五年应该练基本功，也就是绘图和出差调研。所以我在研究室接到的第一个任务是参与"建筑十年画册"的制图工作。我画的是人民大会堂，根据平面测绘图和剖面图来做插画，我当时都还没去过人民大会堂，直到1959年年末去北京开会才第一次见到实物，发觉和自己所画相差不远，才放下心来，这也是我进研究室之后的第一次基本功练习。

周琦：当时你们在哪里办公呢？

叶菊华：我们当时就在楼下最西边的大房间里，刘老的办公室是研究室大房间的套间，十几平方米的房间里一对丝绒圆形金属扶手的沙发夹着一张茶几，南面靠窗放一张书桌两副椅子，刘老大多时候面朝西坐桌前，桌子一侧摆置着书架。由于没有单独开门，刘老每次去办公室都要经过大房间，所以大家都知道他的作息时间。他每天从碑亭巷住处步行到学校，大概9点到研究室，稍作休整后便一人一人轮流看图，他也经常组织大家一起坐到会议桌上听他讲解一些问题。

周琦：那你们的调研工作是如何安排的？

叶菊华：首先是1960年年初，刘老给研究室的所有人分了组来调研民居。詹永伟、傅高杰等人去云南、贵州；我和戚德耀主要调研皖南、浙东、浙西、江西东北等地的民居。让戚德耀和我一组，一方面是因为他年龄大点又比我早进研究室，有许多地方可以跟他学习；另一方面因为他是浙江人，对调研地点本身比较熟。我们就以杭州为出发点，以平均每两天一地的进度，总共用了三个月，调研了海盐、嘉兴、湖州、建德、桐庐、义乌、东阳、江山、绍兴、永康、金华、遂昌、龙游、景德镇等地的民居，也包括了海盐的"冯家花园"。每到一个地方就先找当地县人民委员会的建设科，了解当地民居大致的分布情况后再前往现场。

由于时间紧迫，1960年5月1日，戚德耀和我不得不在浙江遂昌分头行动，他一个人去皖南，我一个人留在浙江，我们约好在淳安再次汇合。

当时的调研条件远远比不上现在，主要是交通不方便。当时在永康，戚德耀提出去一个叫方岩的佛教圣地调研。我们一大早乘长途汽车从永康出发，到了方岩车站已经快10点，下了车就立刻进山找庙。由于戚德耀之前说庙里有面条吃，我们俩劲头还特别大。爬到山顶已经差不多12点，结果因为当时处于三年自然灾害时期，和尚庙冷冷清清，一个香客也没有，当然没有面条吃。我们只能饿着开始拍照画图，到了下午1点多才下山。到了山下车站已经是下午4点，又非常不巧当天的末班车取消了，我们只好走回永康城。除了早上吃下的一点炒米花，我们一天是滴水未进，沿着两边是稻田的小路往回走，直到晚上10点才回到永康，有了灯光，才发觉满脚都走出了血泡。要是遇到下雨天，道路泥泞，常常拔起脚才发觉鞋子还在泥里，大多时候也和在永康的时候一样找不到地方吃午饭，就花一角钱找当地的农民家吃一碗咸菜稀饭，特别艰苦。

我和戚德耀在浙江遂昌分头行动后，一个人麻烦更多。那会儿我才23岁，一个女生在外面走动本来就不大安全，最要紧的是他走了之后大多数器材和行李都交给我了，包括相机、三脚架、胶卷、书籍、衣物之类的加起来差不多有45斤，当时交通又十分不便，带着行李调研对我来说几乎不可能。

离开遂昌后的第一站是龙游，当时龙游汽车站四周就是一望无际的稻田，一辆车也没有，县人委又远在城里，带着行李走去显然不可能，幸好我碰到了一个当地人刚好也要进城，给了一些酬金就让他帮忙用扁担挑着行李一路走到了县人委。由于调研经费要有详细使用的记录，当时这一类"特殊花费"的记录方法也是五花八门，一般我和戚就写好字条，让对方按一个手印就算是现在的发票了，回到南京再找研究室报销。

抛开行李问题，一个人调研也很困难，包括量尺寸，量高度本来都需要两人配合一人拉尺一人读数的。我在遂昌找到了一个非常有特色的明代宅子，总平面是多轴线布局，门厅也非常有特点，房间内的装饰如花格子等等都较平常的更细，雕花也更精致，很有地方特色。决定测绘后，我先自己点完了柱网，又找了宅子里的一个小学生帮我拉30米的皮尺来测基本尺寸，屋檐高度就地取材，用了晾衣服的竹竿挂上皮尺测量完成的。拍完照后，总算是完成了现场的工作，回到招待所再赶紧把图补全，相当的不容易。

从5月1日开始的10天里，我一个人完成了龙游、遂昌、南溪等地的调研，因为我们约好在1960年的5月11或12号在淳安再汇合，但是从南溪到淳安必须要过新安江。结果因为建新安江大坝，公共汽车被取消了，我必须要带着45斤重的行李步行过大坝，这下我又愁坏了。幸好在买去淳安的船票时遇到了三个出外打工的农民小伙，托他们把箱子扛过了大坝，几人又一起住进了当地的一家土客栈，因为人多不方便，我就花了一块两角钱住在阁楼的单间房里，第二天一早又请昨天扛箱子的小伙子帮我把行李背去了码头，才终于到了淳安。

到了淳安，才知道老淳安的古建筑都已经沉到了水库底下，原住民都搬到了山上，在等了戚德耀两天后，我们才终于汇合。还是有点遗憾，因为消息不灵通不知道，淳安这一趟算是白跑了。

陈薇：这些调研的点是否事先就定好的？

叶菊华：是事先定好的。

陈薇：是刘老定的吗？

叶菊华：大片区是刘老定的，比如浙西北、浙东是必须要去的片区，片区内的点自行选择。

周琦：建筑的点是去当地问到的，还是刘老事先制定？

叶菊华：具体的点是去当地问的，当地城建科的人会带我们去。我们曾经去过东阳，那边的卢宅就是我们调研的，后来收录在建筑史书本中。但是最近几年我又去过一次卢宅，牌坊还有一些在，周围的街区已经有很大变化。

陈薇：调研时有没根据时间来判断，比如越早的就是越好的？

叶菊华：那个时候没有定时间，见到实物之后通过牌坊等能知道建筑年代，也可以通过当地老百姓来获知年代信息。

周琦：大部分是清代的？

叶菊华：是的，大部分是清代。

陈薇：当时民居调查的类型除了住宅还有哪一些？

叶菊华：住宅，还有住宅旁边的花园。

周琦：祠堂和戏台？

叶菊华：祠堂、戏台也有。

周琦：对一些村庄是否有测过总平面图？

叶菊华：那就没有，全部都是测绘单体。

陈薇：大概调查到一个什么深度？

叶菊华：搜集当地资料，访问住户，像卢宅这样的当地保存有资料。深度的话一般平面都测绘下来，主要剖面也画出来，然后标注尺寸。回来以后出正式的图，配以照片和调查报告，差不多就完成了。

周琦：那就是平、立、剖都有，大概相当于现在设计的方案深度还是扩初深度？

叶菊华：扩初达不到，方案深度吧。等于是现在的一个测绘草图。

周琦：这些测绘图在发表的时候是否还要整理一下？还是草稿直接发表，一般画多少比例？

叶菊华：正式发表时要在硫酸纸上重绘，比例在 1 ∶ 200 左右，用 2 号图板绘制。

周琦：用针管笔绘制？

叶菊华：当时没有针管笔，用的是鸭嘴笔，包括我们画苏州园林的插图，全用的是鸭嘴笔。

周琦：写字呢？比如说平面、立面、剖面这些字是自己写？

叶菊华：如果作为资料那就自己写，如果要出书，那就由傅高杰统一写，苏州古典园林里所有的插图文字都是他写的。

周琦：所有绘图用线的粗细是不是有统一标准？

叶菊华：如果是调研报告里面的图，表达清楚就行。如果要放在书里，刘老的要求就很高，1960 年时出《中国古代建筑简史》，刘老给了我太和殿的平、立、剖图，让我画剖透视，就要求分线的粗细。当时刘老总说我檐口柱子的收分不对，透视都是求出来的，画了一个月刘老才终于满意，那张底稿现在还在。

陈薇：最早是铅笔画的？

叶菊华：对，然后用红笔改。

周琦：当时出外调研有没有留下生活照片？

叶菊华：我们那时候都不拍，我也不拍他，戚德耀也不拍我，现在后悔来不及咯。（笑）到苏州调研园林，也从来没有在那里拍过自己的照片，后来刘老带我们去苏州园林调研，一边给我们讲一边画的场景，也没有拍照，修瞻园的时候刘老在脚手架上讲解假山的场景，都没有留影，现在想想挺可惜的。只有一张，1965 年 12 月 29 号的，五个院校来南京讲编史的事情，有陆元鼎、侯幼彬、杜顺宝、马秀芝等，刘老建议大家去瞻园，在那里有了一张合影，也是我和刘老唯一的一张合影，这张照片的日期还是我通过核对笔记来确定的。

周琦：叶老师可否回忆一下家中还有哪些重要的草图，我们希望能扫描一下，发表到书里面。

叶菊华：我那里有一个很珍贵的东西，苏州古典园林画图时用来分五个线条等级的参照表，当时人手一份，现在应该只有我保存下来了。这张参考表的依据就是我画的拙政园绣绮亭图。拿去出版社后制版的印刷图现在我也还有保存。

周琦：当时画图的工具还在吗？

叶菊华：工具肯定不在了，就是外边一般的鸭嘴笔。当时画图时最细的线，比如地砖的缝是没法用鸭嘴笔画的，我们发明了自己的土方法，用研究室直径大概 3 毫米的空心笔杆子套上铜制的笔尖，沾上碳素墨水画线，画完线要赶紧用湿布清理笔尖来防止堵塞。有时候画屋角起翘，园林中是十分多见的，屋脊上瓦条的两道可见曲线是非常难画的，因为两道线靠得非常近，经常一不小心就画重合了，只好用刀片去慢慢刮掉重画，我们叫这个过程为开刀。我和金启英比较细心，可以不刮破纸，也可以把粗线刮成细线，被称为"开刀医生"。有时候曲线曲率比较特殊，在曲线板上找不到相应的线，就屏住气徒手一笔杆画到底。

陈薇：那苏州古典园林的测绘主要是靠本科生还是研究室？

叶菊华：主要是研究室，但也有本科生，比如当时杜顺宝的那个班就参与过建筑的测绘。类似假山和树之类的就是找的研究室的人来测绘，刘老要求我们把主要石峰和树的高度测下来，再拍下照片。树的树干的方向、前后和高度都要如实记录下来，必须保持80%以上是真实的。另外，所有测绘图中的树必须绘制冬景，细致的程度是要通过树干和树枝能判断出树种，像腊梅、银杏、青桐、榉树、朴树、榆树是能看出来的。画多了以后我们也就有了经验，比如青桐开叉的地方都有一个树瘤，银杏则愈老愈显雄壮，枝干的密度大，桂花也能通过树皮判断。

陈薇：研究建筑史和做民居的、做园林的人是不是重叠的？

叶菊华：是重叠的，编史的人以刘老为主，还有潘谷西和郭湖生。我和詹永伟也算参与过编史，但是比较少，明清时期的住宅我是写过的，插图部分我画的比较多。金启英身体较弱，参与的是苏州园林的工作。到研究室要结束之前，我在 1961 年也加入到了苏州园林的工作，主要是插图工作，同时加入的还有吕国刚、詹永伟、戚德耀和张步骞。戚德耀主要画装饰图，我和金启英画长剖面，杜顺宝参与过狮子林的图，潘先生也参与过绘图，给大家做过配景绘制的示范。苏州园林 170 多幅的插图中我画了大概 40 幅。

另外从 1959 年开始，我、吕国刚和金启英就参与了瞻园的维修，1958 年已经修缮了北假山，我们一直工作到研究室取消，都未中断过瞻园的修缮工作。刘老还给我们讲一些苏州园林的一些理论，比如传统园林和绘画关系，特别是瞻园的南假山设计，当时刘老让大家看《芥子园画谱》、元人画册和宋人画册，又给大家讲解山水画的特征，进而将这些画中的优点实际运用到假山的设计中去。到 1964 年时，瞻园已经修缮过半，1961 年拨下的 11 万款项已用完，只好停下了瞻园的一期前期工程；一期后期的工程只有刘老和我两人参与，因为我最后一个离开研究室，一直留到了 1965 年的 2 月份，其余人 1964 年下半年已经都走了。

当时刘老还让我参与《苏州古典园林》一书插图的排版，经过一个月时间完成。

1965年2月我离开研究室后去了南京市院，工作两个月后，城建局通知我让我再回学校辅助刘老修缮瞻园，市里当时又拨出了9万元的经费，于是在1965年的4月2号我又回到学校，5月份我们完成方案在瞻园向市领导汇报，当时刘老同意先完成瞻园的二期设计，一旦有资金就开始建设。在瞻园工程期间我一直留在学校，早上做方案设计，下午就去工地，遇到能解决的问题就实地解决，不能解决就去刘老家讨论，并由刘老第二天和我一起去现场解决。当时我同时绘制瞻园一期后期和二期的设计图，二期的图因为要留后建设相对更详细一些，用了一年时间才算完成。那时已经是1966年，"文革"山雨欲来，因为害怕破坏行为瞻园只得闭园，工程又一次搁置下来。现在我写了一本关于瞻园的书，已经快写完了。

陈薇：那还是很有价值的，您现在写了多少字了？

叶菊华：大概四万多字。瞻园的各期工程我是都有参与的，其中一期在1966年实行后，二期的图纸一直在建筑系放置，直到1986年才拿出来再执行。当时也很巧，刚好夫子庙重建，我们的设计在国家旅游局获得了认可并以旅游开发基本建设项目立项，得到了900万的资金。我们就顺势将瞻园列入了夫子庙景区中的重点整治项目，专门拨出了250万资金，其中110万用于拆迁，其余的用于瞻园二期的建设。工程1987年开工，当年年末完工。1988年我联系到刘叙杰，请他和刘师母一起去了瞻园参观，总算是了了刘老的心愿。

瞻园二期的资金落实后，我就去找潘先生借原来二期的设计图，晒图后又归还，遗憾的是现在找不到设计原图了。我也想过把设计图自行保存，但觉得不合适，因为刘老对集体财产的保管是非常严格的。还记得研究室撤销，他要求所有人将研究室时期的工作成果都上交，即便是我们自己绘制的图晒成蓝图后也不能拿走拷贝件。

陈薇：过去对知识产权的保护还是相当严格的。

叶菊华：的确是，当时没有任何人留下了哪怕是一张蓝图。二期修缮完成后，原图是没有了，但我整理了一套蓝图给瞻园管理处留档。

周琦：您是1959年到的研究室，那您到之前有多少人？之后又加入了多少人？

叶菊华：最多时 15 人，我们四人去之前就有十人。但也存在人员流动，比如张仲一去了北京，方长源到了博物院，他大概 1958 年就走了，还有窦学智也是知其名而未谋面，我所知的也就这三人是在我们之前离开研究室的。

陈薇：1964 年大多数人员的离开主要是什么原因？是建设部的决定吗？

叶菊华：不完全是建设部，据说是建筑系不准备继续留下研究室了。大概在 1962 年开始郭湖生就开始购入图书，准备成立系里自己的研究室，另外一方面我们的研究室的合同也要到期。

陈薇：（成立系里的研究室）这个是刘老的意思吗？

叶菊华：这个我也不太清楚，潘先生可能知道。研究室因为是十年合同，到期后建筑系就不想续约了，而恰好当时"四清"运动，建研院的研究室在 1965 年也全员解散，人员向全国流动，我们的研究室人员则都在省里流动，有去南京市的设计院的，像戚德耀去的是苏州的博物馆。当时刘老想单独留下我、吕国刚、金启英和詹永伟四人，但是建研院那边不同意只留下少数人。

下篇 中国建筑研究室相关档案资料

一．原中国建筑研究室（南京分室）地点

原中国建筑研究室所在地——东南大学（原南京工学院）中大院

二 . 中国建筑研究室置办的古籍书库

现东南大学建筑学院古籍书库内景

现东南大学建筑学院古籍书库书架

三.中国建筑研究室制作的模型

现东南大学建筑学院古建筑模型展厅

故宫角楼和木构架模型

四.中国建筑研究室考察活动

刘敦桢教授进行皖南民居调查（图为徽州歙县西溪南绿绕亭）

考察杭州六和塔（左一方长源、右一戚德耀）

中国建筑研究室部分成员赴山东曲阜进行古建筑调查,留影于曲阜师范学校(上排后起:
杜修均、胡占烈、戚德耀、方长源、曹见宾、朱鸣泉、张仲一)
(1954年夏)(照片由华东建筑设计研究总院提供)

考察曲阜孔庙(左一方长源、左二朱鸣泉、左三戚德耀)(照片由华东建筑设计研究
总院提供)

中国建筑研究室进行山西大同云冈石窟调研（第一排从左依次是潘谷西、张仲一、张步骞、陈从周、戚德耀）（1950年代）

民居调研时与村民合影（左一张步骞）（1950 年代）

中国建筑研究室成员张步骞先生为来访南京工学院的外宾做讲解

刘敦桢教授作为中国代表出访波兰华沙工业大学建筑（1957-07-21）

序号	档案编号	资料名称	提供内容	备注
1	中国建筑研究室卷政8	华东建筑设计院中国建筑研究室卷宗 (1953–1954)	封面及目录	
2	中国建筑研究室卷政8	南京工学院、华东建筑设计分院合办中国建筑研究室协议书	共2页	1953.01
3	中国建筑研究室卷政8	南京工学院寄来合办中国建筑研究室协议书（手稿）	共1页	
4	中国建筑研究室卷政8	检送与南京工学院合办建筑研究室合办协议书抄件	共1页	1953.04
5	中国建筑研究室卷政8	为函复同意你公司与南京工学院合办建筑研究室准予备案由	共1页	1953.02
6	中国建筑研究室卷政8	准南京工学院函转报合办中国建筑研究室条戳印模	共2页	1953.04
7	中国建筑研究室卷政8	中国建筑研究室工作方针预案	共2页	1953.04
8	中国建筑研究室卷政8	人行汇上转账支票	共1页	1953.04
9	中国建筑研究室卷政8	关于研究室办公场所、工作计划、外出调查函	共5页	1953.04
10	中国建筑研究室卷政8	关于研究室办公场所、工作计划、外出调查函复	共1页	1953.04
11	中国建筑研究室卷政8	办公用品资费	共1页	
12	中国建筑研究室卷政8	中国建筑研究室关于6点事祈赐予裁夺函	共3页	1953.05
13	中国建筑研究室卷政8	清查财产相关文件 (1)	共4页	1953.11
14	中国建筑研究室卷政8	清查财产相关文件 (2)	共3页	1954.11
15	中国建筑研究室卷政8	为福建、安徽调查费增加预算相关文件	共6页	1954.08
16	中国建筑研究室卷政8	为浙江、安徽、福建调查费增加预算刘敦桢先生手书	共1页	1954.08
17	华东院1955年档案政7卷	有关单位与南京建筑研究室关系调整	1页	1955

华东建筑设计院

中国建筑研究室卷

自 **53** 月至 **54** 年　月　保管期限　**长期**

本卷共　**14**　件　**39**　页　归档号　　．

全宗号	目录号	案卷号
		政 **8**

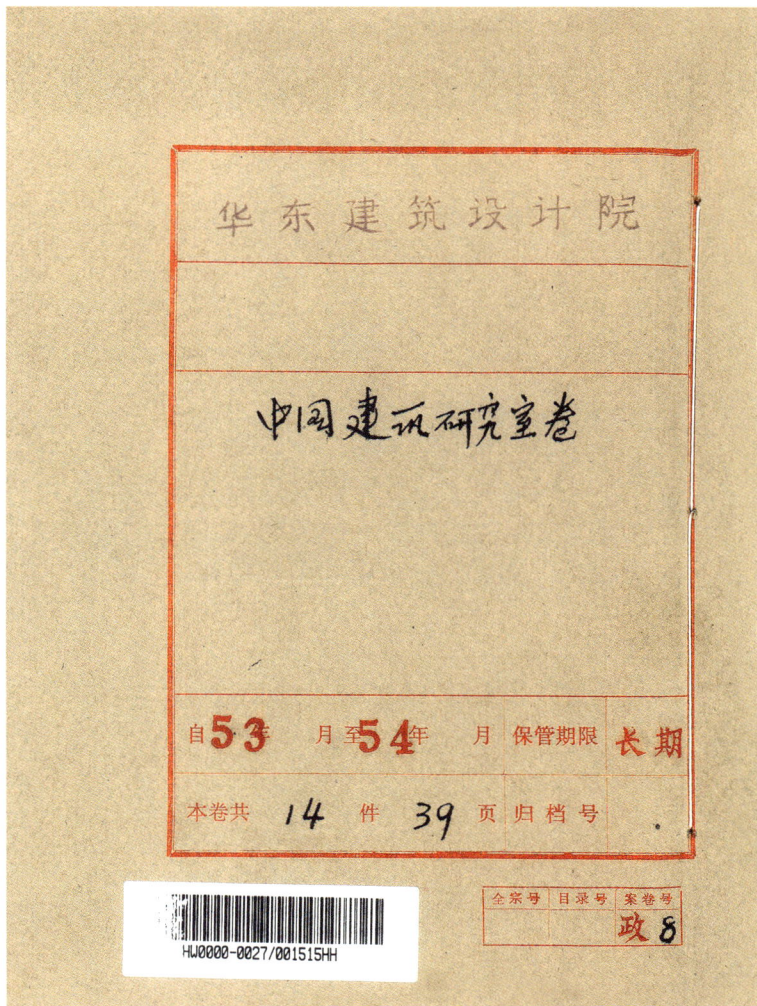

华东建筑设计院中国建筑研究室卷宗封面 (1953—1954)

卷 內 目 录

顺序号	文件作者	原文件编字上号	文日件期	标题	文存件张所号	备考

华东建筑设计院中国建筑研究室卷宗目录 (1953—1954)

（一）宗旨：根據合作互助原則，共同研究中國建築，以求達到教育研究能結合實際業務，提高技術標準，學習先進經驗，為創造新民主主義的新建築而努力。

（二）定名：華東建築設計分院合辦中國建築研究室。

（三）組織：本室為南京工學院與華東建築設計分院合辦籌備領導以南京工學院建築系劉敦楨教授為主任，楊廷寶三位教授為主，行政工作以華東建築設計分院員負責，雙方推定劉敦楨教授為副主任，其工作時間，不妨礙教學為原則，另設副主任一人，由華東建築設計分院調派，負責行政及總務工作。

若有嚴重大問題，如工作計劃、工作方針、員責人之調整等，得由雙方指派代表協商之。

（四）地點：本室暫設於南京工學院內。

（五）經費：本室各項經費具概算，經華東建築設計分院核定非，由該院支付之。

一切年內成果，雙方均得使用，但各項物資，所有權，仍歸負擔經費，面所有之。本室各工作人員之組織關係，均屬於簡單位，如原單位需要調動時，須經該單位主任同意。

主任以外之工作人員，由華東建築設計分院調派，南京工學院處工作需要得派人參加之。

南京工學院　院代表人

華東建築設計分院代表人

公元　一九五三年　壹月二十六日

本協議書經雙方同意簽字，並經上級核准後生效。

地址：

發技機關

南京工學院

由市：

收文

發文

南京工学院、华东建筑设计分院合办中国建筑研究室协议书

南京工学院寄来合办中国建筑研究室协议书（手稿）

華東軍政委員會建築工業建築部營建設計公司稿紙

发往机关：中央建築工程部設計院

由案 華東建築工程公司

事由：檢送與南京工學院合辦建築研究室協議書抄件請准備由

（表格部分）
收文 建設收字第 號
一九五三年二月 日文
别案 報字 協議書抄件存

主办 印监 校写 译音

一、我公司為提高建築工程技術作，與南京工學院協同為中國建築研究室。

二、該項由該院投送協議書前來，經参考審定业已予同意，兹將盡量以省事為念，惟批复但送州批准尚未復明確指示幫...

三、復報華東建築工程公司，外谱檢車該協議書抄件，以多分各数奉查以存事等。

一、仰報請查核備案為待。

检送与南京工学院合办建筑研究室合办协议书抄件

为函复同意你公司与南京工学院合办建筑研究室准予备案由

華東軍政委員會建築工業部建築設計公司稿紙

南　京　工　學　院（函）

印模

南京工學院
華東建築設計公司 合辦中國建築研究室

印模

南京工學院
華東建築設計公司 合辦中國建築研究室

准南京工学院函转报合办中国建筑研究室条戳印模

华东建筑设计公司稿纸

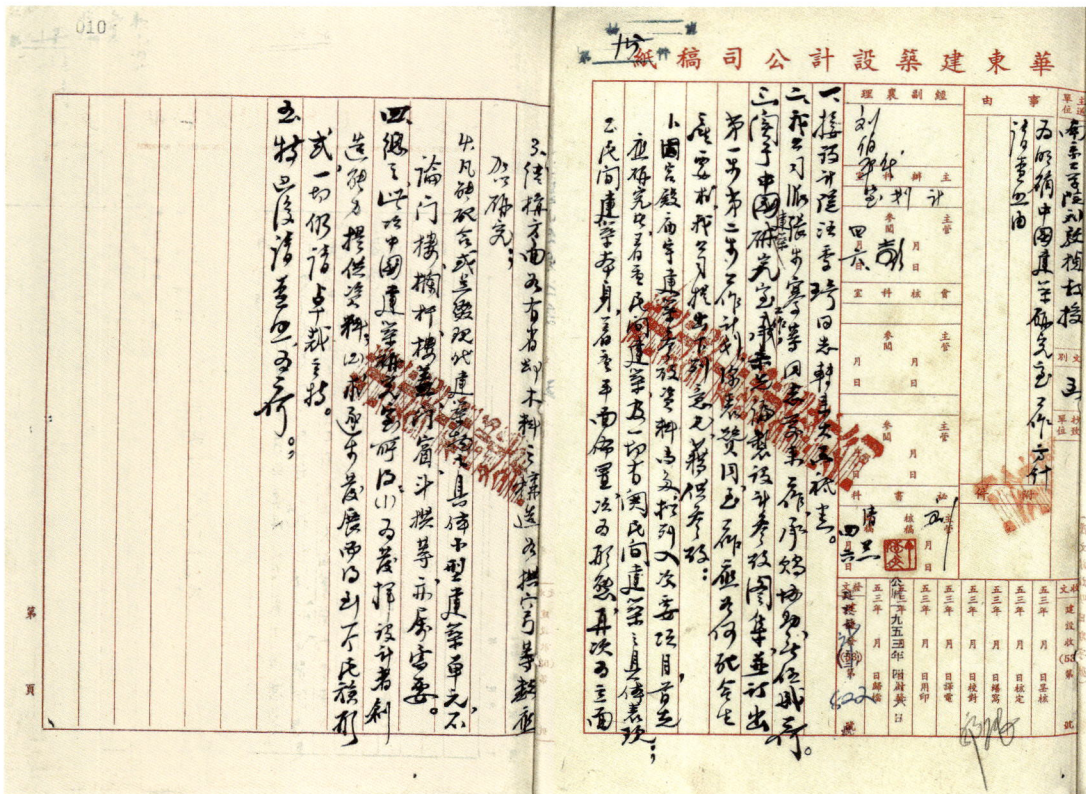

中国建筑研究室工作方针预案

南京大學土木工程服務部用箋

字第　　號

華東建築設計公司：

三月十六日來函敬悉。承借之鋼筋混凝土結構計算表壹册

早已簽收。茲由人行匯上轉賬支票壹紙

正並附寄上收到資料回單乙紙，收後請擲據為荷

查上項收款要求在規定

辦法之前繳出清

財務室耿祈

建設收(五三) 1332號 四月 日

地址：南京四牌樓

電話：三三〇〇〇三 轉九六

人行匯上轉賬支票

華東建築設計公司用箋

地址：上海漢口路一五一號四樓　電話：一六九一○　電報掛號：三一六八二

关于研究室办公场所、工作计划、外出调查函

复南京工学院华东建筑设计公司办中日建筑研究室函请

（一）四月十日来函收悉，兹未伴送编号郑守以便检查

（二）关于中日建筑研究所前函嘱未大意保室已有资料将可以整理的先行整理案集应用

（三）张、宝二同志随工学院学生学习中日建筑可予同意张同志务委抽三小时可予同意

（四）张仲一同志不克来宁拟另行派人替代

（五）南京博物院图样二万井四张为参考研究及整考模型起见特发代晒蓝图一份及所需款项可予同意

（六）公司如所有"郑文化史蹟"及"中日建筑来考参便再行送来

（七）陆相翻摄照片已嘱继务室章森同志接洽代办

（八）每月经常费主十万元本属试办性质未做计不敷应用拟提高至七十五万元可有补救南要引治商财务预算及会章规空办理张宝二同志可按照来函规空办理

（九）张、宝二同志工作时模公司章程每日八小时对流学习及工会组织生活可按来函规空办理张宝二同志志工会闹係已由此慶五会性处办

（十）对於陆俱及南京博物院代晒图费用委巴特别财务室账此致
华东建筑设计公司办中日建筑研究室此致
南京工学院
王百万元

256

020

摄自本自物实拍元ＸＸ水拍半连门所损像品膜 1尺　　　　968,300.-

〃　　　　〃　　　剧捕膜 1尺　　　　1,163,400.-

〃　　　·	我门剧青膜 1尺　　　　934,800.-

拌本方会议录 1尺　　　　280,000.-

·兼青拍六尺　　　　432,000.-　（@72,000.-）

拌水瓶,茶杆,瓶筒,皮戒,须,容甲垩朔方……　　　471,500.-

中图史米摄製用 224页　　　　750,000.-

　　　合計　　　　　　　　　　　　　　　5,000,000.-

注：一、膜,录,拌,均有估價单,待成交后便用发宗单拝一研借上,待役走理状,以免多拝.

二、中图史家摄製圆齐摸步步上项

三、两瓶器器一批步宴書拍,给前吴青有等題搭欢.

办公用品资费

華東建築設計公司 合辦 中國建築研究室
南京工學院
華東建築設計公司箋用

華東建築設計公司 合辦 中國建築研究室
南京工學院
華東建築設計公司箋用

公曆一九五 年 月 日

敬啓者：我室近因業務逐漸展開，謹擬出下列各事祈
賜予裁奪。

一、我室現着手集中書籍、從事翻攝相片，擬添購相片…
審定做翻版架一具外，擬添購…
牌照相機一具及三足架、軟動器…
九統、廣角統、遠距統，廣先表、暗金辰…
至一百瓦以及沖洗藥品具、放大器、晒相紙、紅黃綠燈
紅布、黑布等暗室設備，其必要之藥彩等、以供中國建築史「六朝陵墓研究」…

二、尊處之支那文化史蹟（第三冊）與中國建築藝術…
查報告，擬請撥給我室應用，又將來出外調查需要…

三、遵請張志宽同志赴滬商合購置上列各物，俾親目
氣候順熱，靜公室內製紫電爾一具…

四、中國建築模型各二百三十四張，已晒好交來、待請翎模型
枝之後、孔申清式宋式斗拱開始依次製作。清式硬山…
題山、歇山、廡殿四種建築具有花門寺等。

三、我室每月經費根馬緊、如再加添購查書、模型…
模型含與搆製相比、擬造模型材料工具等費、懇祈…

孕核議及標樣等用具、責懇專家實給一份，此間…
書籍可否由張同志一併購買來宰。
攜帶來宰、如上海高書店有有關中國建築藝術之…

地址：上海漢口路一五一號四樓
電話：一六一九六
電報掛號：一三六二八

公曆一九五 年 月 日

華東建築設計公司箋用

華東建築設計公司 合辦 中國建築研究室
南京工學院

需善區擬於此流遺查際需要品請增撥。
六、工作人員最失增加人，否則出外調查、有搭…
此人能早時來宰參加九樣必是學習。
此上

華東建築設計公司
一九五三·五·

地址：上海漢口路一五一號四樓
電話：一六一九六
電報掛號：一三六二八

公曆一九五 年 月 日

中国建筑研究室关于6点事赐予裁夺函

清查财产相关文件 (1)

華東建築設計公司訟用箋

（一）本局去年度清查財產係奉山東省委之決定……進行負責清查，現經清查財產並查會決定辦理室自行負責清查……

（二）清查範圍凡……數量並進行報表詳細註明品名數量……帳冊對照……

（三）清查前辦理完竣但……十六日前辦理完竣……對此項工作的檢討……另行列表呈報……

將清查情況造冊報告，務必遵照辦理勿再延誤為要。

特此通知。

中國建築研究室

公曆一九五四年十一月廿三日

地址：上海海口路一五一號四樓

华东建筑设计公司缄

清查财产相关文件 (2)

260

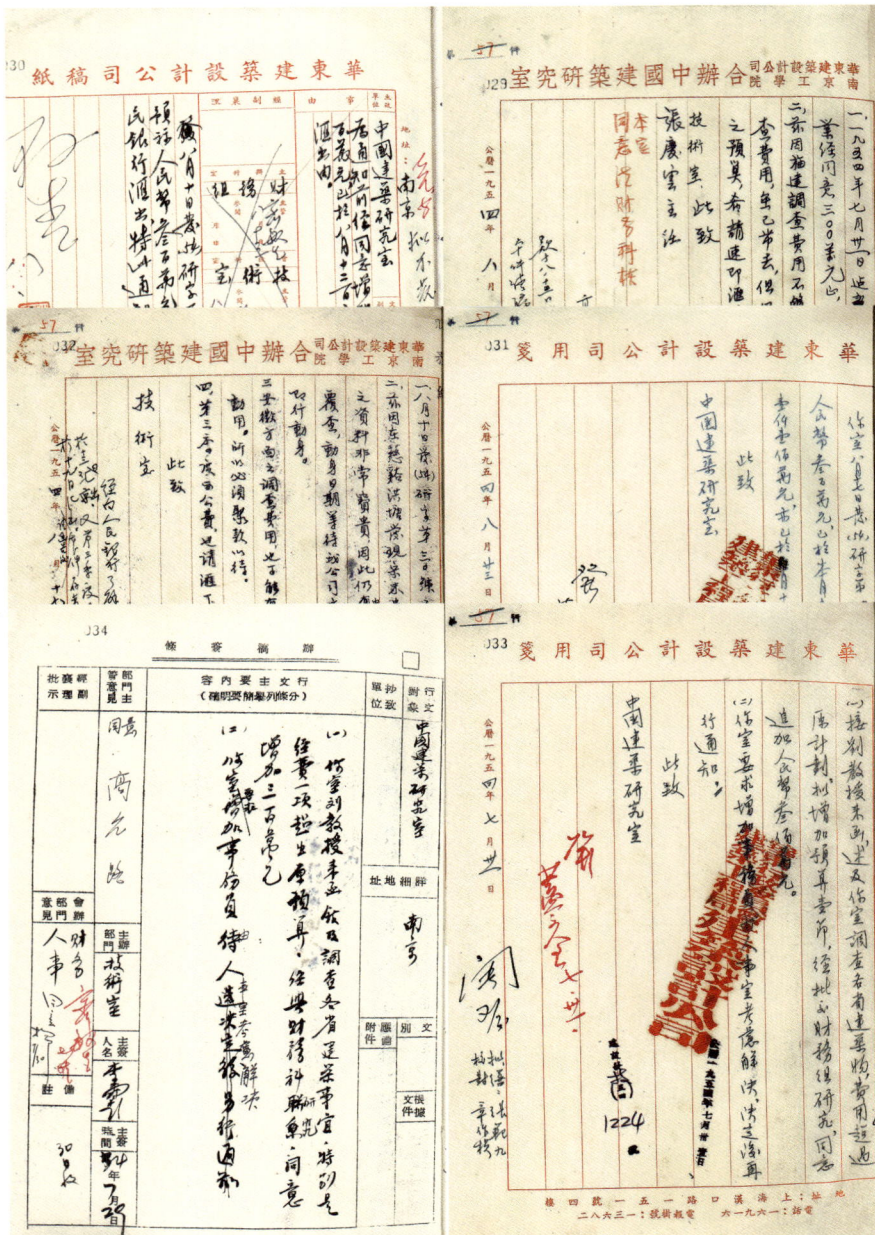

为福建、安徽调查费增加预算相关文件

261

廉宇
刘豫
父路

中研室本年度调查费原定一千二百万元，除曲阜室昭调查费二百万元外，浙建

调查约百万元，浙江安徽调查各三百万元。此次没步需要之款，福建原只打算

带百元。闽闽该处物价颇高，临时多带了二百万，以备万一。不料吓得渠等自福

建来信，谓生之东子每天便要十余万元。物价之高，出手意料以外，珍带来带的以百万

之数仍不够等语。以此，曲阜浙江福建三处调查，恐山延至预算一千二百万之不远。安

徽调查势必落空。不但影响傅调杰後仲一等儿贵社修约买情（国立预算等今是安徽南昌福集）

集资神中止在编著的刊物，都受到影响。不知之君以物价昂贵，另请算伤计不正

通的理由，请求追加算？据浙黄神七霞後，000000，0000，以便正式向公司申请。此致

敬礼。
刘敦桢　一九五四、七、廿七。

对此你打算元　对无元元。

对礼。

同意追加二百万元
广敬七月九

公历一九五年　月　日

为浙江、安徽、福建调查费增加预算刘敦桢先生手书

华东建筑设计公司稿纸

中华人民共和国建筑工程部设计总局
上海工业及城市建筑设计院

有关单位与南京建筑研究室关系调整

六. 东南大学建筑学院存中国建筑研究室档案资料

序号	档案编号	资料名称	提供内容	备注
1	H56-1	窦学智，浙江余姚县保国寺大雄宝殿（初稿）	封面、第1页	1956.10
2	H56-2	张仲一，徽州明代住宅（初稿）	封面、目录、附图封面	1956.10
3	H56-3	张步骞，闽西永定客家住宅（初稿）	封面、第1页	1956.10
4		刘敦桢，苏州的园林（南工学报总第四期）	封面	1957.04
5	H58-1	傅高杰、张步骞、杜修均，河南窑洞式住宅（初稿）	封面、第21页	1958.10
6	H58-2	张仲一，皖南明代彩画（初稿）	封面、第1页	1958.10
7	H58-3	郭湖生、方长源，亭子图集（初稿）	封面、第1页	1958.10
8	H58-4	张步骞，福州华林寺大殿（初稿）	封面、第1页	1958.10
9	H58-5	杜修均，经幢初步探讨（初稿）	封面、第27页	1958.10
10	2574	世界建筑通史 中国古代建筑史（初稿）	封面、扉页	1959.11
11	H62-1	浙江民居住宅的几种技术处理（初稿）	封面、第1页	1962.03
12	H62-2	浙江民居概况（初稿）	封面、目录	1962.03
13	3483	扬州行宫图说及各名胜园亭图说	封面、目录	
14		刘敦桢手写印度建筑史讲稿	4页	
15		戴复东中国建筑史笔记	4页	
16		刘叙杰中国建筑史笔记	3页	
17		叶菊华园林调研笔记	2页	
18		沥粉金琢碾玉彩画图版（玻璃）	1幅	
19		外檐装修图版（玻璃）	1幅	
20		传统住宅图版（玻璃）	1幅	
21		住宅设计图版（玻璃）	2幅	
22	1424	现代住宅图版（玻璃）	1幅	
23		庭园图版 (玻璃)	3幅	
24		刘敦桢著《中国建筑史参考图》，南京工学院、同济大学建筑系合印，1953年	封面	
25		刘敦桢著《中国住宅概说》，建筑工程出版社出版，1957年5月	封面	
26		张仲一、曹见宾、傅高杰、杜修均合著《徽州明代住宅》，建筑工程出版社出版，1957年5月	封面	
27		建筑科学研究室编《建筑十年》，建筑工程部设计局出版，1959年12月	封面	
28		刘敦桢著《中国建筑简史》，中国建筑工业出版社出版，1962年第一版	封面	

序号	档案编号	资料名称	提供内容	备注
29		刘敦桢著《苏州古典园林》，中国建筑工业出版社出版，1979 年 10 月第一版	封面	
30		刘敦桢著《中国古代建筑史》，中国建筑工业出版社出版，1980 年 10 月第一版	封面	
31		刘敦桢著《刘敦桢文集》，中国建筑工业出版社出版，1982 年 11 月第一版	封面	
32		《刘敦桢全集》，中国建筑工业出版社出版，2007 年 10 月第一版	封面	

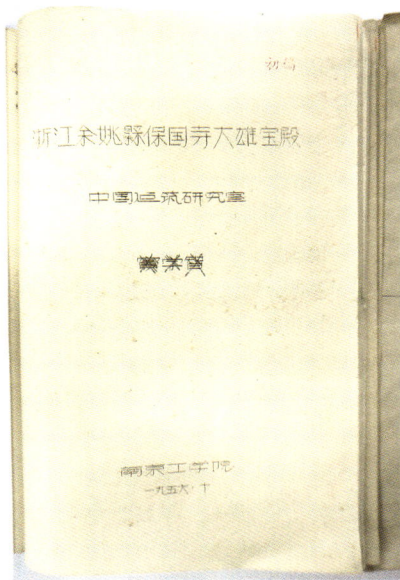

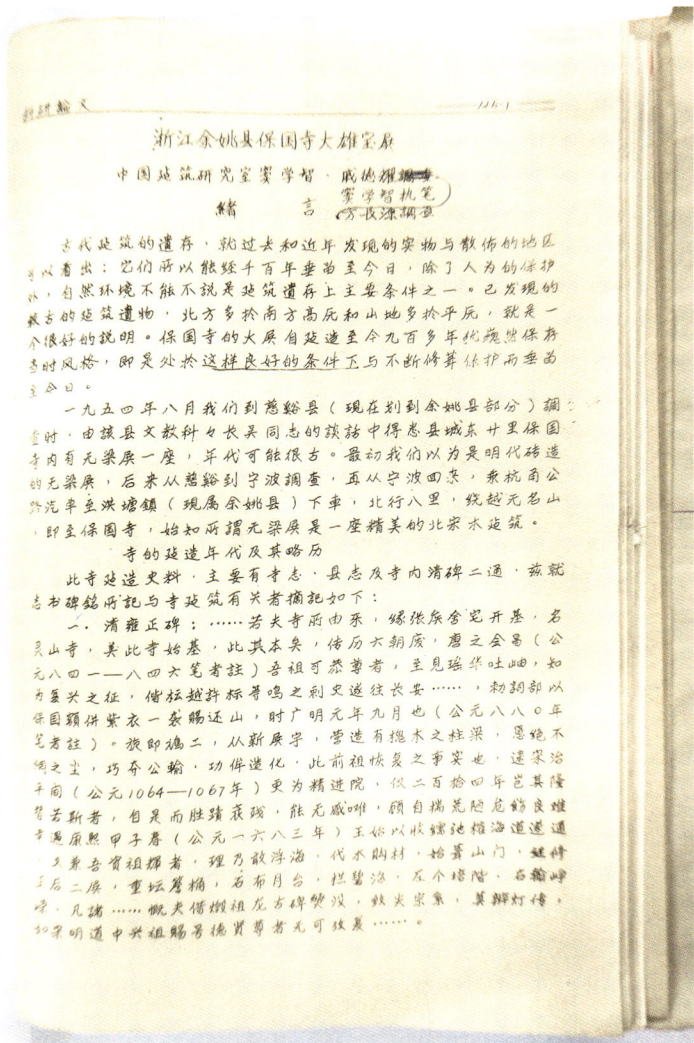

窦学智，浙江余姚县保国寺大雄宝殿（初稿）

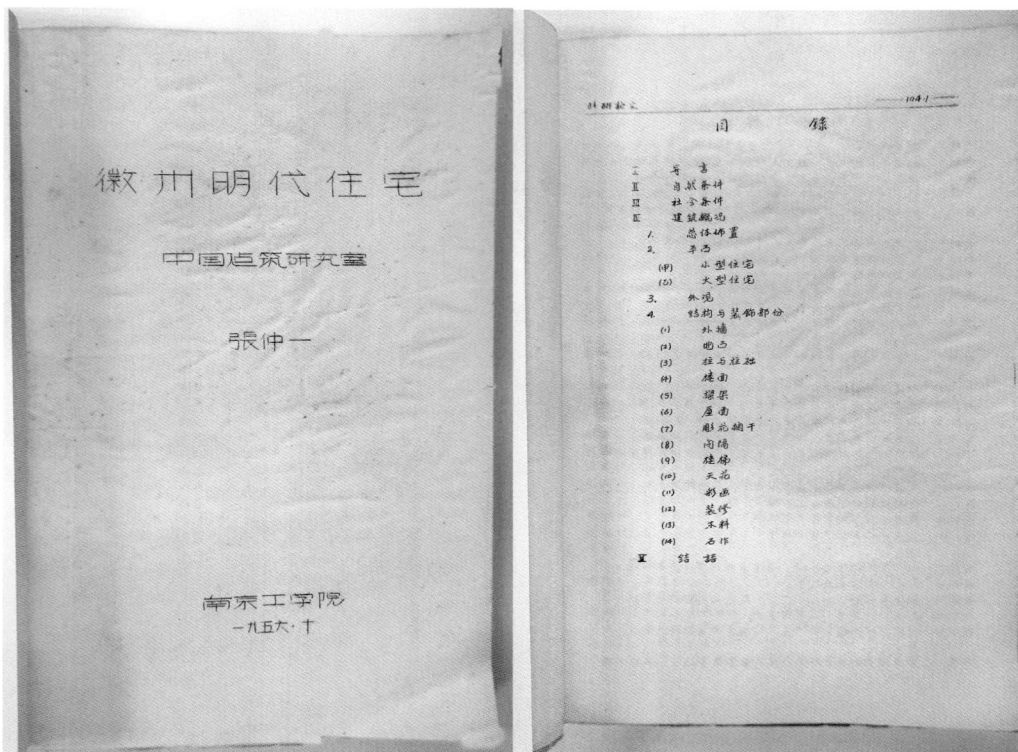

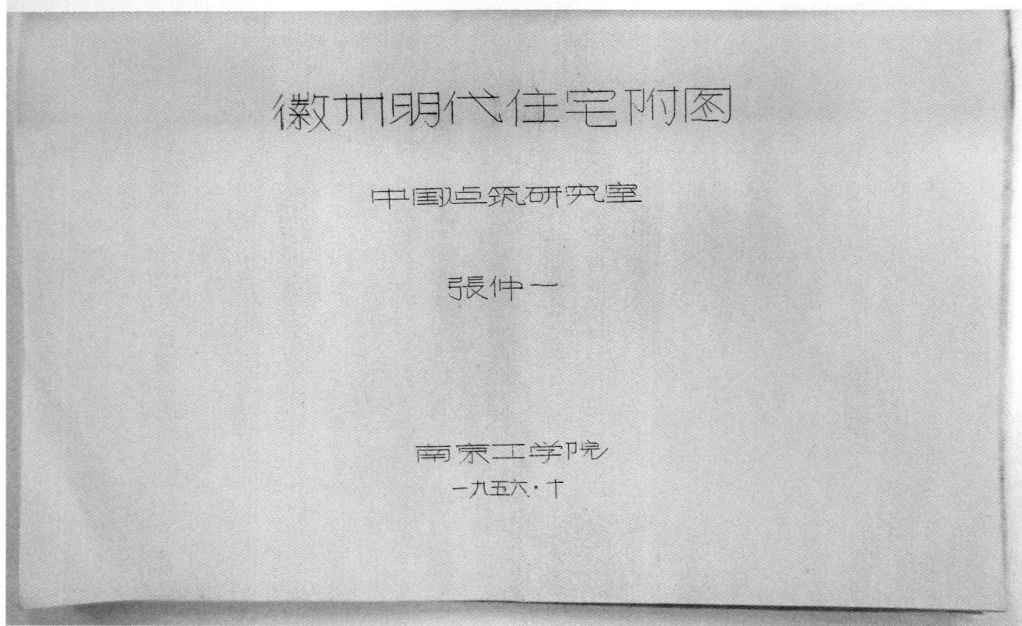

张仲一，徽州明代住宅（初稿）

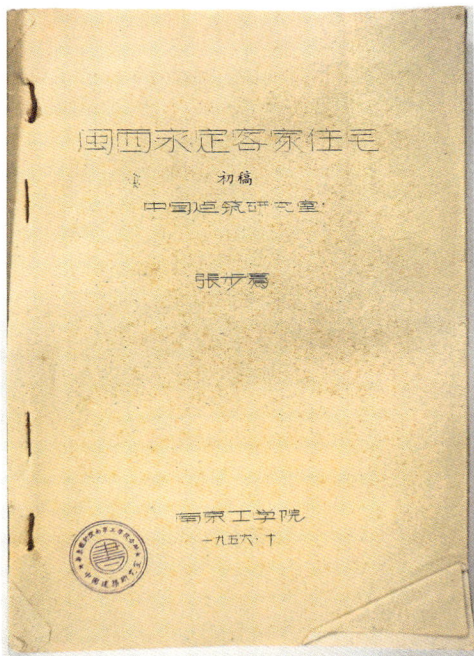

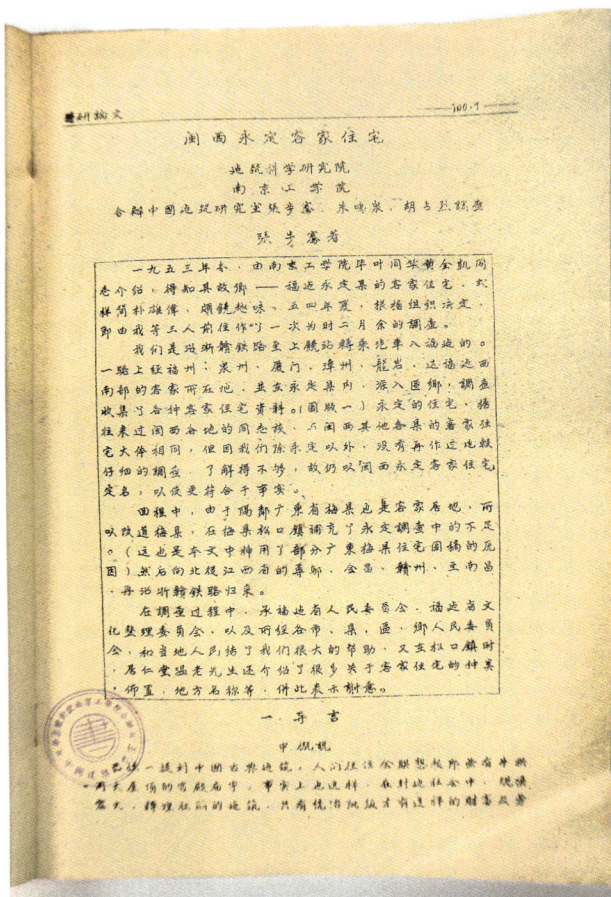

张步骞，闽西永定客家住宅（初稿）

下篇　中国建筑研究室相关档案资料

苏 州 的 園 林

刘 敦 楨

南京工学院学報第四期單行本

一九五七年四月

刘敦桢，苏州的园林（南工学报总第四期）

因此当地在夯实以后，常以水灌于窝中，察其渗入速度，以验看窝头是否符合要求。除此以外，窝头也有用石灰、砖成水泥等材料铺做的；也有以土坯实后，铺成人字屋顶的，则都是比较好况的做法。地铜窑也能做天窗，位置多在二窑间窑腿上部。如打走洞窑或设窑处洞在会窑结要后每行挖做。至于窑上的参流、烟突等则多是窑成后再以铁镐身凿而成的。

地铜窑多系天妇师少的春吉功流施工组织，一般以一人搁泥，一人贴土坯，五、六人运坯，进土及搅土，所以当地有俗语「七紧」、「八满」、「九搁傅」之称。

砖石铜窑：砖石铜窑大体与土坯铜窑批同，也布窑腿部宜。砖窑腿的宽度一般在一砖，一砖半、二砖之间，但也有更宽者则视窑洞本身的宽度而定。窑腿根脚都以块砌，继续随土肩，砖而立腿上作泰洞的，由于荷重较集中，土肩易对易于导致下窑的危险。腿的上部圈拱顶，一般需先以木架支撑，立架上再砌碧。通常以半砖站站一券，四条也一砖站一伏，拱顶少者一券一伏，多者三券三伏，用石灰沙浆腿结。每券之上口圆圆振头

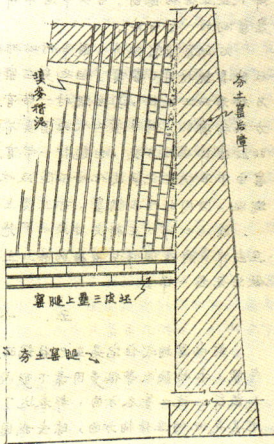

插图五.　地铜窑结构

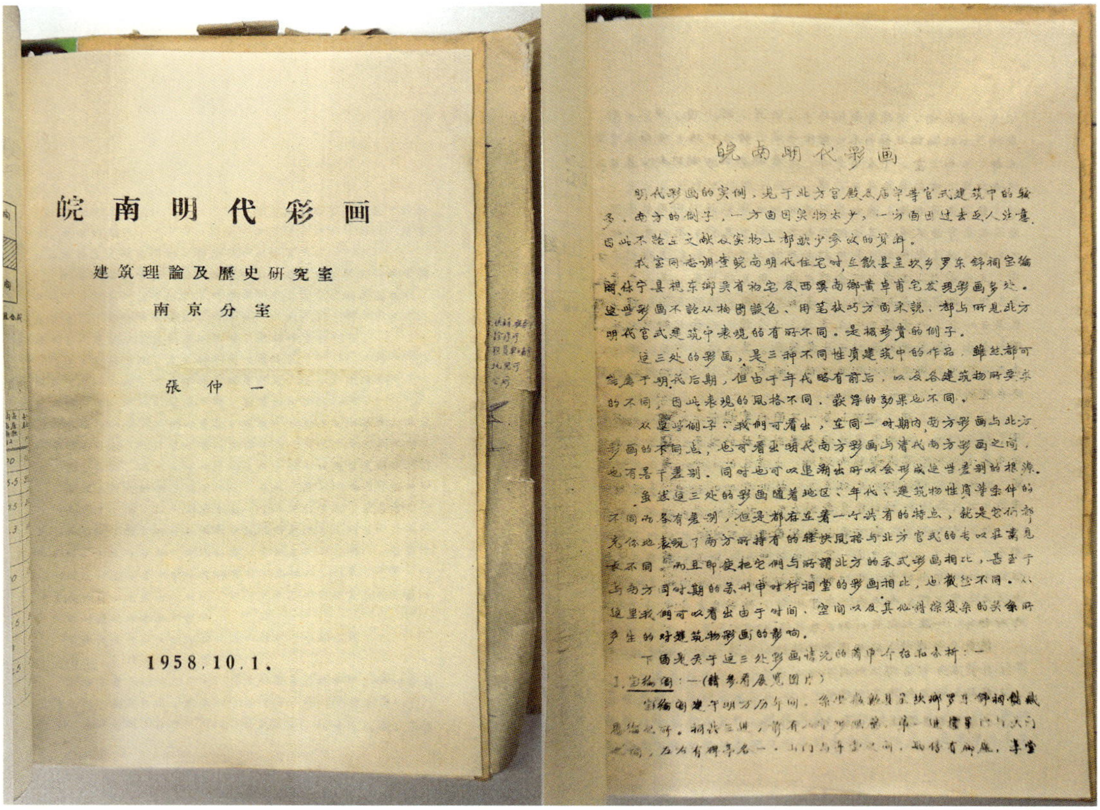

270

皖 南 明 代 彩 画

建筑理論及歷史研究室
南京分室

张 仲 一

1958.10.1.

张仲一，皖南明代彩画（初稿）

亭 子 圖 集

建築理論及歷史研究室
南京分室

郭湖生　方長源

1958.10.1.

亭子图集（初稿）

亭子圖集

(一)

亭是大家常見的一種輕巧玲瓏的小型建築。在園林和名勝遊覽的地方用來休息、眺望景物，本身也是景物的組成部分。也有用于其他場合的亭，如碑亭、幢幡亭、井亭、祭亭、路亭等。它們在形式上相似，但由于目的不同，有自己在構造、規模方面的特點。

秦漢時才開始有"亭"一詞。汉书百官表：大率十里一亭，亭有長，十亭一鄉，……县大率方百里，其民稠則城，将則疏。鄉亭亦如之，皆秦制也。"是地方基層行政組織，同时也是職司所在之地點。秦漢在交通郵道上所設的"亭"，兼有郵遞、驛站接送的作用。所以稱做"亭傳"、"郵亭"。郵亭"必出道上，村相去为郵。"（说文章）往人可由此看見，而且往于路總經過處。大概秦漢以后普遍見诸史中記載的"亭"，指的是郵亭。后來把造築山水風景所設置的駐足休息、飲宴娛樂的小型建築稱做"亭"，可能是由此义而演。

"秦漢时，在边防地城、屯聚处設"亭障"、"亭堠"，即瞭望站和烽火台。很明显，亭是和"登高、瞭望"的含意相連系。汉代城市的市坊上，設有"旗亭"，是官吏管理監督市集貿易的地点。根據西京赋："旗亭重立，俯察百隤。"王莽曾把长安城的十二个城門，改称为"亭"。汉代城门上又有城楼。這些都說明了当时"亭"的含义和后來的不同，但有源流的关系。

汉代画象石中，有类似亭的建築物（图1）。但是处于园林名胜所立的亭，最早的史料开始于南朝和隋唐时代。江總（陳朝人）有"泛陽五滿后山亭記"，大业雜記：（隋）煬帝广润池同一百里名西苑，……其中有迷楼亭，八回合成，人迷亦由此。其構有趣，冠絕古今。又有甘泉宮，周十余里亭榭构殿最多。"某某也"蒙花在宮城之北。苑中宮亭儿二十四所。"唐式盛觉有这香亭。

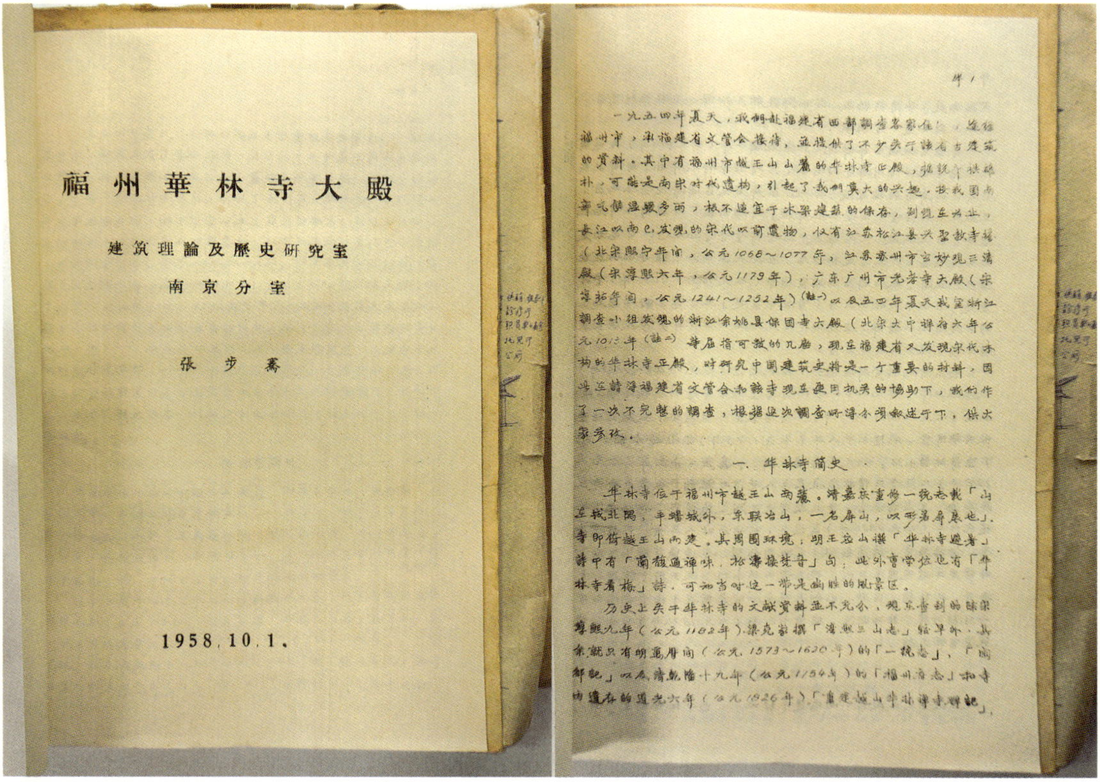
福州華林寺大殿
建筑理論及歷史研究室
南京分室
張步騫
1958.10.1.

张步骞，福州华林寺大殿（初稿）

經 幢 初 步 探 討

建築理論及歷史研究室
南京分室

杜 修 均

1958. 10. 1.

杜修均，经幢初步探讨（初稿）

经幢年代及尺寸表

幢 名	地 點	年　代（朝代名）	年　代（公元）	資料來源
龙云寺經幢	山东淄川县	唐開元九年	721年	文部文化史蹟
普照寺經幢	山东淄川县	唐開元年间		"
惠果寺經幢（甲）	陕西洛阳县	唐		"
惠果寺經幢（乙）	"	唐		"
龙寺經幢	广东广州市	唐宝历二年	826年	文部佛教史蹟
龙兴寺經幢	浙江杭州市	唐开成二年	837年	本室调查
普济寺經幢	浙江遂县	唐开成四年	839年	"
安国寺經幢（甲）	浙江海宁县	唐会昌二年	842年	"
安国寺經幢（乙）	"	唐会昌三年	843年	"
天宁寺經幢（甲）	浙江湖州市	唐会昌三年	843年	"
天宁寺經幢（乙）	"	唐大中二年	848年	"
佛光寺經幢	山西五台县	唐大中十一年	857年	"
松江某經幢	江苏松江县	唐大中十三年	859年	"
兴福寺（破山寺）經幢（甲）	江苏常熟市	唐大中年间		"
兴福寺（破山寺）經幢（乙）	"			"
安隐寺經幢	浙江临平县	唐大中十四年	860年	"
宽祝寺（山寺）經幢（乙）	浙江萧山县	唐咸通二年	861年	"
宽祝寺（山寺）經幢（丙）		唐		"
安国寺經幢	浙江海宁县	唐咸通六年	865年	"
南桥寺經幢	江苏宜兴县南桥镇	唐咸通年间		"
惠力寺經幢	浙江临宁县陕石镇	唐咸通十五年	874年	"
惠山寺經幢	江苏无锡市惠山	唐咸通十六年	876年	"
佛光寺經幢	山西五台县	唐乾符四年	877年	"

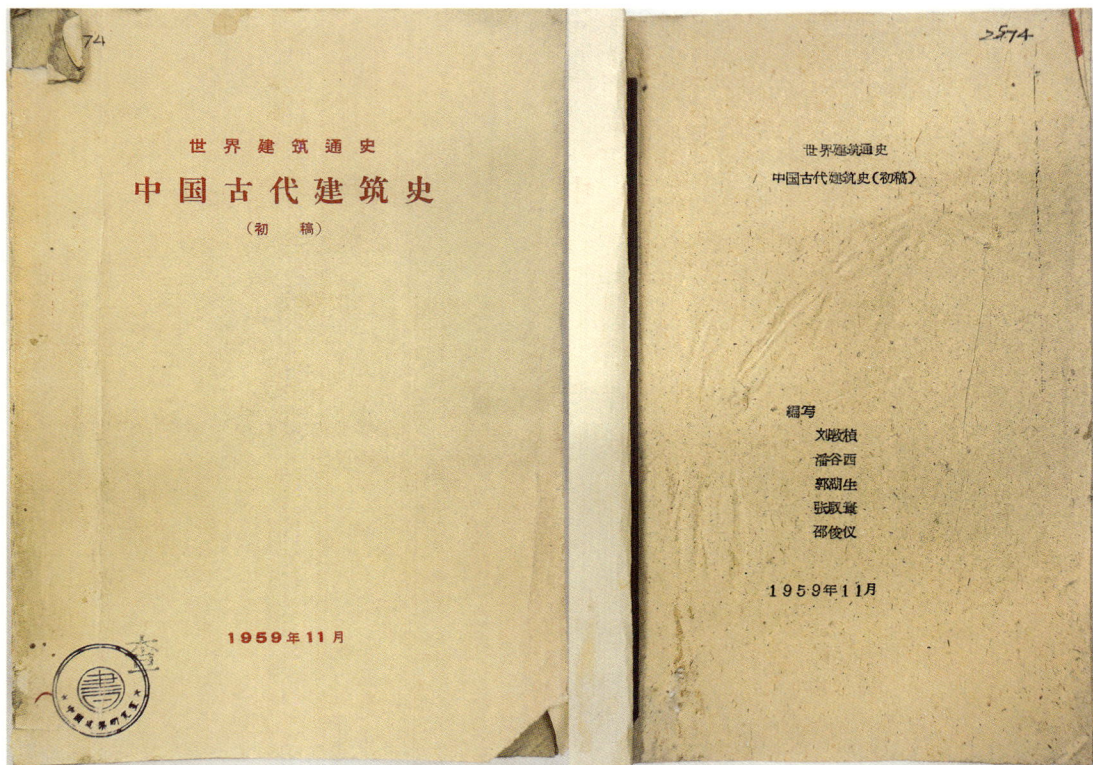

世界建筑通史
中国古代建筑史
（初　稿）

1959年11月

世界建筑通史
中国古代建筑史（初稿）

编写
刘敦桢
潘谷西
郭湖生
张驭寰
邵俊仪

1959年11月

世界建筑通史 中国古代建筑史（初稿）

建筑科学研究院
建筑理论及历史研究室
·1962·3·

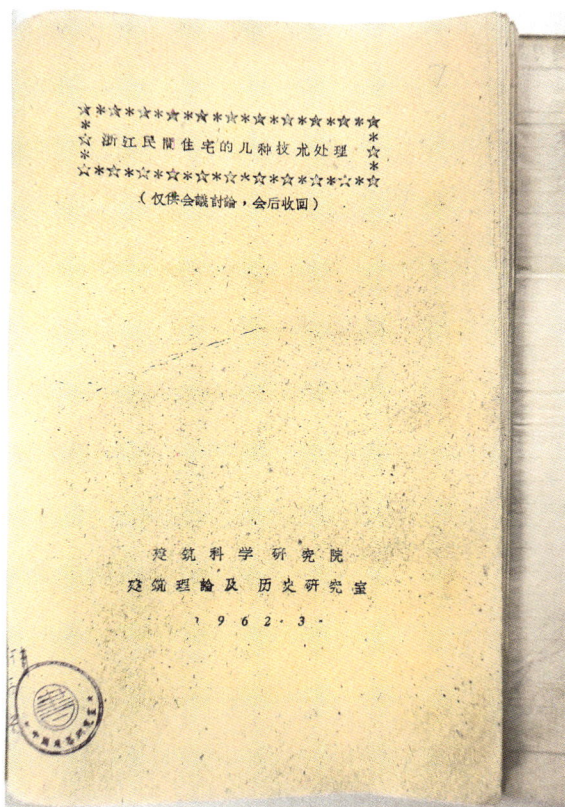

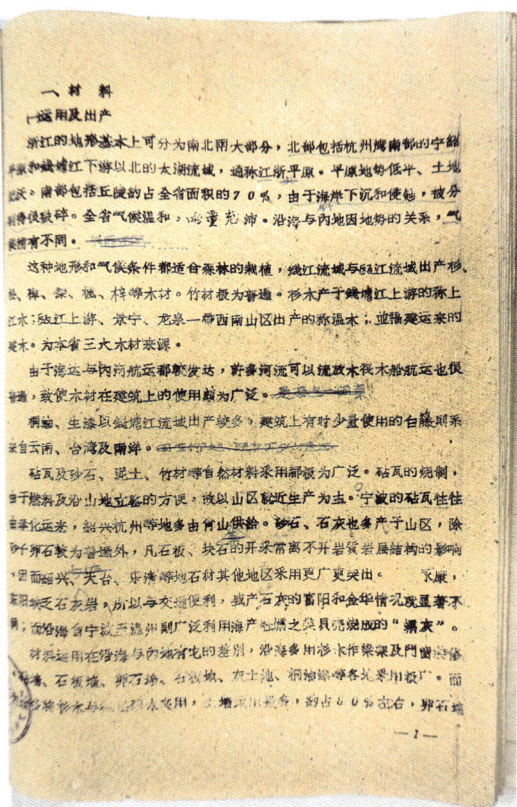

浙江民居住宅的几种技术处理（初稿）

一 材料

运用及出产

浙江的地势基本上可分为南北两大部分，北部包括杭州湾南部的宁绍平原和钱塘江下游以北的太湖流域，通称江浙平原。平原地势低平、土地肥沃。南部包括丘陵的占全省面积的70％，由于海岸下沉和侵蚀，被分得很破碎。全省气候温和，雨量充沛。沿海与内地因地势的关系，气象稍有不同。

这种地形和气候条件都适合森林的栽植，钱江流域与瓯江流域出产杉、松、樟、栎、梓等木材。竹材极为普遍。杉木产于钱塘江上游的称上江木。钱江上游、松宁、龙泉一带西南山区出产的称温木，并称是运来的温木，为本省三大木材来源。

由于海运与内河航运都郁发达，钱塘河流可以流放木筏木船运送也很通畅，致使木材在建筑上的使用颇为广泛。

桐油、生漆与钱塘江流域出产较多，建筑上有时少量使用的白藤则系采自云南、台湾及南洋。

砖瓦及砂石、泥土，竹材等自然材料采用都极为广泛。砖瓦的烧制，由于燃料及冶山道路的方便，故以山区就近生产为主。宁波的砖瓦柱住自运化运来，绍兴杭州等地多由青山供给。砂石、石灰地亦产于山区，除部分砾石较为普遍外，凡石板、块石的开采常离不开岩质崖层结构的影响，石面绍兴、天台、东清海地石材其他地区采用更广更突出。石康，绍兴大石灰岩，加以水交通便利，故产石灰的富阳和金华情况就显著不同，在沿海自宁波之温州则广泛利用海产石嵘之类具砌墙的"蛎灰"。

材料运用在沿海与内地对北的差别，沿海多用杉木作梁架及门窗之类者，石板墙、卵石墙、石板地、夯土地、洞细墙等亦采用极广。而以砖瓦为术自然木之使用，土增项目最多，约占60％左右，卵石墙

浙江民居概况

（仅供会议讨论·会后收回）

建筑科学研究院
建筑理论及历史研究室
1962·3

浙江民居概况

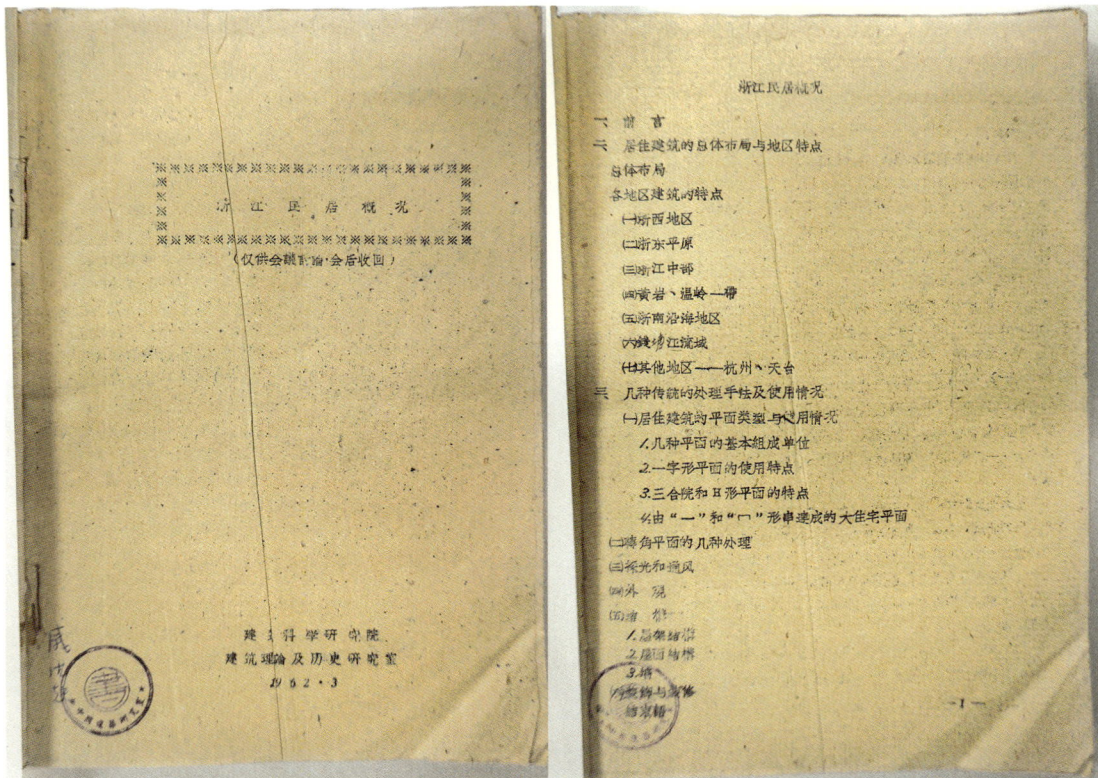

浙江民居概况（初稿）

行宫图说及各胜园亭图说　扬州

建筑理论历史研究室南京分室

目　录

扬州行宫图说及各名胜园亭图说

下篇　中国建筑研究室相关档案资料

刘敦桢手写印度建筑史讲稿

History of Indian and Eastern Architecture.
By James Fergusson.

Section of great Stupa at Sanchi.

Round Temple and part of Monastery.
Bas-relief of Bharaut.

最後一式，如其有穹形隔間時則利。其有50'径说及在时刻得度内更分隔疏。陵与相套而小即下座起小型上部小支提塔十Chapala 一方陶部。另支提率另列，土瓶围绕有莲十沢。Chapala也是石形，他建围绕刻画再塔。其型起沢有用不进，是围空plaster，素刻色。

刘敦桢手写印度建筑史讲稿

戴复东中国建筑史笔记

清式五踩平身斗科

清式五踩溜金斗科

宋式須彌座

清式須彌座

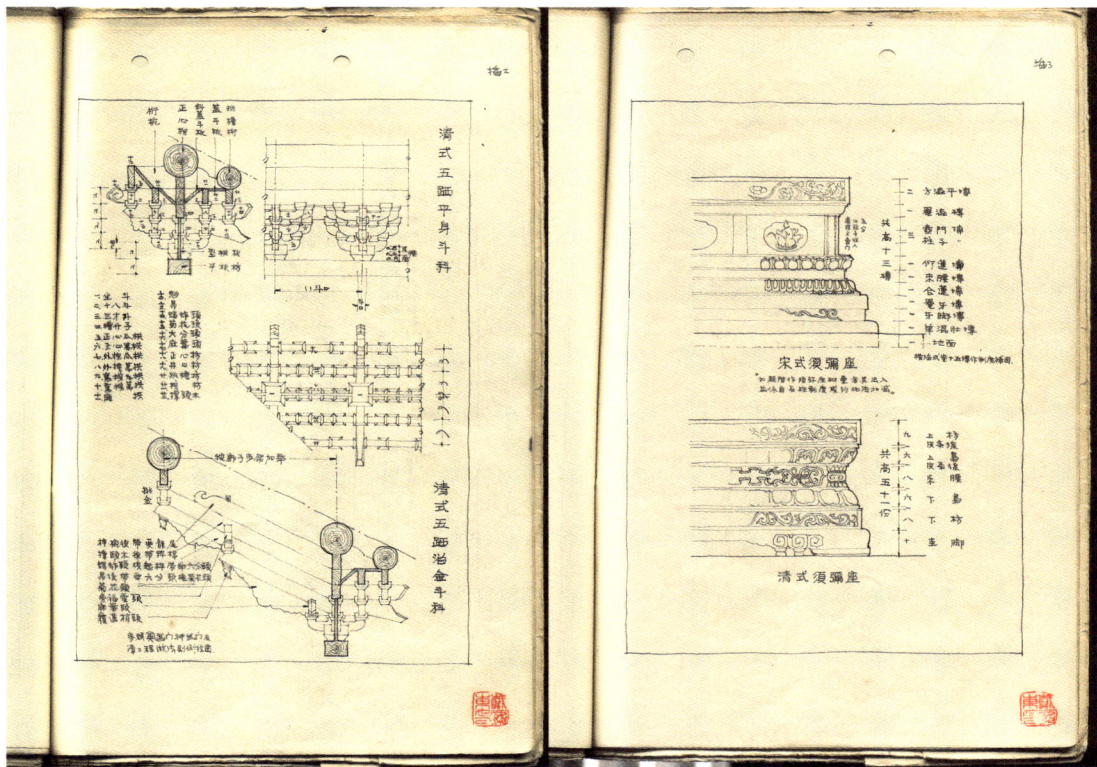

戴复东中国建筑史笔记

刘叙杰中国建筑史笔记

叶菊华园林调研笔记

沥粉金琢碾玉彩画图版（玻璃）

外檐装修图版（玻璃）

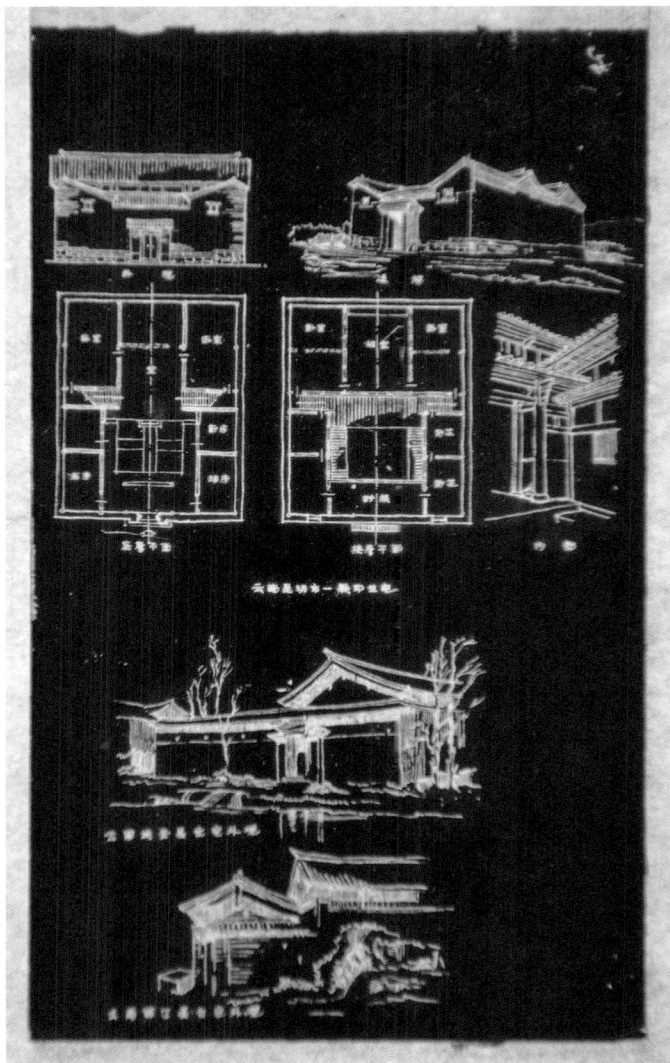

传统住宅图版（玻璃）

住宅设计图版（玻璃）

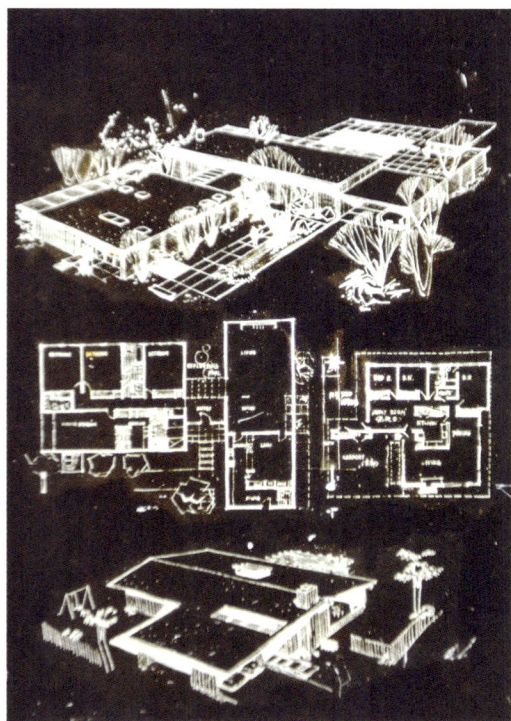

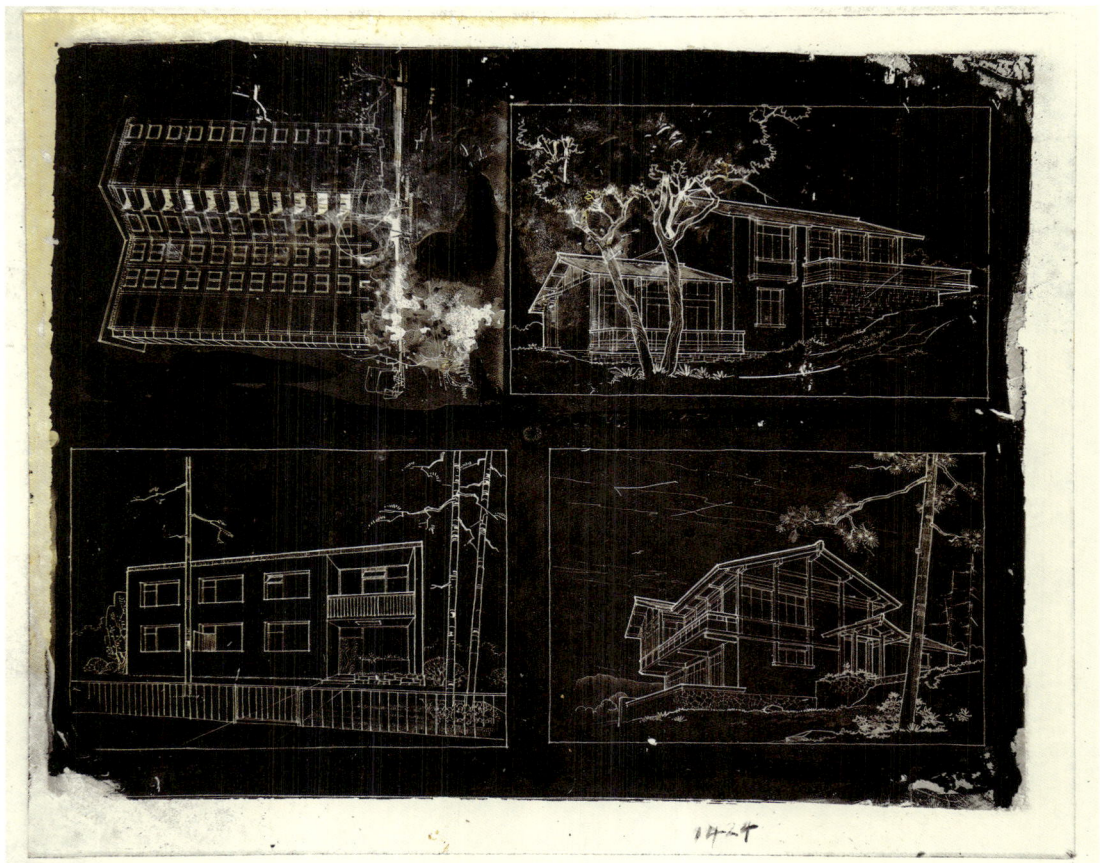

现代住宅图版（玻璃）

庭园图版（玻璃）

庭园图版（玻璃）

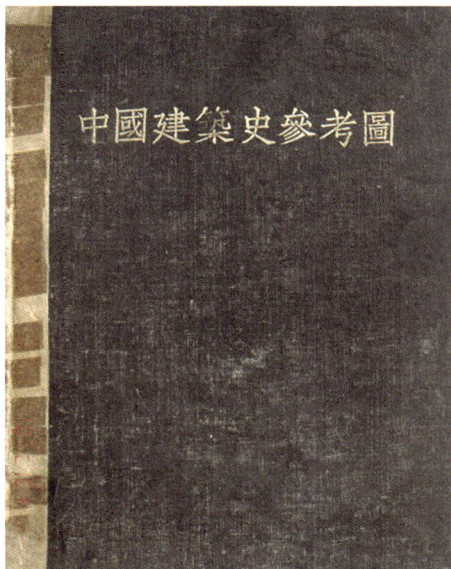
刘敦桢著《中国建筑史参考图》，南京工学院、同济大学建筑系合印，1953 年

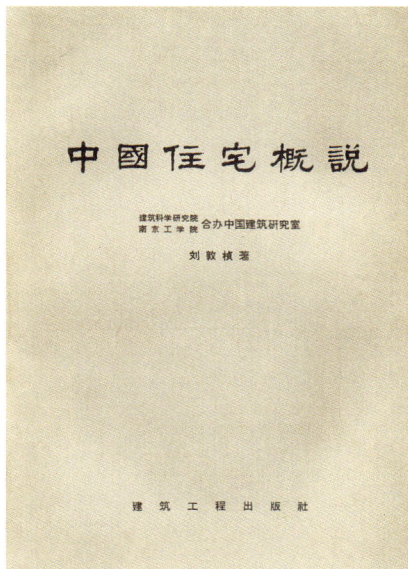
刘敦桢著《中国住宅概说》，建筑工程出版社出版，1957 年 5 月

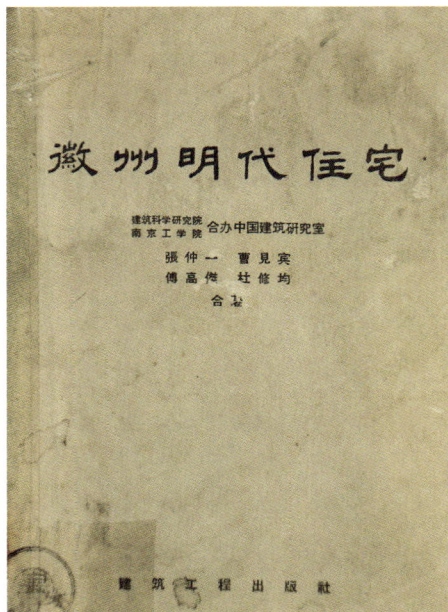
张仲一、曹见宾、傅高杰、杜修均合著《徽州明代住宅》，建筑工程出版社出版，1957 年 5 月

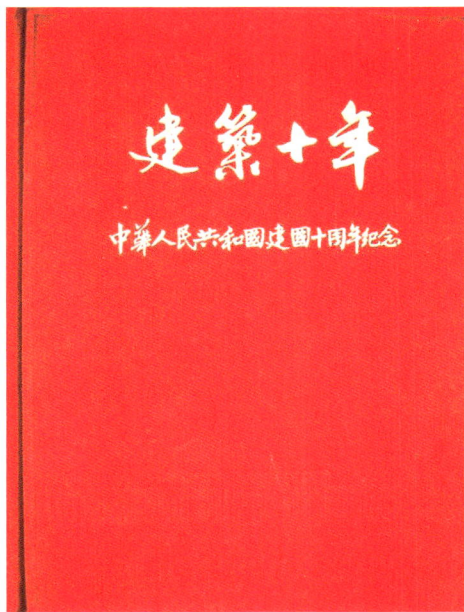
建筑科学研究室编《建筑十年》，建筑工程部设计局出版，1959 年 12 月

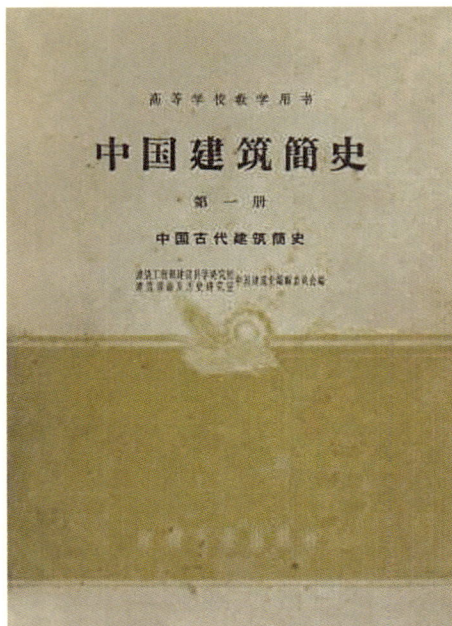

刘敦桢著《中国建筑简史》，中国建筑工业出版社出版，1962 年第一版

刘敦桢著《苏州古典园林》，中国建筑工业出版社出版，1979 年 10 月第一版

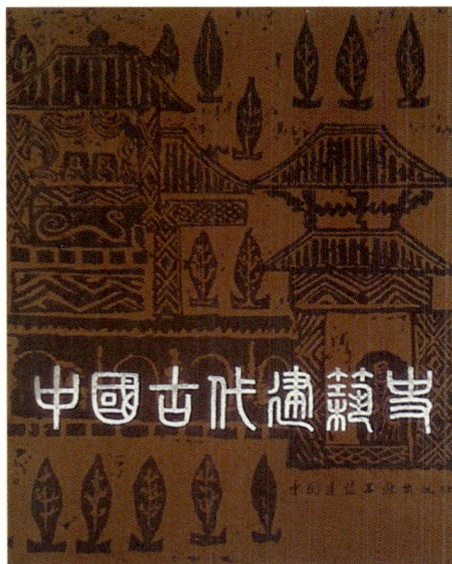

刘敦桢著《中国古代建筑史》，中国建筑工业出版社出版，1980 年 10 月第一版

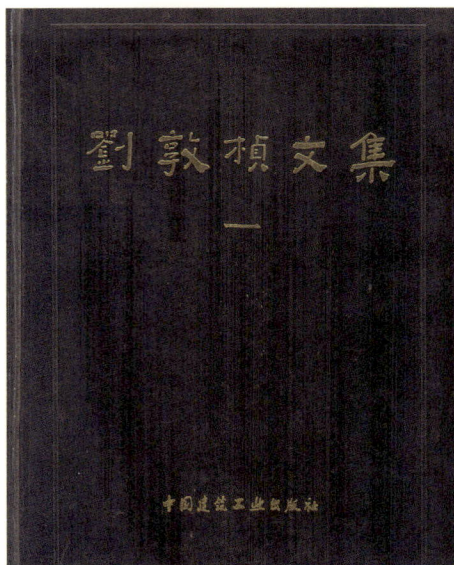

刘敦桢著《刘敦桢文集》，中国建筑工业出版社出版，1982 年 11 月第一版

《刘敦桢全集》，中国建筑工业出版社出版，2007年10月第一版

七. 中国建筑设计研究院建筑历史研究所存中国建筑研究室档案资料

序号	档案编号	资料名称	提供内容	备注
1	0021	住宅标准及建筑艺术座谈会发言汇编	封面、第252页	
2	0069	建筑理论及历史资料汇编第2辑（内含专题文章、历史室1964年科研情况、调查考察工作的体会）	封面、目录	
3	0122	苏联多卷本世界建筑通史—中国古代建筑史第二稿	封面、第6页	1960.08
4	0329	中国古代建筑史（上下册）	封面、第1页	1964
5	0446	浙西北地区民居调查资料	封面、1页	1960
6	0451	浙江海盐县冯家花园调查报告	封面	
7	0460	江苏苏州虎丘云岩寺塔（含苏州市虎丘塔基础探测报告、虎丘塔加固计划草案）	第1页	1955—1956
8	0466	福建华侨住宅	封面、第10页	1960
9	0467	南京住宅	封面、第13页	1959
10	0468	太湖地区民居	封面、第1页、第8页	1955—1957
11	0469	江宁县农村住宅调查	封面、第1页	1955—1957
12	0508	佛教建筑原始稿	封面、第1页	1957—1958
13	0520	世界建筑通史多卷集—中国古代建筑史第七稿	第20页	
14	0521	世界建筑通史多卷集—中国古代建筑史第六稿	封面、第1页	1962.12
15	0522	世界建筑通史多卷集—中国古代建筑史第八稿	第116页	
16	0523	世界建筑通史多卷集—中国古代建筑史第? 稿	第1页	
17	0528	建筑理论问题座谈会	封面、第1页	
18	0571	建筑风格讨论会发言稿	1页	
19	1363	浙江桥梁码头	封面、第3页	1959
20	1364	浙江村镇与住宅	封面、第6页	1959
21	1374	甘露庵	封面、第1页	1959
22	1432	河南巩县宋陵调查稿	目录、第1页	1960—1961
23	1449	浙江省调查测稿（1）	目录	1954—1955
24	1450	保国寺调查（含碑文等文献资料、测稿）	封面、第8页、第12页	1954
25	1451	浙江调查稿（2）	图1、第1页	1954—1955
26	1445-1	测稿（苏州园林树木图）		
27	1445-10	测稿（苏州园林）	第1页	

序号	档案编号	资料名称	提供内容	备注
28	1445-11	测稿（1.狮子林、留园、拙政园等花罩；2.亭；3.拙政园远香堂；4.桥；5.拙政园香洲；6.拙政园倒影楼；7.沧浪亭漏窗；8.沧浪亭看山楼；9.留园明瑟楼	第45页	
29	1445-2	测稿（苏州园林）	第9页	1956.05
30	1445-3	测稿（苏州园林）	第6页	1957.04
31	1445-4	测稿（苏州园林）	第1页	1956.12
32	1445-5	测稿（苏州园林）	第2页	1957.01
33	1445-6	测稿（苏州园林校对图）	第1页	
34	1445-7	测稿（苏州园林）	图1	1963.12
35	1445-8	测稿（拙政园）	第41页	
36	1445-9	测稿（怡园、拙政园、门洞）	第51页	
37	1446-1	沧浪亭平面测量原始资料	1页	
42	1448-1	河南窑洞式民居（测稿、大纲等）	1页	1958
43	1448-2	河南窑洞式民居（1—7稿）（含资料札记和行程记录）	1页	1958

住宅标准及建筑艺术座谈会
发言彙編

（內部資料　　注意保存）

建筑工程部
中国建筑学会
1959年9月

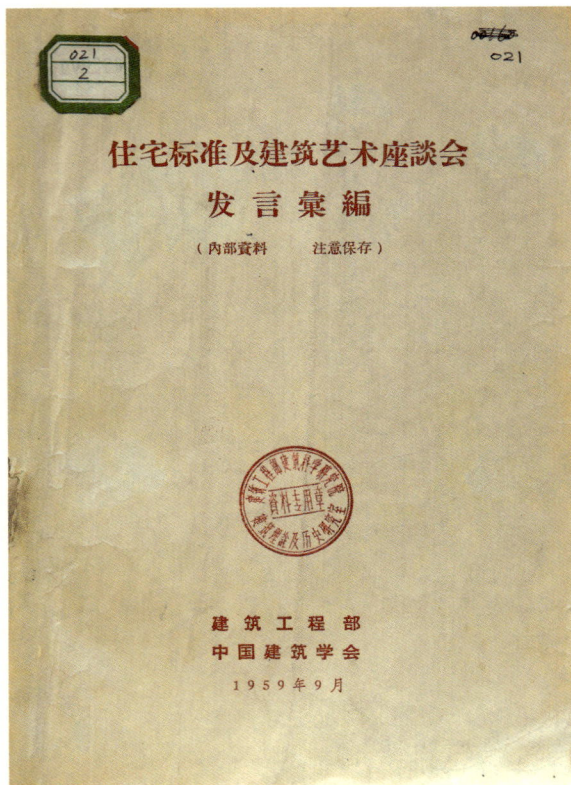

住宅标准及建筑艺术座谈会发言汇编

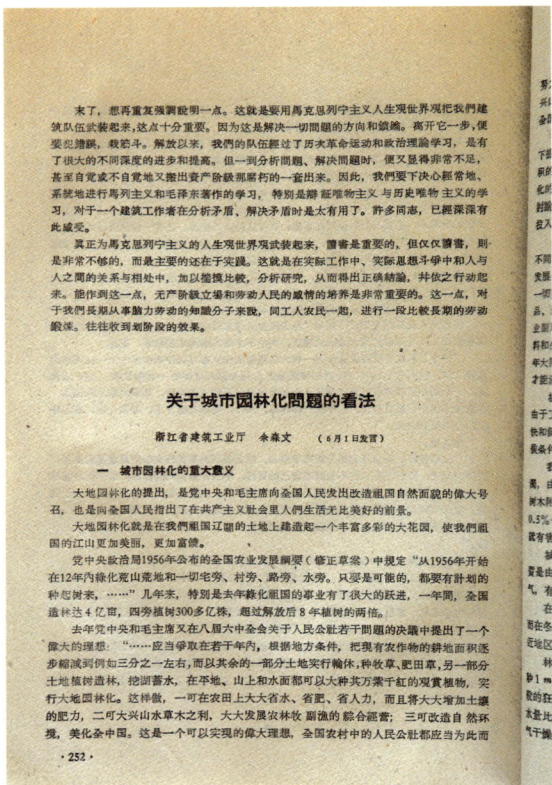

末了，想再重复强調說明一点。这就是要用馬克思列宁主义人生观世界观武装起来把我們建筑队伍武装起来，这点十分重要。因为这是解决一切問題的方向和鑰匙。高开它一步，便要犯錯誤，栽筋斗。解放以来，我們的队伍經过了历次革命运动和政治理論学习，是有了很大的不同程度的进步和提高。但一到分析問題、解决問題时，便又显得非常不足，甚至自觉或不自觉地又搬出資产阶級那套干來。因此，我們要下决心經常地、系統地进行馬列主义和毛澤东著作的学习，特别是辯証唯物主义与历史唯物主义的学习，对于一个建筑工作者在分析矛盾、解决矛盾时是太有用了。許多同志，已經深深有此感受。

真正为馬克思列宁主义的人生观世界观武装起来，讀書是重要的，但仅仅讀書，則是非常不够的，而最主要的还在于实践。这就是在实际工作中、实際思想斗爭中和人与人之間的关系与相处中，加以揣摸比較，分析研究，从而得出正确結論，并依之行动起来。能作到这一点，无产阶級立場和劳动人民的感情的培养是非常重要的。这一点，对于我們長期从事脑力劳动的知識分子来說，同工人农民一起，进行一段比較長期的劳动鍛煉，往往收到划阶段的效果。

关于城市园林化問題的看法

浙江省建筑工业厅　余森文　（6月1日发言）

一　城市园林化的重大意义

大地园林化的提出，是党中央和毛主席向全国人民发出改造祖国自然面貌的偉大号召，也是向全国人民指出了在共产主义社会里人們生活无比美好的前景。

大地园林化就是在我們祖国江蜀的土地上建造起一个丰富多彩的大花园，使我們祖国的江山更加美丽，更加富饒。

党中央政治局1956年公布的全国农业发展綱要（修正草案）中規定“从1956年开始在12年內綠化荒山荒地和一切宅旁、村旁、路旁、水旁。只要是可能的，都要有計划的种树植果，……”几年来，特别是去年綠化祖国的事业有了很大的跃进，一年間，全国造林达4亿亩，四旁植树300多亿株，超过解放后8年植树的两倍。

去年党中央和毛主席又在八届六中全会关于人民公社若干問題的决議中提出了一个偉大的理想：“……应当爭取在若干年內，根据地方条件，把現有农作物的耕地面积逐步縮减到例如三分之一左右，而以其余的一部分土地实行輪休，种牧草、肥田草，另一部分土地植樹造林，挖湖蓄水，在平地、山上和水面都可以大种其万紫千紅的覌賞植物，实行大地园林化。这样做，一可在农田上大大省水、省肥、省人力，而且將大大增加土壤的肥力，二可大兴山水草木之利，大大发展农林牧副澌的综合經营；三可改造自然环境，美化全中国。这是一个可以实現的偉大理想，全国农村中的人民公社都应当为此而

· 252 ·

建筑理论及历史资料汇编

第 2 辑

建筑科学研究院建筑理論及歷史研究室編

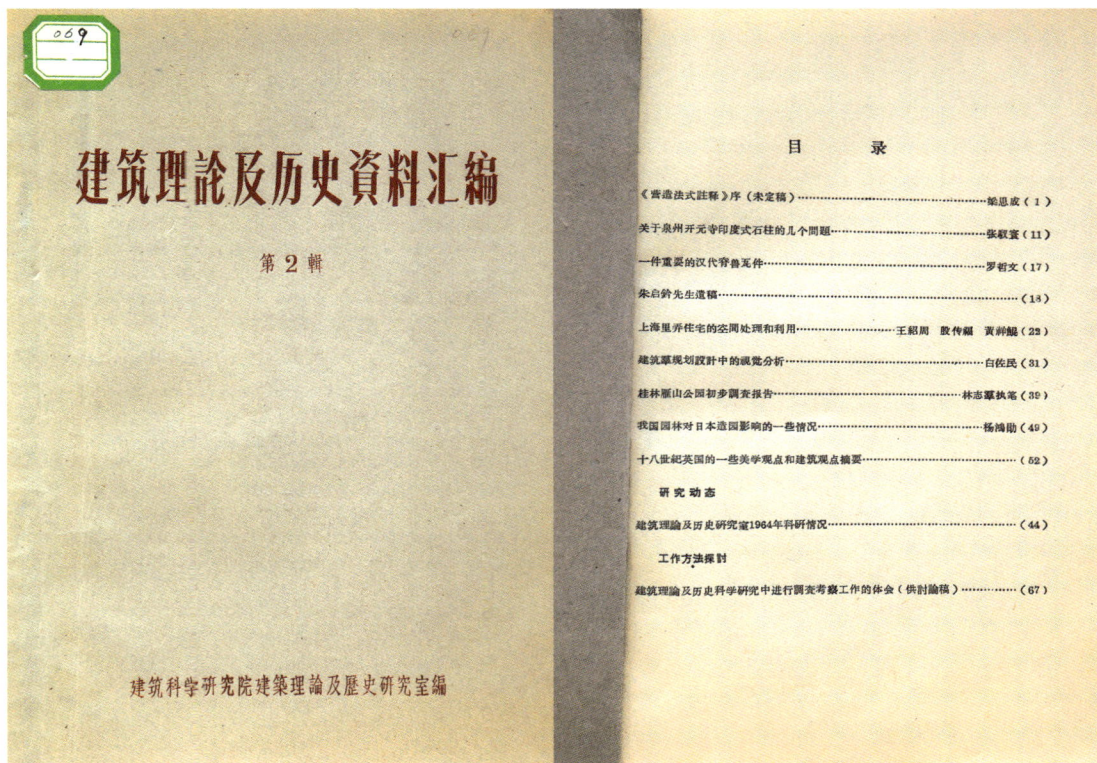

建筑理论及历史资料汇编第 2 辑（內含专题文章、历史室 1964 年科研情况、调查考察工作的体会）

蘇聯多卷本世界建築通史

中國古代建築史

第二稿

1960.8

序 言

中国古代建筑史的内容，主要说明中国在1840年进入半封建半殖民地社会以前的各个历史阶段——原始社会、奴隶社会、封建社会——的建筑发展概况及其重要特征。

中国幅员广大，历史悠久，在古代是世界的先进国家之一。她的独特的灿烂的文化，对于人类作了很大的贡献，特别对东部亚洲各国——日本、朝鲜、越南、蒙古——曾发生过深刻的影响。同样地在建筑方面，中国古代劳动人民创造了特殊风格的建筑体系，对建筑技术和建筑艺术作出了很多出色的成绩，留下了不少雄奇美丽的庙宇。但为了简明扼要地阐述中国古代建筑史的丰富内容，首先需要说明下列几个问题。

一 中国古代建筑的基本特点：

中国是一个多民族的国家，有汉族、蒙古族、藏族、满族、回族、维吾尔族、僮族、彝族、苗族、朝鲜族等五十种以上的民族。各民族的建筑，由于经济和社会情况的差别，也由于分布地区的自然环境的不同，产生了建筑型式和构造方面各种各样的特点。从型式方面来看，有木构架式、砖石和木料组合构造式、砖石或土坯的拱券式或穹窿式、帐幕式、网状编结骨架的"蒙古包"式等等。为了适应这些构造型式，建筑的组合方式自然有所不同；再加上各民族在色彩和装饰方面的特殊传统形式，这就使他们的建筑，形成了非常多样的风格和类型。

中国古代建筑史基本上包括了各民族的建筑发展情况，但在这里需要提一下汉族建筑所处的地位。这不仅是因为汉族占有中国全部人口的百分之九十以上的比重，和它有着较悠久的历史。在中国的社会

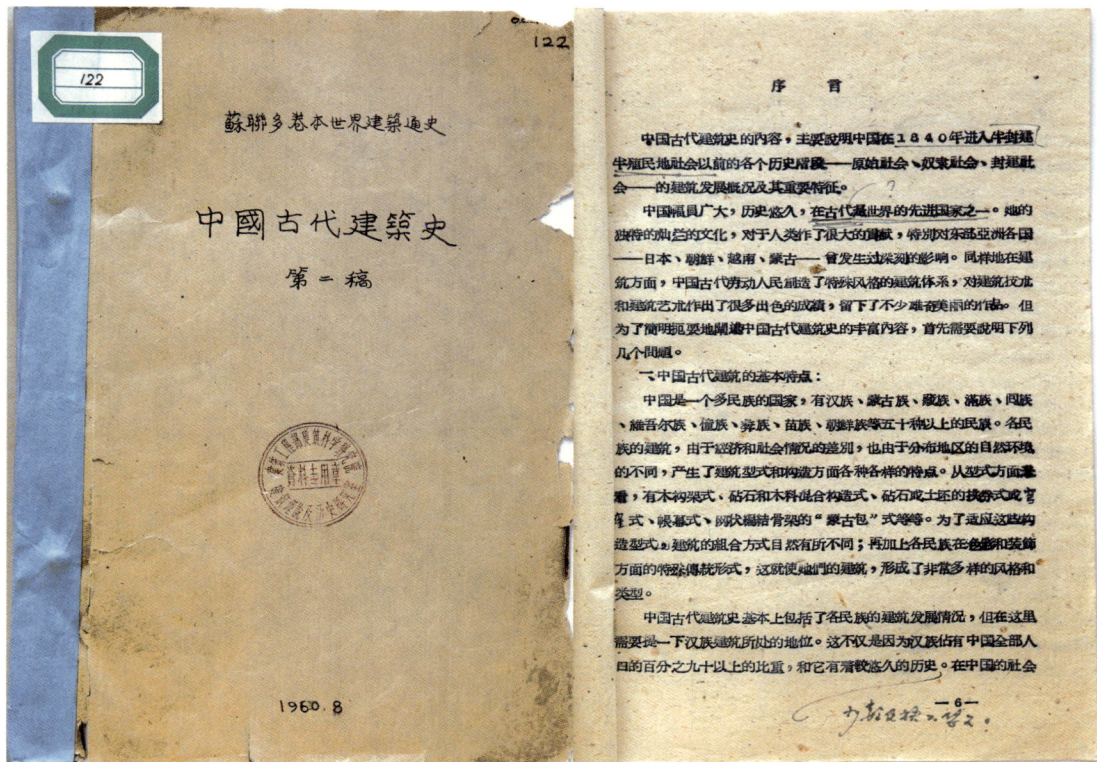

苏联多卷本世界建筑通史—中国古代建筑史第二稿

中國古代建築史

上　册

口華人民共和國建築工程部

一九六四年六月

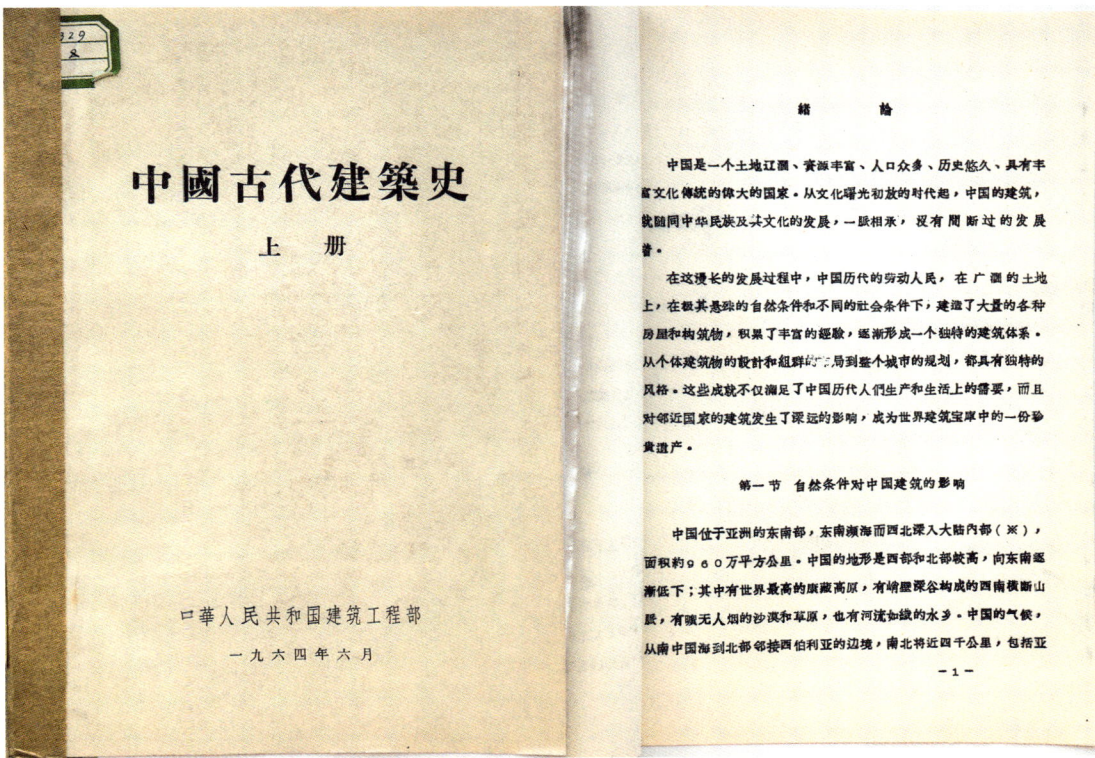

中国古代建筑史（上下册）

緒　論

中国是一个土地辽阔、资源丰富、人口众多、历史悠久、具有丰富文化传统的伟大的国家。从文化曙光初放的时代起，中国的建筑，就随同中华民族及其文化的发展，一脉相承，没有間断过的发展着。

在这漫长的发展过程中，中国历代的劳动人民，在广濶的土地上，在极其悬殊的自然条件和不同的社会条件下，建造了大量的各种房屋和构筑物，积累了丰富的經驗，逐渐形成一个独特的建筑体系。从个体建筑物的設計和超群佈局到整个城市的规划，都具有独特的风格。这些成就不仅满足了中国历代人们生产和生活上的需要，而且对邻近国家的建筑发生了深远的影响，成为世界建筑宝库中的一份珍贵遺产。

第一节　自然条件对中国建筑的影响

中国位于亚洲的东南部，东南瀕海而西北深入大陆內部（※），面积约９６０万平方公里。中国的地形是西部和北部較高，向东南逐渐低下；其中有世界最高的康藏高原，有峭壁深谷均成的西南横断山脈，有渺无人烟的沙漠和草原，也有河流如綫的水乡。中国的气候，从南中国海到北部郎接西伯利亚的边境，南北将近四千公里，包括亚

—1—

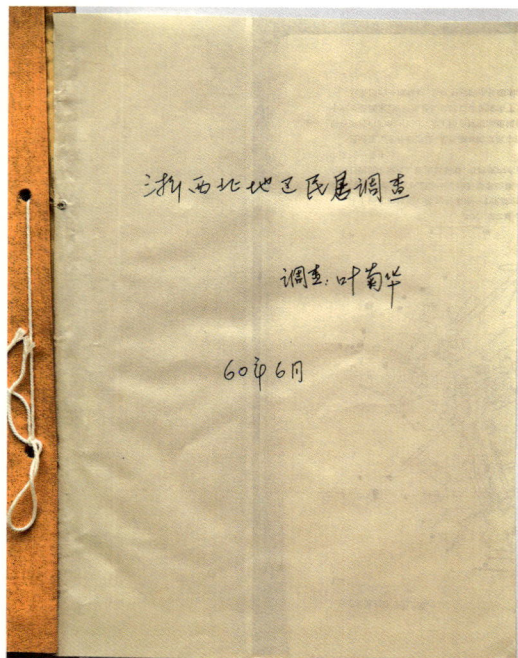

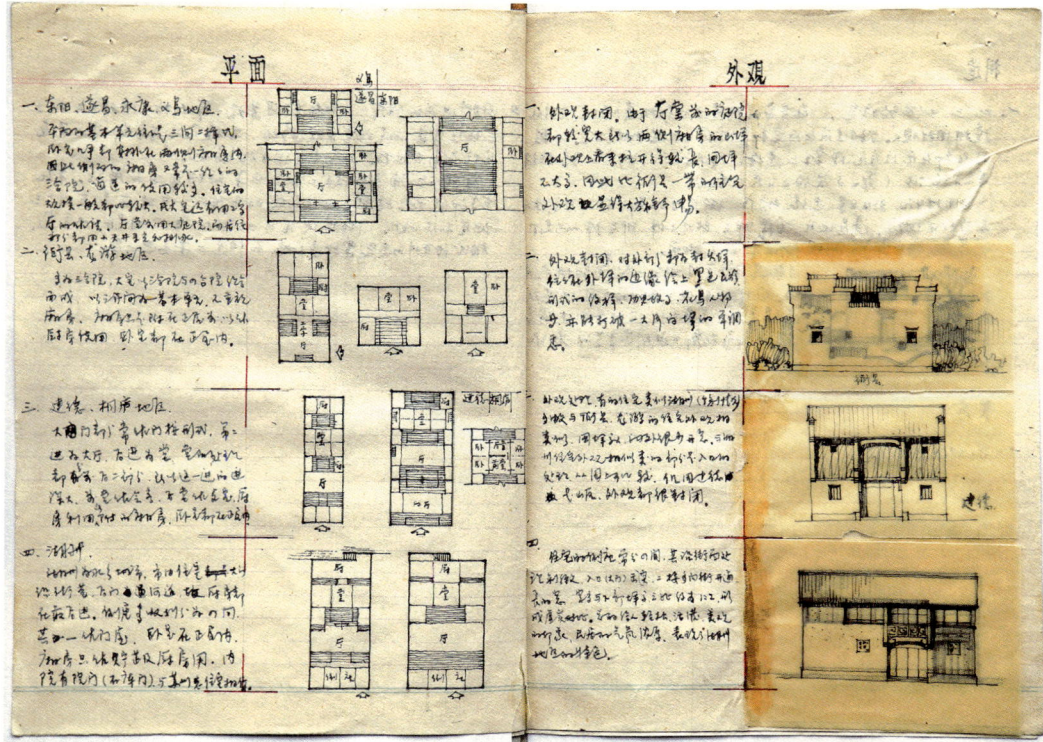

浙西北地区民居调查资料

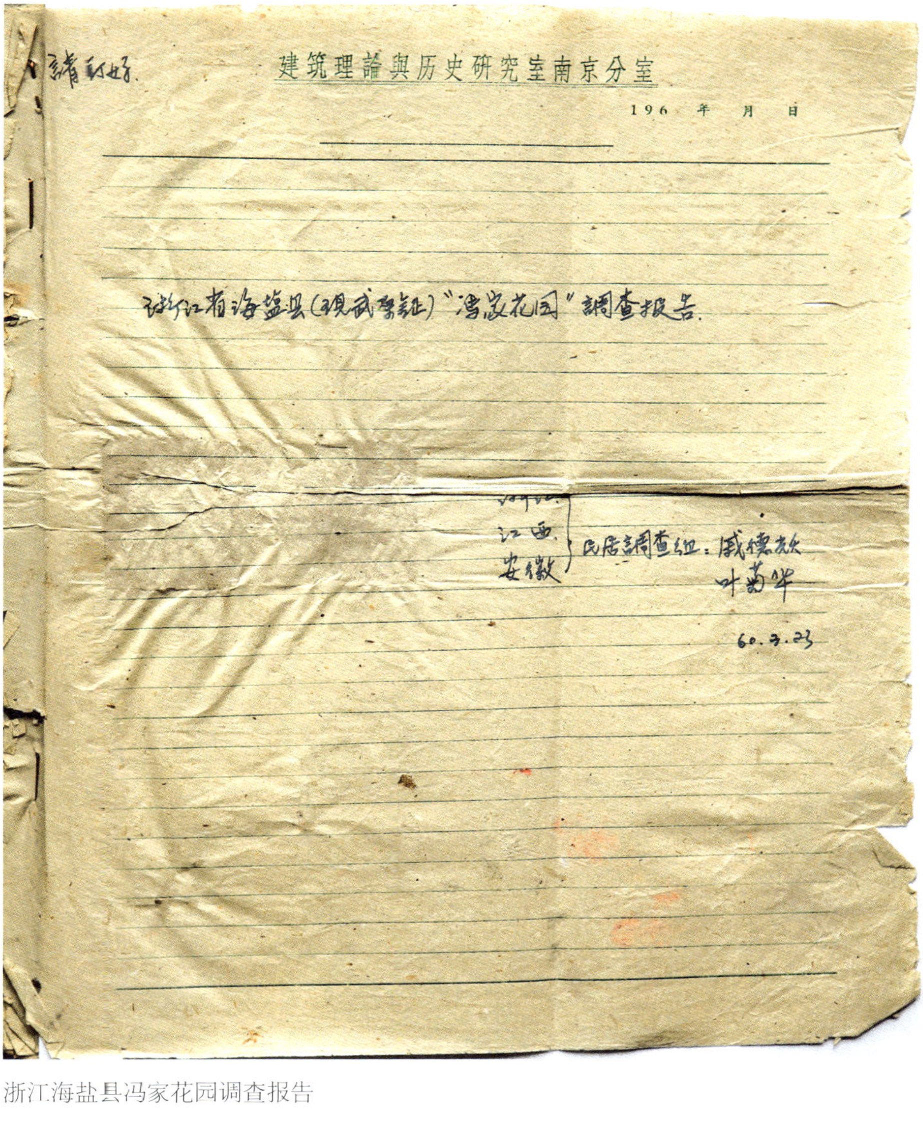

建筑理论与历史研究室南京分室

196　年　月　日

浙江省海盐县(现武原镇)"冯家花园"调查报告

浙江
江西
安徽

民居调查组：戚德耀
叶菊华

60.3.23

浙江海盐县冯家花园调查报告

中國建築研究室圖樣編號：其-23-1號

建築技術研究所
南京工學院　合辦中國建築研究室

蘇州市虎丘古塔基礎探測報告

一、緒言：

蘇州市虎丘塔與建到現在，已有一千年的歷史，傳聞明代已向東北傾斜，估計亦有數百年，現在發展更甚，已傾斜約一公尺八二。蘇州市園林修整委員會委托本院探查塔基下層泥土及岩反情況，以供設置修理方案的参攷。

為33解塔基附近地質情況，在塔的傾斜方向佈置鑽孔二個，在垂面佈置鑽孔一個，高塔均為15公尺，預備先挖探井，至相當深度再用小螺鑽鑽孔，當再次到現場時發現，該處岩反層表很大，大塊石很多，手搖鑽不易鑽下，於是改變了原來的佈置，決定佈置探井十個，位置如平面圖所示。

經宝研究決定，由主任工程師徐春苹会主持全任工程負责人，外叶工作由地質探测方向動小組擔任，記錄楊萬里擔任。自1955年12月22日開始工作至1956年1月11日完成。

塔基周圍都是人工填土，已经3解塔基号砌置在岩反上面，故主做土地減驗。

二、外部損坏及傾斜。

塔高約45公尺，分七级成八角形，对邊相距13.4公尺，全部為砧岩砌，每約有走廊，內建经火烧，僅餘外壳，外部粉飾，已全部剥落，最高三層，係明代修造，不甚傾斜，三層以下，向東北傾斜約2°餘，全塔除近南和東南兩面显著之裂缝外，其餘各面均有，東面两面更甚，由頂至脚，有寬的3公分半8公分的裂缝，正在塔門上下两部一结構最弱部分。

塔頂向北角，有一大洞，雨水也能灌入，塔的内部全由木桩支撐維持現狀，全塔的砧料用纯粘土砌成，中間並無石灰成份，其余周查专家意見不合。裂缝之發生，可能因粘土咬结力降弱，有一定的關係，整個塔身发发之危危，有倒塌時分裂之可能。

第（　）研字第　　號　　　　195　年　月　日

江苏苏州虎丘云岩寺塔（含苏州市虎丘塔基础探测报告、虎丘塔加固计划草案）

福建华侨住宅

初稿

李岩萱

南京分室 1960年

福建华侨住宅

第一节　村落佈局

村落的形成大多是随地形和道路的虚实而逐步形成的。飲水仍生活之重大問題，故村落一般亦布置在溪流之旁。在福建地区因一般溪流水而少，不似江东之多，亦与生産运输之功能，溪旁村路不多；为了发展生産加强运输，村应座落于道路二侧因而较多，亦有一些村应集中，村前有水，村后有路，更是理想。

侨乡的村落一般很大的，有上百的上千幢的房屋，但村庄的总体布置较房零乱，道路弯而曲折，主要交通线不明显，处处以小路连接，房屋密度大小相差懸殊，布置不齐。還逃年代较早的老式房庄攒揹在一起宗庭极大；逃年代较晚的新式房屋周围住住留有较多園地，宗庭缩小，新式高大的瑤屋地或蟠揹和老式低矮的太厝夹在一起，顯得极不調和，惯似明显的对比。华侨村庄一般是光有路，後有庄，先成坊逃成街，故侨乡的村落一般缺乏整体规划的，这亦有它的历史根源。在解放前的私有制社会裡，土地集中在地主等少数人手裡，华侨

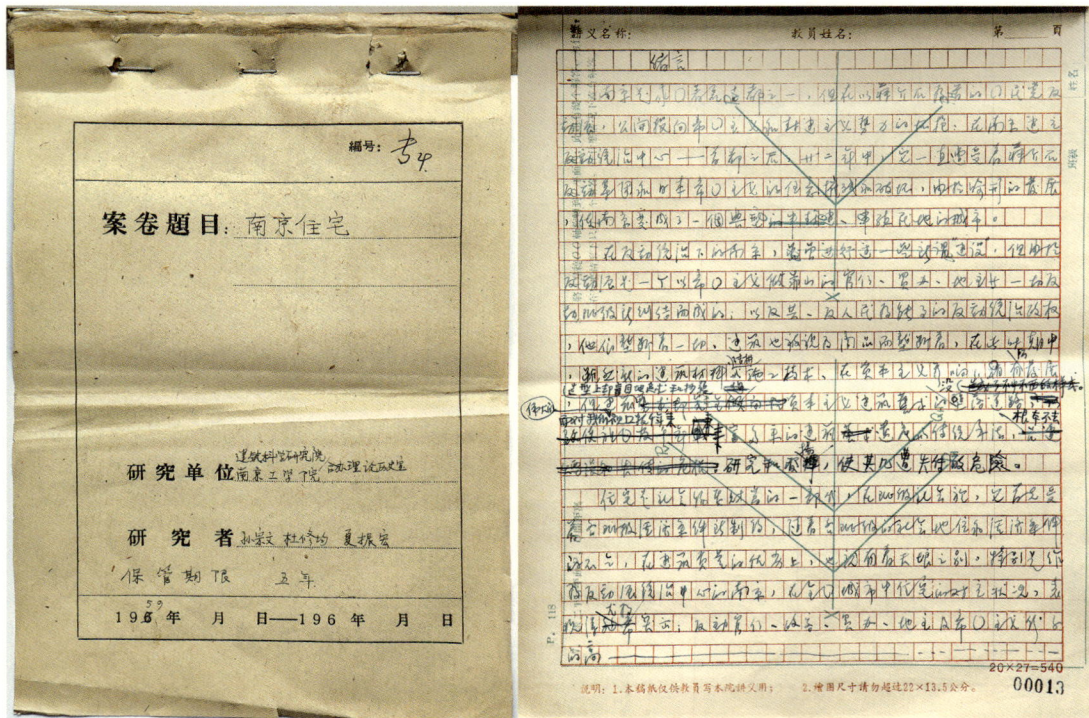

南京住宅

编号：专3

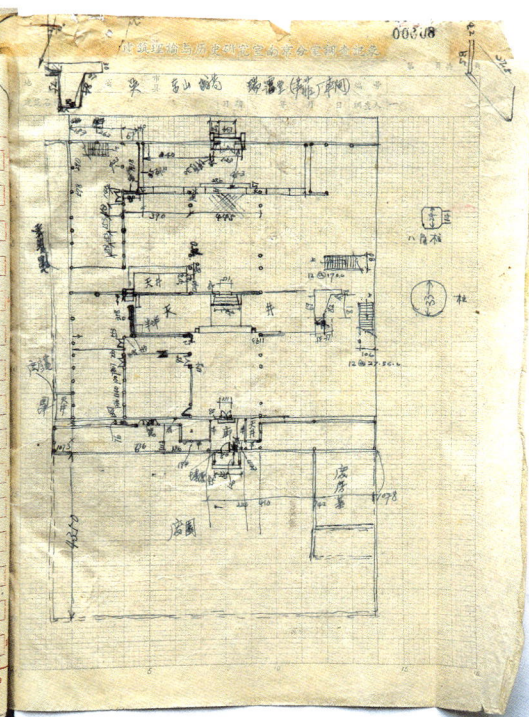

案卷题目：太湖地区民居

研究单位　建筑科学研究院
南京工学院　合办理论历史研究室

研究者　朱鸣泉　法景明

保管期限　三年

1960年　月　日——1961年　月　日

浙五　南浔岛鱼池两地的建筑概况

306

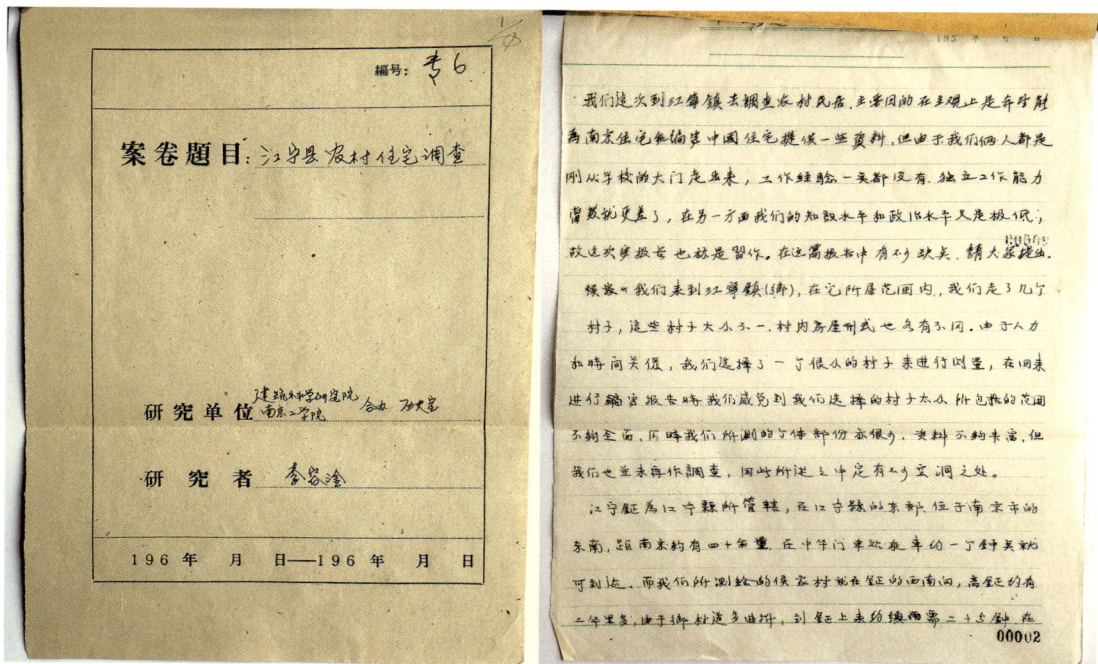

案卷题目：江宁县农村住宅调查

研究单位：建筑科学研究院 南京工学院 合办

研究者：李容淦

196 年 月 日——196 年 月 日

编号：专6

江宁县农村住宅调查

我们这次到江宁镇去调查农村民居，主要目的在主观上是希望能为南京住宅所编著中国住宅提供一些资料。但由于我们俩人都是刚从学校的大门走出来，工作经验一点都没有，独立工作能力当然就更差了。在另一方面我们的知识水平和政治水平又是极低，故这篇报告也就是习作。在这篇报告书中有少欠失，请大家指出。

镇农村我们来到江宁镇（乡），在它所管范围内，我们走了几个村子，这些村子大小不一。村内房屋形式也不尽相同。由于人力和时间关系，我们选择了一个很小的村子来进行测量。在回来进行编写报告书时我们感觉到我们选择的村子太小，所包括的范围不够全面，同时我们所测的立体部份也很少，资料亦不充富，但我们也并未再作调查，因此所得之中定有少许欠调之处。

江宁镇为江宁县所管辖，在江宁县的东部，位于南京市的东南，距南京约有四十余里，在中华门乘汽车约一个钟头就可到达。而我们所测绘的侯家村就在镇的西南向，高度在约为二千里多，由于乡村道多曲折，到县上去约绕道第二十七钟，在

00002

佛教建筑原始稿

世界建筑通史

中國古代建築史

（第六次稿討論稿）

1962.12

緒　論

中国位于亚洲大陆东南部，面积约960万平方公里，是一个土地广阔、资源丰富、多民族、人口众多、历史悠久、具有丰富文化传统的国家。中国有约四千年的有文字记载的历史，而中国建筑的历史发展过程，据北京曾记录的年代更古远得多了。几千年来中国的建筑，如同中华民族和中国文化的其他方面一样，一脉相承，一直在不断地发展和完善着。

中国土地广阔，自然条件有着巨大的差别。西部有世界最高的西藏高原和世界最低的新疆吐鲁番盆地，有峡谷深切构成的横断山脉，有千里无垠的华北平原和蒙古、新疆高原，东南一带又多河流如织的水乡，西南以至东北有茂密的森林和广阔的草原。华北一带是黄土平原，并且有贯川东西的三条主要河流——黄河、扬子江、珠江——和贯通南北的大运河，润育着这辽阔的土地。

从气候方面来看，从中国南海岸到北部的边境，南北将近四千公里，包括亚热带、温带和亚寒带。东南方多雨，气候潮湿，西北和北方干旱，气候干燥，内陆高原地区，一年之内，寒暑剧变，而沿海地区则温差较小。新疆、内蒙古沙漠地区和华北黄土平原地区，受到每年春季季节风的影响，东南沿海各省又须提防夏秋来袭的飓风。显然，不同地区的建筑，都必须适应当地特有的气候情况。

从中国传统沿用的"土木之功"这一词可作为一切建造工程的概括名称，可以看出，土和木是中国建筑自古以来采用的主要材料。坞是由于中国文化的发祥地黄河流域，在古代有密茂的森林，有取之不尽的木材，而黄土的本质又是适宜于用多种方法（包括经过挖掘的天然土质的

· 1 ·

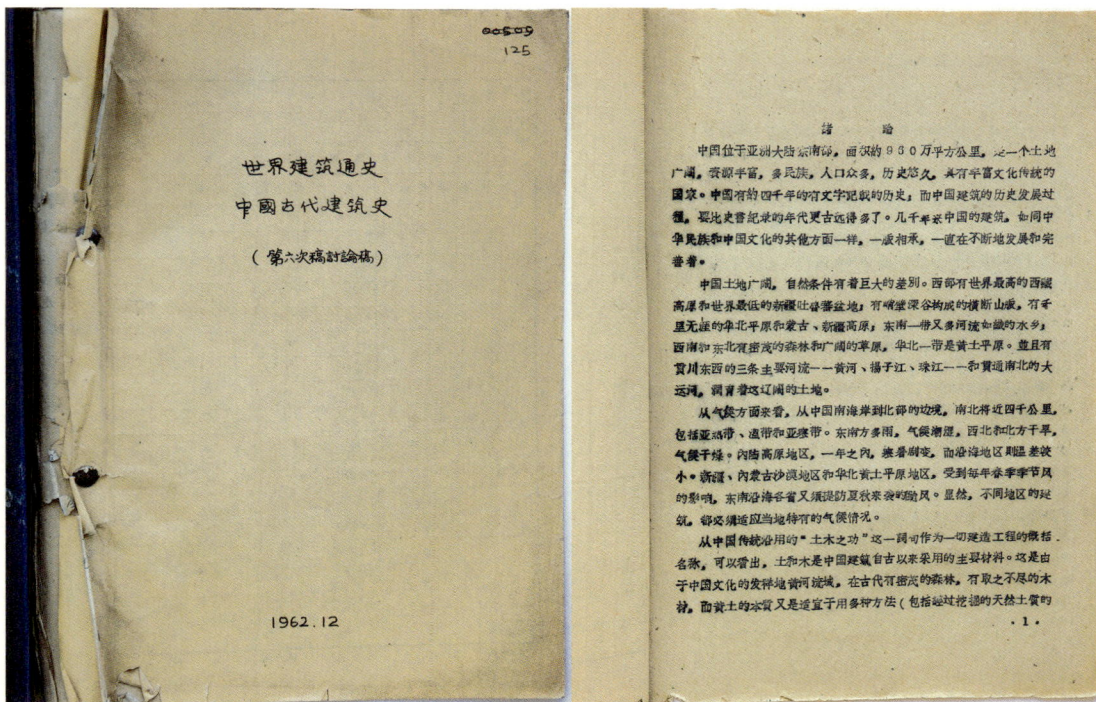

世界建筑通史多卷集—中国古代建筑史第六稿

第 一 章

原始社会时期的建筑遗跡（卷7）

第一节 原始人群的住所

中国是世界上历史悠久、文化发展最早的国家之一。在最近四十年内，发现不少远古人类的居住遗跡。距今约三十万年前的北京周口店中国猿人所居住的天然山洞，就是其中最早的一处。

中国猿人大约是四十人造成一群的原始人群，依靠狩猎和採集树籽菓采为生。他们所居住的洞穴在周口店附近的龙骨山东侧，东临小河。河的两岸是他们的主要猎場，在这里猎取鹿、羚羊等野兽。河湖的礫石如山中盛产的燧石、石英是他们制作石器的原料。他们在洞里躲避风雨，用火来烹煮、烧燎物和驱逐野兽。从洞内堆集的石块和泥土形成的角礫岩中，发现有大量的灰烬、骨片、石器等，堆积厚约40米，说明原始人群曾经长期在这里居住过。

在廣东韶关和湖北长阳曾发現旧石器时代中期"古人"所居住的山洞。距今约五万年以前的旧石器时代晚期的"新人"属居住的山洞，则有廣西的柳江、来宾，北京周口店龙骨山的山

世界建筑通史多卷集—中国古代建筑史第七稿

中國建築研究室稿紙　　第 N6 頁

第六章

宋、辽、金时期的建筑

（公元960年—1279年）

第二节　宋、辽、金时期的社会变动与建筑概况

中国历史在唐朝大统一和五代十国战乱之后，进入北宋与辽、南宋与金的南北对峙时期。

公元960年宋太祖（赵匡胤）夺取后周的政权，建立宋朝（史称北宋），到公元979年，统一中原和南方地区，结束了五代十国的战乱局面。但是北宋的统一并没有控制中国的全部疆域，在中国境内和边境地区存在着由各少数民族统治阶级建立的几个国家：北部和西北部有辽和西夏，西部和西南部有吐蕃和大理。公元十二世纪，居住在中国东北长白山一带的女真族建立了金国，逐步向南扩展，在公元1125年灭了辽，1127年又灭了北宋。北宋灭亡的当年，宋高宗（赵构）在中国南部建立南宋。公元十三世纪初发迹于斡难河（今鄂嫩河）流域的蒙古人，于1234年灭金，随后建立元朝，于1279年灭了南宋。

20×27=540

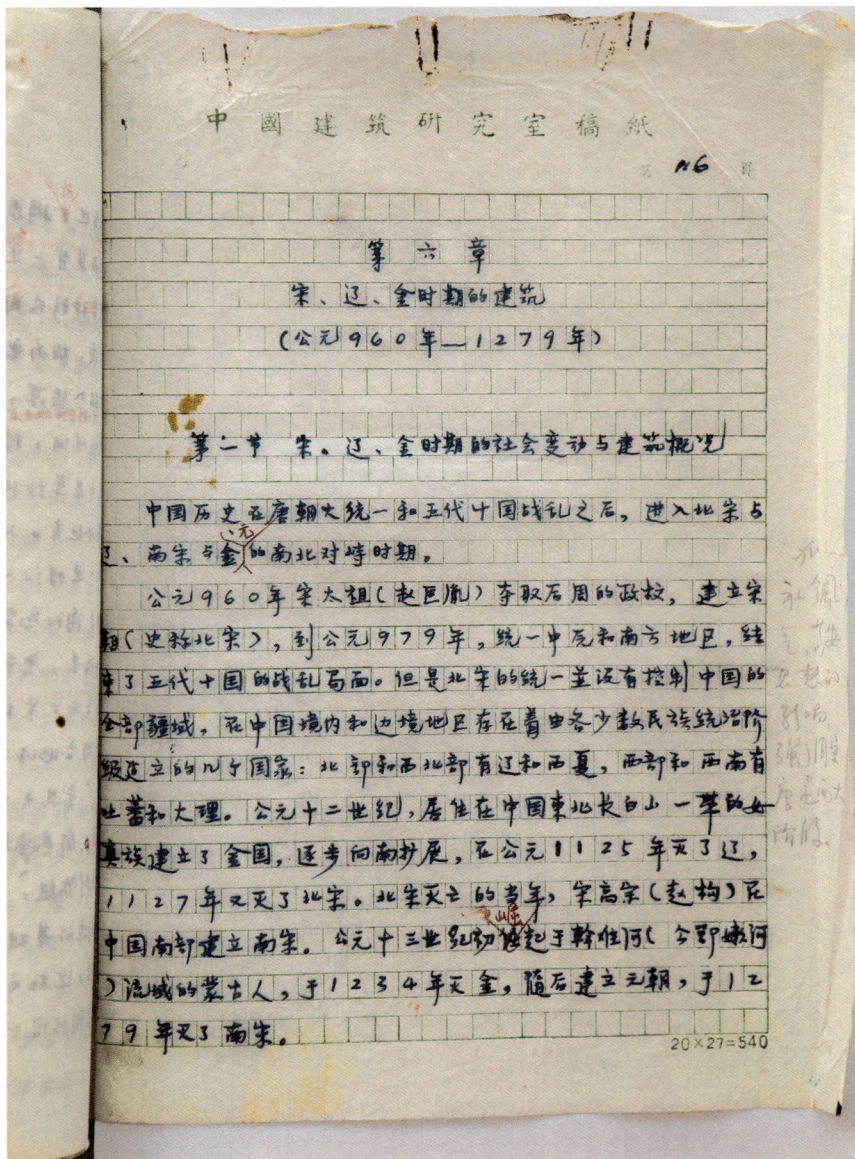

世界建筑通史多卷集—中国古代建筑史第八稿

赵州万安桥 ——已由南京印改。
等照片明底片

△ 摄 自 王 稿

图 片 目 录

63.8三版 ※	中华人民共和国地参	0.65元
✓ ※.※	中国历史年表	
✓全1	中国建筑木排架	
✓全2	中国建筑的斗栱组合 —— 模式立体	
	举架举折	
✓全3	穿斗式构架构造示意图	
✓全4	中国古代木结构桥梁	
✓全5	中国建筑庭院组合示意图	
✓全6-1	中国古代建筑屋顶 —— 基本型式	
✓9-2 6-2	中国古代建筑屋顶 —— 组合型作举例	房子
✓全7	陕西西安市半坡村原始社会 大方形 房屋	字形
见12 ✓全8	陕西西安市 半坡村原始社会 方形住房	
✓全9	陕西西安市 半坡村原始社会 圆形住房	
✓全10	陕西长安县客省庄住房遗址	
15 全11	仰韶文化龙山文化陶器上的纹样	
全12	江西清江县营盘里出土陶器上的建筑形象	

20×20=400　　　　　　　　（京文一电）

世界建筑通史多卷集—中国古代建筑史修改稿（几稿不详）

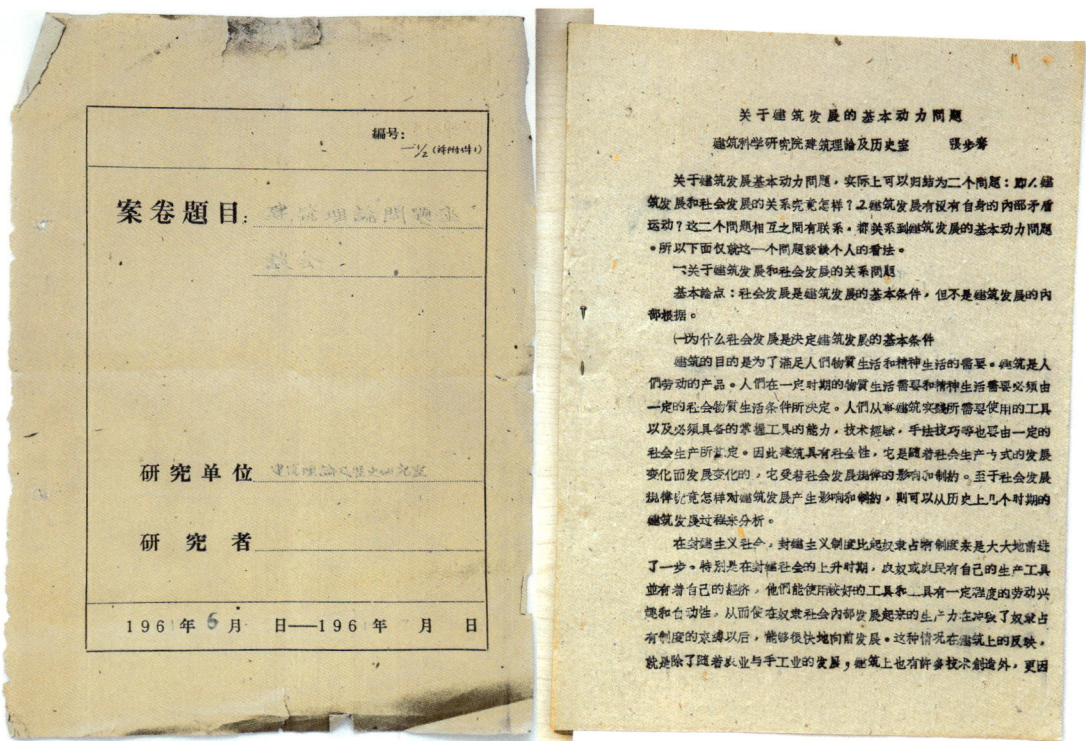

建筑理论问题座谈会

建筑新风格討論会发言稿　　上海市 土木工程 学会編印
　　　　　　　　　　　　　　　　　　　建筑
　　　　　　　　　　　　　　　　　1960年7月20日

关于我国社会主义建筑新风格的探討

上海市民用建筑設計院　　陈　植

　　六十年代的第一春，在我国标志着一个全民性的技术革新技术革命运动的揭幕。中国共产党，根据毛主席不断革命論的真理，以空前独創的方式，卓越領导的艺术，使这样一个史无前例的运动在全国范围内以无比丰富的内容，澎湃地向前开展。以建筑設計来說，这个运动已从"六化"阶段轉到"六新"的阶級，亦就是說，从設計方法的革命轉向設計内容的革命。作为"六新"主要内容之一的新风格至今还比較注意少，談得亦少。它不如新結构、新設备、新材料、新工艺那样具体而是比較难以捉摸，大家对它的涵义理解各有不同，对今后創造的方向認識未能一致。正由于此，当"六新"在蓬勃开展的时候，应該对新风格热烈地进行討論，从而能在未来的創作实践中起指导的作用。目前，新結构、新材料已在为风格开辟新的道路，亦在向风格提出新的要求，因此我想就我有限的理論水平对新风格的一些問题作一个初步的探討。

内容与形式的問題

　　最近在上海建筑学会組織的几次座談会中，对风格大致有三种不同的看法：（1）风格与形式之間并无区别；（2）风格的涵义比形式广；（3）风格仅是形式的一种別征，因此，有必要再討論一下内容与形式的問题。在文艺創作中，内容才能决定形式，形式必须服从内容，建筑艺术亦不例外。建筑内容应該有它的两方面，一是物质的内容，亦卽是建筑功能的内容，二是精神的内容，亦卽是建筑思想的内容，前者是指生产性和非生产性建筑物，按其不同性质和规模在使用上的需要，后者是一定的社会制度和一定时代的意識形态在建筑中的反映。对我们来說，建筑的内容应該反映社会主义制度的优越性，在当前生产发展的基础上表现对人最大限度的关怀，并且体现党的方針、政策、和路綫。实际上这些内容应該已极其具体地表达在我们社会主义建筑的功能上，因为功能的内容与思想的内容是一件事的两方面，不能生硬地加以区别的。建筑功能总是受着一定的思想意識的支配而形成的。因此，封建主义、资本主义和社会主义社会的建筑才各有其不同的功能内容。在阶級社会里，建筑功能就带着鮮明的阶級烙印。

　　北京府第中的正房、廂房、倒座、門房甚至私牢就是封建主义建筑功能上的体现。上海锦江飯店以前的工友室，面积只五平方公尺左右，沒有通风，沒有采光，南京博物館在解放前冷暖气設备只限于館长室、会議室；不少銀行大楼工友臥室在阴暗潮闷的地下层；私人住宅中有"主人"的扶梯，"仆人"的扶梯；"仆人"臥室如朝南向花园訊为是，"有碍园景"；工厂里

浙江桥梁码头

案卷题目：浙江桥梁码头

研究单位 历史室 南京分室

研究者 戚德耀

保管期限 长期 15年

196 年 月 日——1960年 月 日

浙江民间桥梁与码头

一、概况

浙江省位于我国东南沿海，最接濒海，平均的潮平均门口左右，海量未涨，全年平均雨量约为1400～1600公厘之间，在其梅雨季节为集中降雨的时候约占全年的五分之二、八。九月间平均雨量最为集中，最大雨量一次可达100～200公里。

全省地形，可分为南部丘陵和北部平原之二区。南部包括建筑、金华、临安区诸中区的一部分，北部平原包括浙江省富饶的宁绍平原和钱塘江三角州地的太湖流域，其中最大的河流钱塘江（一名浙江）上游、新安江、前江、曹娥江、苕溪江等首大小河和各种灌溉渠道……

史(甲)60-44

編號：

案卷題目: 浙江村镇与住宅

研究单位 历史宗，南京分宗

研究者 戚佳荣、常见美、叶菊华

保管期限 长期 15年

196 年 月 日——1960年 月 日

浙江村镇与住宅

福建泰宁 甘露庵

建筑科学研究院
南京工学院 合办建筑理论及历史研究室南京分室

张步骞

甘露庵

001

建筑理論及历史研究室南京分室

河南鞏县宋陵调查稿. 时间 1964年 3月二次.
　　　　　　　　　　　　　　　　　　5月
　　　目　錄.

1. 宋陵分布图　　底稿 1　幅.
2. 統計表　　　　　　　　3 幅.
3. 永昭陵　　　　　　　　13 幅
4. 永厚陵　　　　　　　　11 幅
5. 永定陵　　　　　　　　5 幅
6. 永安陵　　　　　　　　2 幅
7. 永熙陵　　　　　　　　4 幅
8. 永泰陵　　　　　　　　5 幅
9. 永裕陵　　　　　　　　3 幅
　共計　　　　　　　　　47 幅

①(文字稿見 1964年 11期考古.)
②墨綠圖見

　調查人　郭湖生
　　　　　李德金
　　　　　戚德耀.

河南巩县宋陵调查稿

中國建築研究室調查記錄　　　第　頁共　頁

| 浙 | 省 | 市縣 | 區 | 鄉 | | 編號 54-3 |
| 縣名稱 | | 目錄 | 日期　年　月　日 | 調查人 | | |

編號	頁數	省(市)	縣(市)	鎮	鄉(鎮)	小地名	建築名稱	備註

注意：1.周圍環境　2.方向　3.建築外觀　4.建造年代　5.內部佈置
　　　6.各部色彩　7.材料　8.施工特點　9.使用情況　10.當地建築術語

浙江省调查测稿（1）

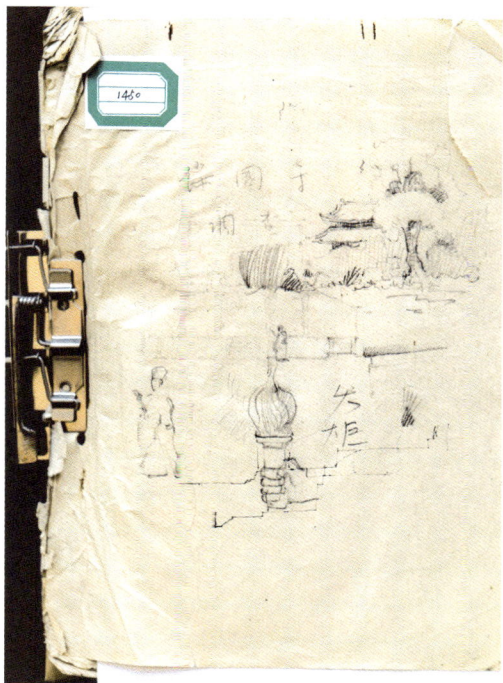

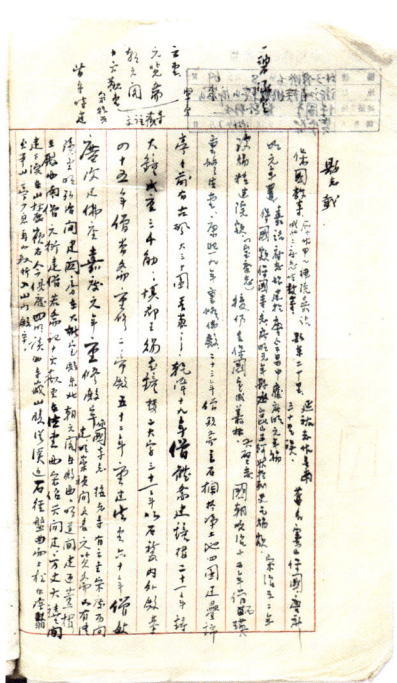

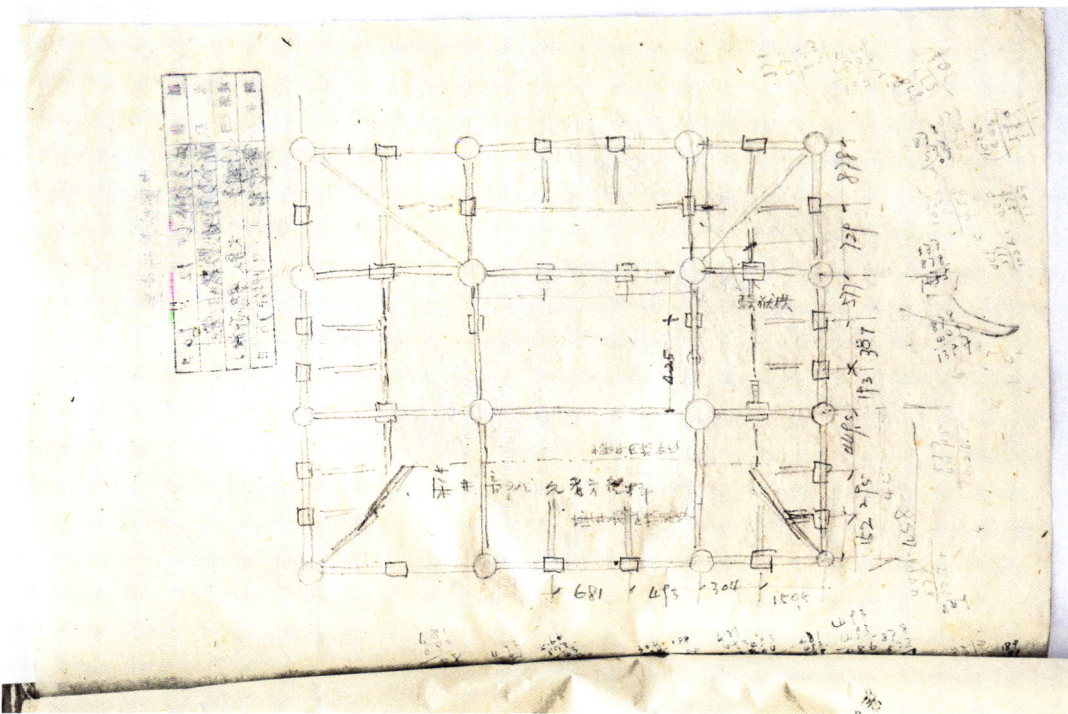

保国寺调查（含碑文等文献资料、测稿）

中国建筑研究室口述史

建筑理論及歷史研究室南京分室

調8　　浙江調查底稿

地名	類別	代号	編号	張收	累計
一、杭州市	城紙	杭	1—2	2張	張
	住宅		3—14	12	
	園林		15—16	2	16
杭縣	公共建筑		17—18	2	
	住宅		19—22	4	
	橋梁		23—24	2	8
二、吳興	住宅	吳	1—4	4	4
三、紹興縣	城紙	紹	1—	1	
	住宅		2—4	3	4
紹興市	〃		5—20	16	
	橋梁		21—32	12	
	公共建筑		33—37	5	33
四、余姚縣	城紙	余	1—8	8	
	住宅		9—14	6	
	橋梁		15—18	4	18
五、宁波市	住宅	宁	1—9	9	
	公共建筑		10—12	3	12
鄞縣	城紙		13—36	24	
	住宅		37—53	17	
	公共建筑		54—55	2	

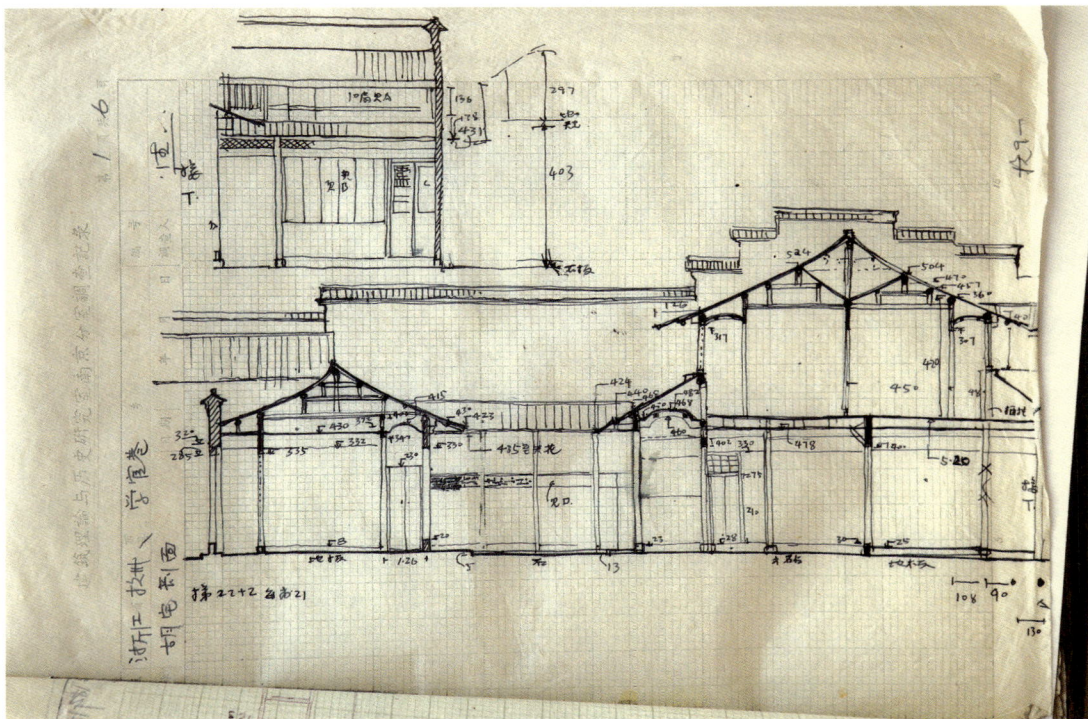

浙江调查稿（2）

测稿（苏州园林）

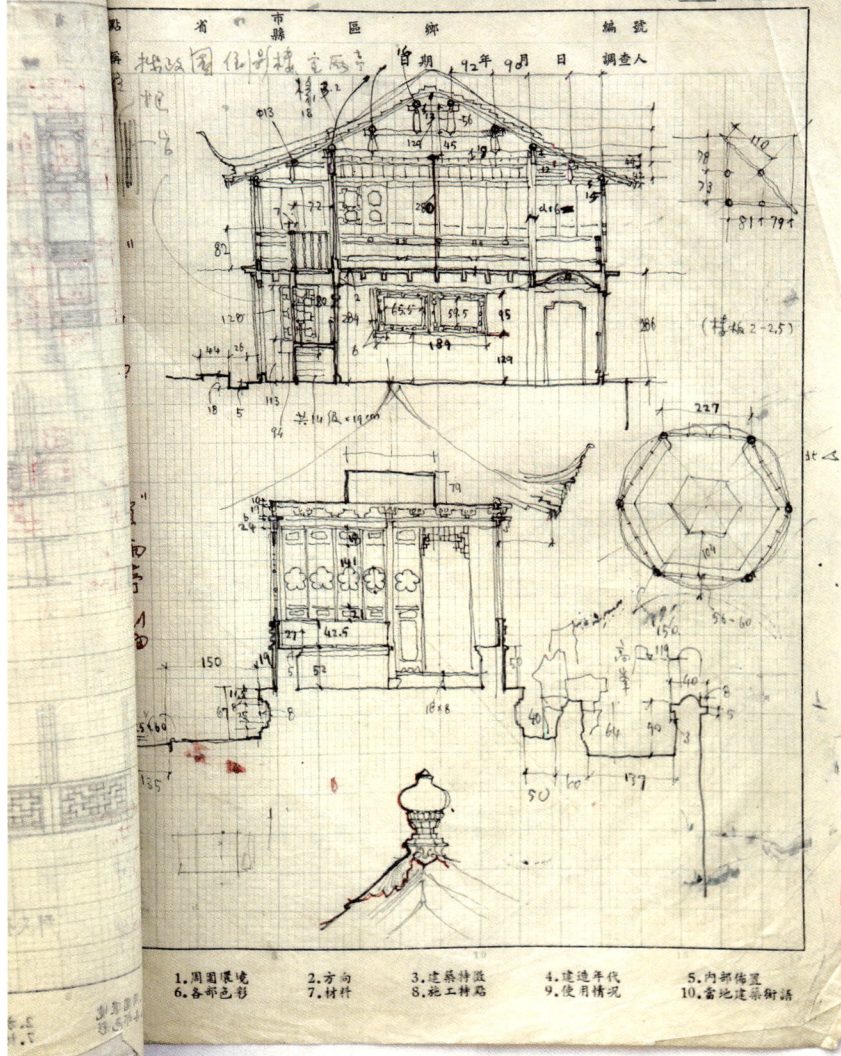

测稿（1.狮子林、留园、拙政园等花罩；2.亭；3.拙政园远香堂；4.桥；5.拙政园香洲；6.拙政园倒影楼；7.沧浪亭漏窗；8.沧浪亭看山楼；9.留园明瑟楼（第45页）

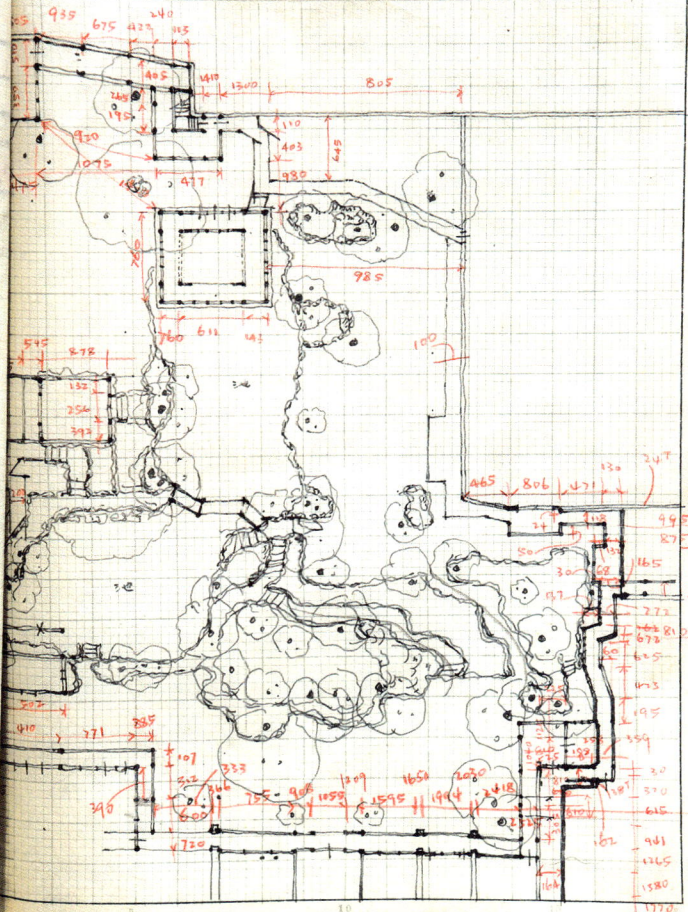

1.周圍環境　　2.方向　　　3.建築特徵　　4.建造年代　　5.內部佈置
6.各部色彩　　7.材料　　　8.施工特點　　9.使用情況　　10.當地建築術語

测稿（苏州园林）（第9页）

下篇　中国建筑研究室相关档案资料

测稿（苏州园林）（第6页）

测稿（苏州园林）（第1页）

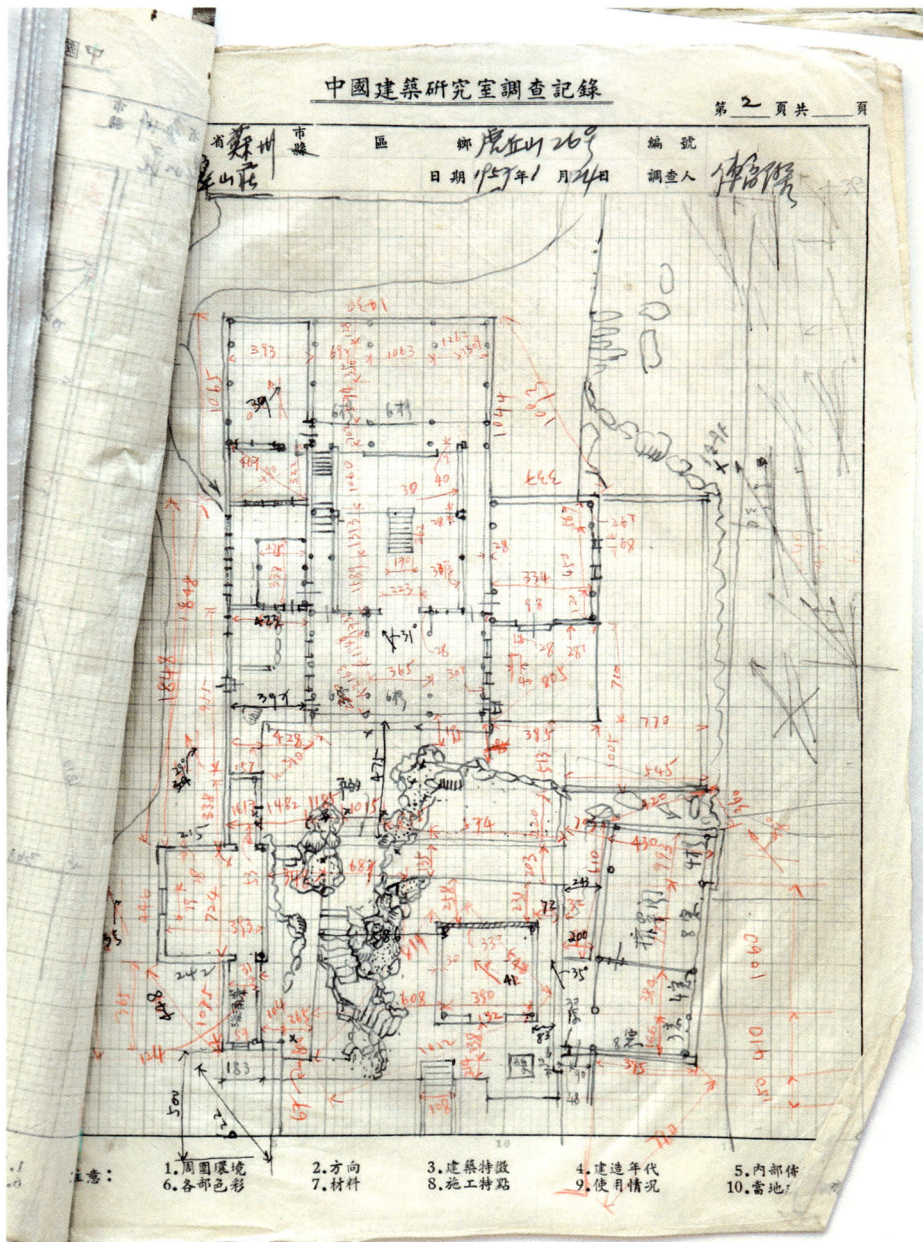

测稿（苏州园林）（第2页）

菜淋

寄啸山庄

立面

平面

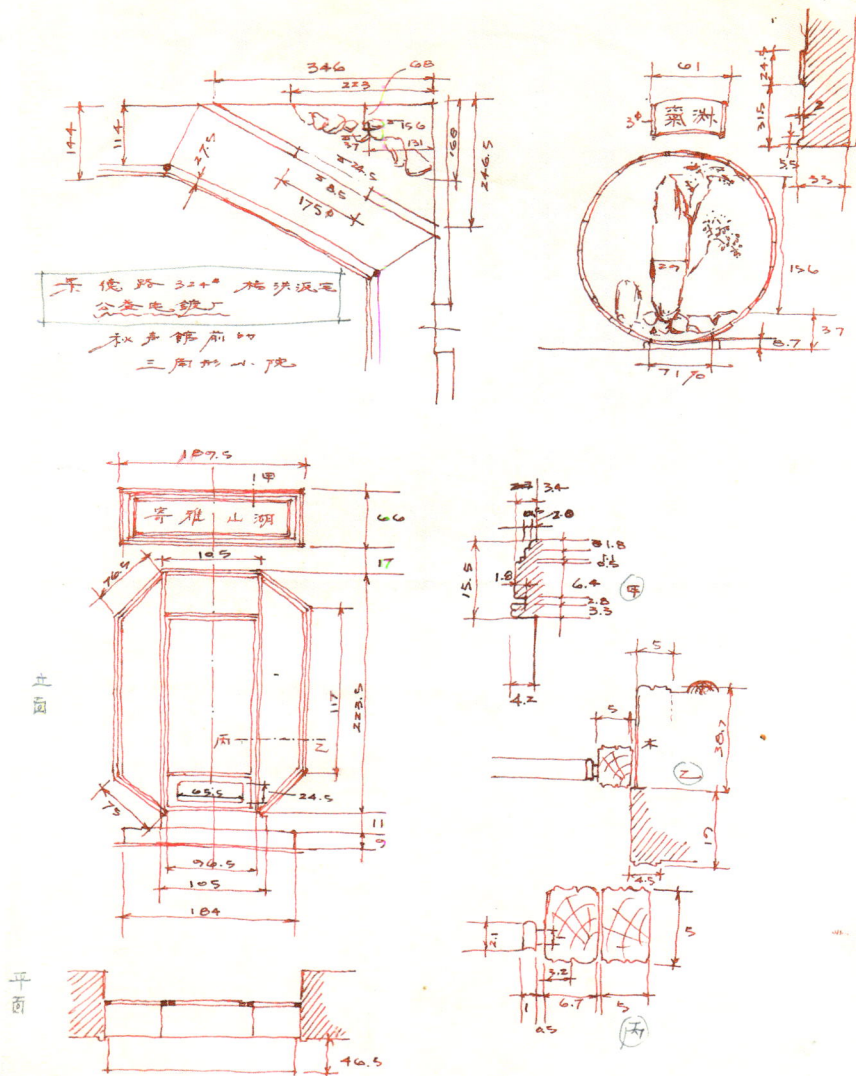

测稿（苏州园林校对图）（第1页）

测稿（苏州园林）（第1页）

測稿（拙政园）（第41页）

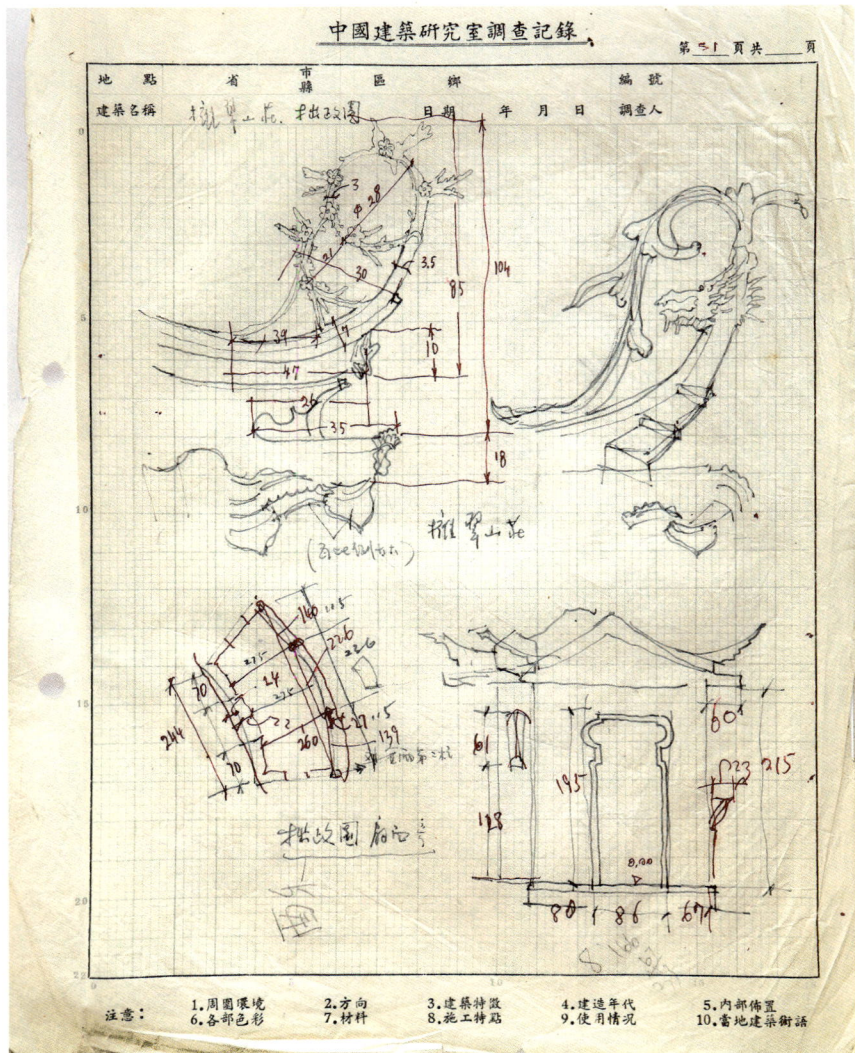

测稿（怡园、拙政园、门洞）（第51页）

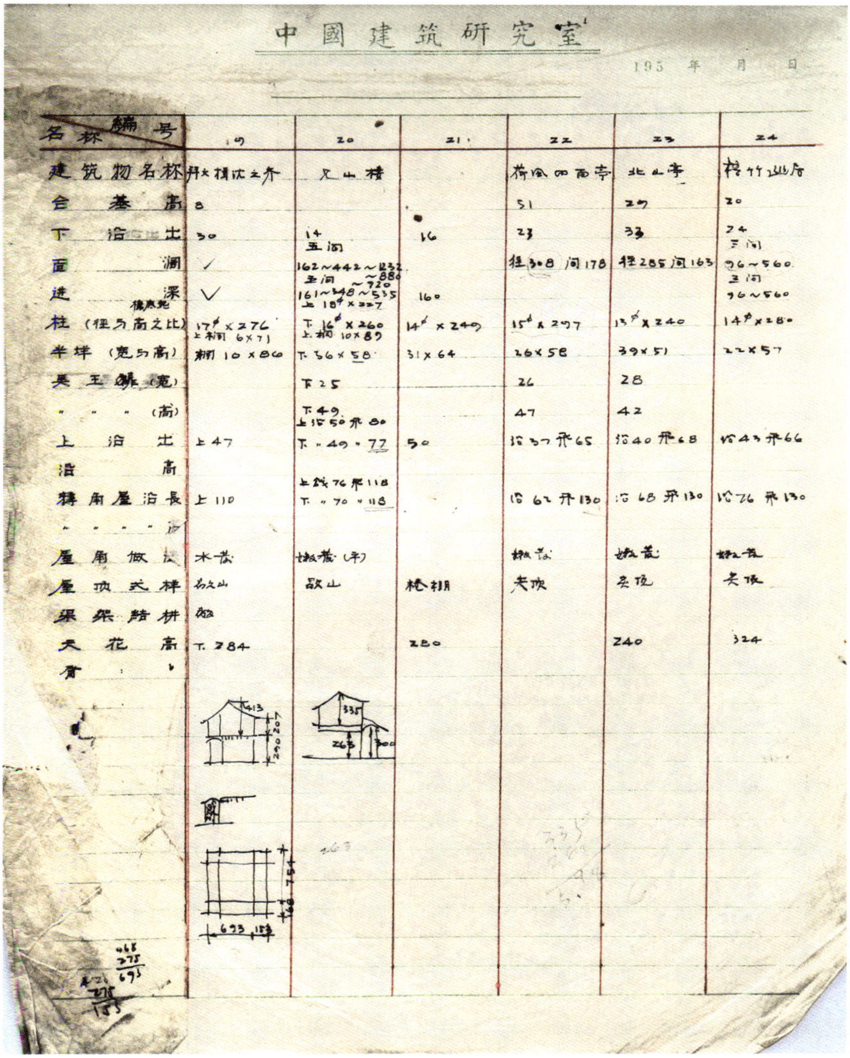

中國建筑研究室

195 年 月 日

名称 \ 編号	19	20	21	22	23	24
建筑物名称	拜文揖沈之斋	见山楼		荷风四面亭	北山亭	梧竹幽居
台基高	8			51	27	20
下沿出	30	14	16	23	33	24
面阔	✓	五间 162~442~1232		柱308 间178	柱285 间163	三间 96~560
进深	✓	五间 ~880 ~720 161~348~535	160			三间 96~560
柱（径与高之比）	17ᵠ×276 上桐 6×71	上 18ᵠ×227 下 16ᵠ×260 上桐 10×89	14ᵠ×240	15ᵠ×297	13ᵠ×240	14ᵠ×280
斗栱（宽与高）	桐 10×86	下 36×58	31×64	26×58	39×51	22×57
吴王靠（宽）		下25		26	28	
〃〃〃（高）		下49 上35 50 开80		47	42	
上沿出	上47	下〃40〃77	50	沿37 开65	沿40 开68	沿43 开66
沿高						
转角屋沿長	上110	上栈76 开118 下〃70〃118		沿62 开130	沿68 开130	沿76 开130
〃〃〃〃						
屋角做法	水戗	嫩戗（平）		嫩戗	嫩戗	嫩戗
屋顶式样	歇山	歇山	卷棚	尖顶	尖顶	尖顶
梁架结构						
天花高	下284		280		240	324
备注						

沧浪亭平面测量原始资料

建筑理論與歷史研究室南京分室稿紙

第＿＿頁

河南窑洞式民居（测稿、大纲等）

1958年河南窑洞式住宅之调查计划

此项补充调查在原拟德意陕甘窑洞式住宅调查中所搜集一批较河南省窑洞式住宅调查为……原拟河南所得部分在旺1957年……四季民岛成篙名委托回住之考察补……工作本便故计划地区遂今全部调查净尽。本调查以县立有督导……新家庙池资沐事地及项补充调查印计划对住处地区遥补调查……处些对57年工作中晦翻不切及调查上周事后遥遂计补查。根据半米以计划定一……原之应是独人方、随极山西陕西甘肃省窑洞调查。根据城土民……有未初补以计划固与此地区相底日以足遥查之心末即同欠良。那且原拟计划是指补二年以时间全部调查研究……作成北良役以研究报告。根据上述地区就此同欠良以此遥有现实常若不胜相定。居室全撤研究决定本年度一作计划改变于了～9月底完成河南省部份调查。

其补充研究调查报告以九国反革献礼。10月以后速往山西省调查具体日期尚向床出差以参拟定之大陕西甘肃省以调查。一作本视时间再行拟定。山西省窑洞调查完毕之后发生向于土蛙、砥石砌筑以研究报告。文章具体性为床时再行拟订。综河南省窑洞式住宅补充调查计划兹术列于下：

　一目的要求主要于完成河南窑洞式住宅以调查补充57年末曾
　　　调查以原拟调查地之一巩县。偃师新安。洛阳。渑池等
　　　县。另外其补之以调查遥地区以下列地方两以补充。

后记

中国建筑设计研究院建筑历史研究所　　　　　　上海现代建筑设计集团历史建筑保护设计研究院

东南大学建筑学院建筑历史与理论研究所　　　　城市与建筑遗产保护教育部重点实验室（东南大学）

后记

今年适逢中国建筑研究室成立六十周年，东南大学建筑学院、中国建筑设计研究院建筑历史研究所、华东建筑设计研究总院、中国建筑学会建筑史学分会民居专业学术委员会与城市与建筑遗产保护教育部重点实验室共同主办并偕国内建筑史学界精英召开会议，纪念前贤，弘扬精神，意义重大。

本书以中国建筑研究室成员的口述史料为基础，围绕中国建筑研究室主任刘敦桢教授主持的工作为主题，客观描述，整理记录，希望真实反映该室在 20 世纪中叶 12 年的短暂岁月中走过的艰难历程和作出的重要贡献。通过编撰此书获得如下认识和体会：

第一，中国建筑研究室持续保持中国史学经世致用的研究传统，但又另辟蹊径，为后来中国现代建筑的发展奠定了基础。从 1929 年成立"中国营造学社"之根本目的为"沟通儒匠，浚发智巧"，[1] 到 1953 年动议成立中国建筑研究室，均为因时代需求而发掘历史资源以应建筑设计创新需求，是一脉相承的。但中国建筑研究室研究的最大特点不是从宫廷和官式建筑出发，而是以民居和园林为重点，从而开拓了一条崭新的路径，其中积累的资料、研究的角度、参与的人物，都启迪着后来改革开放后"民居是建筑创作的源泉"的探索。

第二，中国建筑研究室坚持从一手资料、现场调研、实物测绘的实

1 中国营造学社编，中国营造学社汇刊，第一卷第一册，社事纪要：三页，北平东城宝珠子胡同七号，中华民国十九年七月。

证角度和工作方法开展工作，保证了研究成果的学术性、真实性、客观性和永不泯灭的史学价值。尤其是开展的民居和园林研究，大大开阔了学术视野，并直抵人的生活需求和精神追求及品质，获得超越国界的对于建筑本质和本体的认识，至今在国际上影响深远，并成为跨越时空的学术交流的永恒话题。

第三，中国建筑研究室持续时间仅 12 年，且受政治动荡、人员缺乏、机制受限等因素影响，但在刘敦桢教授带领下，取得了丰硕的研究成果，表现出刘敦桢教授出色的组织能力、全体成员的工作热情和研究室整体的学术能力以及边干边学、教学互动的有效运作模式。诸如《中国古代建筑史》文稿完成、大型经典著作《苏州古典园林》文稿完成等，使得中国建筑史研究在较短时间内得到飞跃发展，在通史研究和专史研究方面能够并驾齐驱获得成果，难能可贵。

第四，中国建筑研究室培养了一批毕生挚爱建筑史研究、遗产保护、建筑创作的专业人才，由刘敦桢、梁思成这两位研究室的学术灵魂人物所熏陶的中青年才俊，都在改革开放后成为中国建筑史学界的领军人物和中坚力量，并由他们传承和光大了营造学社、中国建筑研究室的学术传统，奠定了当代建筑历史研究和建筑遗产保护全面复兴与繁荣的局面。

此外，值得一提的是，作为和中国建筑研究室及其人物相关的学术和科研机构，至今仍是中国建筑史研究及遗产保护的重地。如东南大学建筑历史学科是国家重点学科，城市与建筑遗产保护实验室是教育部重点实验室，东南大学建筑学院的古籍书库是建筑历史研究的"金库"[2]；中国建筑设计研究院建筑历史研究所是中国开展世界遗产保护和全国重点文物保护的权威机构和领军单位；华东建筑设计院有限公司设有遗产保护所专门机构，在设计院系统起步较早；清华大学、天津大学、同济大学、重庆大学、华南理工大学、哈尔滨工业大学、西安建筑科技大学等建筑历史学科在前辈带领和学术传承下，不断开拓，均为中国建筑史研究的重心，华南理工大学还在中国建筑学会建筑史学分会下专设了民居专业学术委员会，引导着持续的民居研究，并形成燎原之势。

一个甲子过去了，当年学术界面临的经费和人员困境却在当代转换成新的问题，诸如力量分散、缺少统筹机制以及社会环境缺少对于学术研究给予足够重视等。每一代学者都需要面对当下难题进行拓展。回顾

2 据潘谷西先生回忆，东南大学建筑学院古籍书库的主要藏书均为中国建筑研究史在南京工学院时购买，少量的诸如《营造法式》等图书为中央大学时期置办。

中国建筑研究室及刘敦桢和梁思成先辈的不懈工作，给我们最大的启示乃始终珍视、挖掘和弘扬传统建筑的优秀内容，始终保持客观和科学的治学方法及充满热情和探索的研究态度，高瞻远瞩、审时度势的战略选择和严格管理、组织团队的驾驭能力。

苏子瞻云："人生到处知何似，恰似飞鸿踏雪泥，雪上偶然留指爪，鸿飞那复计东西。"再过一个甲子，也许后人再无从寻觅中国建筑研究室曾经在东南大学中大院的踪迹，但是可能因为这本书的出版和传播，中国建筑研究室的精神、历史、片段记忆留下了。

最后，特别感谢为这本书形成过程中接受采访和参与采访的前辈和年轻学子，他们分别是：傅熹年、王世仁、潘谷西、刘先觉、刘叙杰、张驭寰、戚德耀、张步骞、夏振宏、陆景明、詹永伟、叶菊华先生；赵越、周觅、李慧希、叶茂华、胡占芳、高钢、季秋、张宇、左静楠、王荷池、邱田同学。特别感谢提供线索和资料的相关单位和人员，他们是：中国建筑设计研究院建筑历史研究所的陈同滨所长、王力军副所长、资料室韩蕾女士；华东建筑设计研究总院汪孝安总工、姜海纳女士；苏州市园林和绿化管理局组织人事处彭秀春和张建女士、遗产监管处沈亮和吴琛瑜先生；苏州园林博物馆朱凤女士；东南大学图书馆曹光霞女士；中国科学院自然科学史研究所老干部中心李琳女士；中国建筑设计研究院集团办公室吴先生和傅熹年先生秘书；特别感谢倡议举办中国建筑研究室成立 60 周年纪念会议的原民居专业学术委员会主任陆元鼎教授；特别感谢东南大学建筑学院王建国教授参与启动采访并予经费支持；特别感谢参与本书编撰全过程的陈亮博士生、后期制作的东南大学出版社副社长戴丽和编辑杨凡女士、建筑学院摄影师赖自力先生和是霏讲师；因为他们的付出、合作、支持、投入和努力，才能看到这本书问世。但是由于时间匆忙，错误难免，容当以后不断完善、调整和补充。

东南大学建筑学院建筑历史与理论研究所

朱光亚 周琦 陈薇于中大院

2013 年 10 月金秋

后记

图书在版编目（CIP）数据

中国建筑研究室口述史（1953—1965）/ 东南大学建
筑历史与理论研究所编 . -- 南京：东南大学出版社，
2013. 11

　ISBN 978-7-5641-4607-8

　Ⅰ . ①中… 　Ⅱ . ①东… 　Ⅲ . ①建筑史 - 研究机构 - 历
史 - 中国 -1953—1965 　Ⅳ . ① TU-09

　中国版本图书馆 CIP 数据核字（2013）第 250807 号

书　　　名：中国建筑研究室口述史（1953—1965）
责任编辑：戴　丽　杨　凡
封面设计：潘焰荣
责任印刷：张文礼
出版发行：东南大学出版社
社　　　址：南京市四牌楼 2 号　邮编 210096
出 版 人：江建中
网　　　址：http://www.seupress.com
印　　　刷：上海雅昌彩色印刷有限公司
排　　　版：南京新洲印刷有限公司制版中心
开　　　本：787 mm×1092 mm　1/16
印　　　张：22
字　　　数：436 千字
版　　　次：2013 年 11 月第 1 版
印　　　次：2013 年 11 月第 1 次印刷
书　　　号：ISBN 978-7-5641-4607-8
定　　　价：99.00 元

经　　　销：全国各地新华书店
发行热线：025-83791830

本社图书若有印装质量问题，请直接与营销部联系。电话（传真）：025-83791830